KB104850

사진 1　대서양 수심 1km에 자리한 메네즈 그웬 열수구 근처에서 붉은 갑각류 한 마리가 심해의 삶을 즐기고 있다. 미르 2호 잠수정을 타고 내려와 찍은 사진(사진 출처: 케빈 피터 핸드).

사진 2 태양계 외행성계의 얼음 덮인 위성의 바다. 이 6개 바다를 이루는 물의 총부피는 지구의 17배 이상으로 추정된다(이미지 출처: NASA/JPL/케빈 피터 핸드).

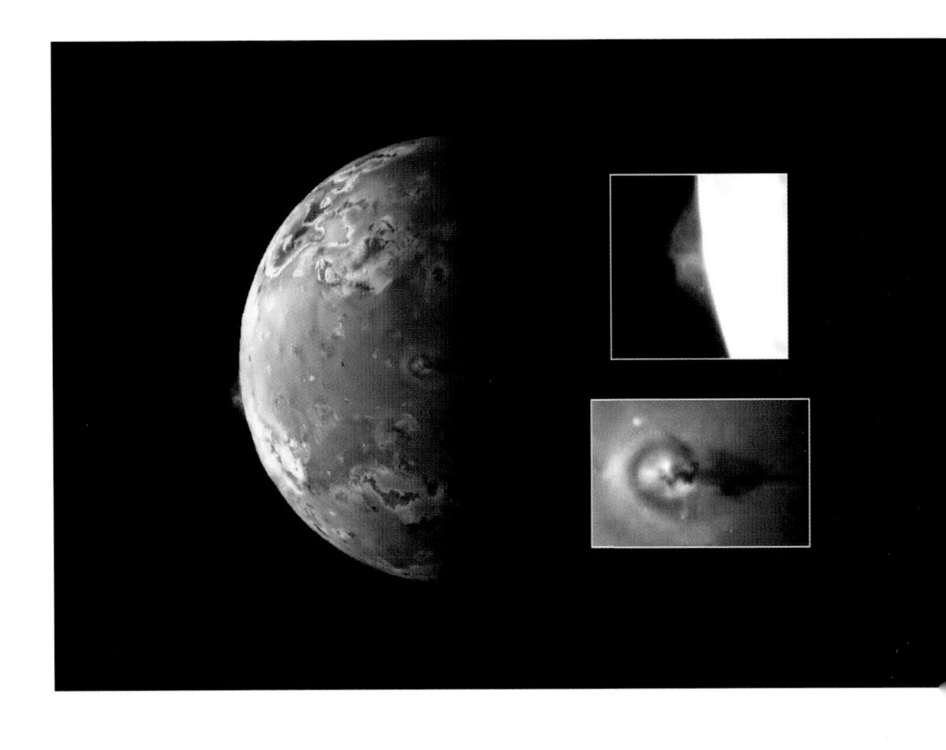

사진 3 목성의 위성 이오는 태양계에서 화산 활동이 가장 활발한 천체이다. 사진의 맨 왼쪽 이오의 적도 근처에서 화산 폭발 장면이 보인다. 위쪽 상자는 폭발을 확대한 사진이고 아래쪽 상자는 다른 화산이다. 용암이 오른쪽으로 흐르고 있다(사진 출처: NASA/JPL/애리조나 대학교).

사진 4 1979년 7월 9일, 보이저 2호가 찍은 유로파. 분광기 분석 결과 얼음이 유로파 표면을 뒤덮고 있다는 사실이 밝혀졌지만, 이 사진에서 처음으로 얼음 덮인 표면을 자세히 볼 수 있었다(사진 출처: NASA/JPL).

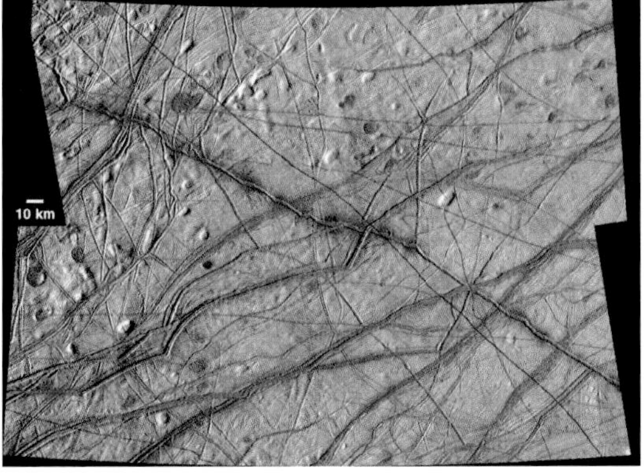

사진 5 1990년대 후반에 갈릴레오 탐사선이 찍은 유로파 이미지. 표면 전체의 균열은 조석에 의해 야기된 것으로 보이는 지각 활동을 나타낸다. 균열 지점을 따라 나타나는 노랗고 붉은 지형은 얼음층 밑의 바다에서 올라온 소금일 것이다(사진 출처: NASA/JPL-캘리포니아 공과대학/SETI 연구소).

사진 6 유로파 표면의 확대 사진. 서로 얽혀 있는 균열 지형은 유로파가 목성을 공전하면서 받는 조석력으로 설명할 수 있다. 진한 붉은색으로 보이는 지역은 아래쪽 바다에서 솟아오른 폭발의 결과일지도 모른다(사진 출처: NASA/JPL-캘리포니아 공과대학).

사진 7 1981년 8월, 보이저 2호가 찍은 엔셀라두스. 북반구(사진상의 오른쪽)는 충돌구가 많이 남아 있어 수억 년 전 충돌 사건이 자주 일어났던 오래된 얼음 표면임을 나타낸다. 왼쪽의 남반구에는 충돌구가 거의 남아 있지 않은데, 특정 지질학적 과정으로 오래된 충돌구가 덮이고 새로운 얼음이 생성된 어린 지형임을 암시한다(사진 출처: NASA/JPL).

사진 8　카시니호가 찍은 엔셀라두스. 사진의 왼쪽은 북반구로 충돌구가 많이 남아 있다. 표면을 가로지르는 선들은 지각 활동을 암시한다. 오른쪽의 얼음 협곡은 깊이가 1km쯤 된다. 이 사진은 2008년 10월에 찍힌 것이다(사진 출처: NASA/JPL/우주과학연구소).

사진 9 엔셀라두스가 내뿜는 바다. 카시니호가 포착했다. 남쪽의 얼음층에 생긴 균열을 통해 얼음껍질 밑 바다가 우주로 물기둥을 뿜어낸다. 사진상의 오른쪽에서 태양이 물을 비추고 있다(사진 출처: NASA/JPL/우주과학연구소).

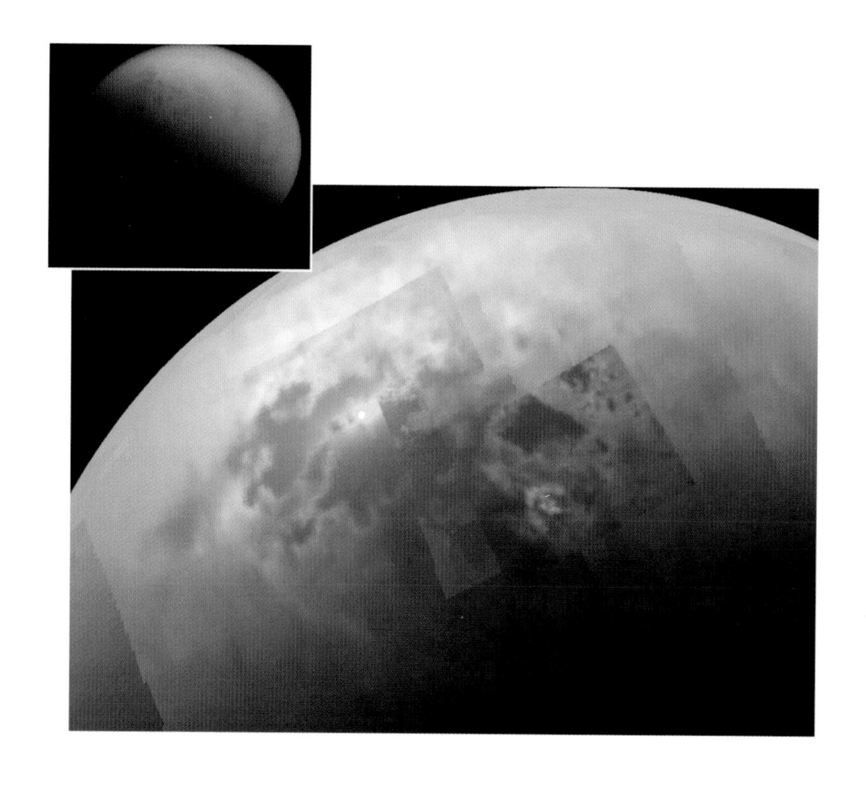

사진 10 토성의 아름다운 위성 타이탄. 질소, 메탄, 그 밖의 유기화합물로 이루어진 두꺼운 대기로 뒤덮여 있다. 위쪽 사진은 카시니호가 찍은 타이탄으로, 어두운 색은 액체 상태의 메탄 바다와 호수를 나타낸다. 아래쪽 사진은 타이탄의 가장 큰 바다인 크라켄 마레Kraken Mare(왼쪽의 밝은 지점) 수면에 반사된 햇빛을 보여준다. 오른쪽의 밝은 지점은 메탄 구름이 햇빛에 반사되어 주황색으로 보이는 것이다(사진 출처: NASA/JPL-캘리포니아 공과대학/우주과학연구소/애리조나 대학교/아이다호 대학교).

사진 11 왼쪽 사진은 타이탄에서 두 번째로 큰 바다인 리지아 마레Ligeia Mare의 레이더 이미지이다(가로 420km, 세로 350km로 북아메리카의 슈피리어호 크기쯤 된다). 이 적외선 이미지에서 검은색은 바다와 강, 주황색과 갈색은 얼음 표면을 나타낸다. 오른쪽은 하위헌스 탐사정이 찍은 사진으로 앞쪽의 '바위'는 물로 된 얼음이고 그 주변의 수면은 물과 메탄 얼음으로 보인다. 이 지역은 마른 강바닥으로, 사진 속 둥근 돌(가로 15cm)들은 한때 메탄이 흐르던 강에서 굴러다니던 것들의 잔재일 수 있다(이미지 출처: NASA/JPL-캘리포니아 공과대학/이탈리아 항공우주국/코넬대학교/유럽 우주국/애리조나 대학교).

사진 12 갈릴레오호가 찍은 가니메데와 칼리스토. 왼쪽이 태양계에서 가장 큰 위성인 가니메데이다. 얼음 표면의 갈색과 회색은 암석 물질, 얼음, 그리고 아마도 얼음층 밑 바다에서 올라온 소금이 섞인 혼합물일 것이다. 밝은 지점은 충돌구의 신선한 얼음이 노출된 것이다. 오른쪽은 칼리스토인데 수십억 년 전부터 두꺼운 얼음층 밑으로 바다를 가두고 있었을지도 모른다. 가니메데처럼 표면의 갈색 물질은 주로 얼음과 암석의 혼합물이다(사진 출처: NASA/JPL/독일 항공우주센터).

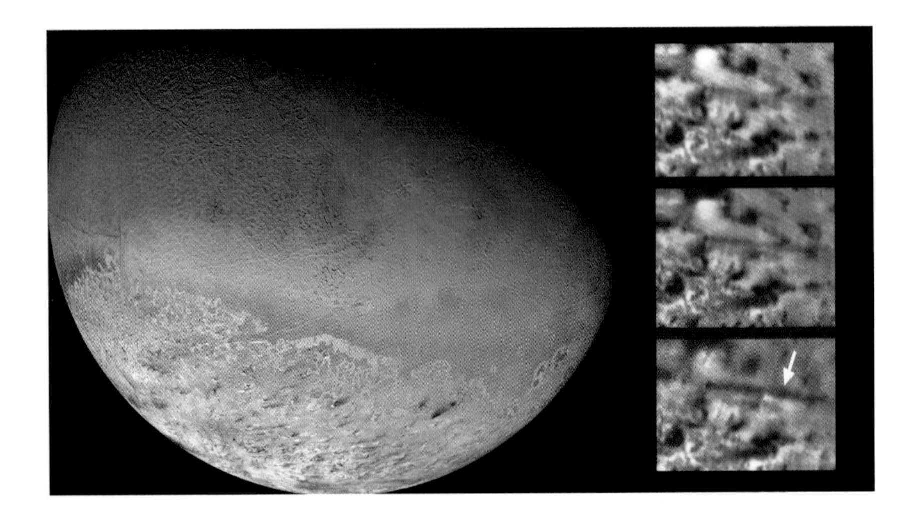

사진 13 1989년 보이저 2호가 찍은 트리톤. 트리톤은 해왕성의 위성으로, 영하 234℃의 차가운 표면은 물, 질소, 메탄 얼음과 서리로 구성된다. 사진에서 분홍색이 도는 지역은 태양의 자외선을 받은 메탄 서리이고 청록색 지역은 "칸탈로프 지형cantaloupe terrain"이라고 불리는 질소 서리이다. 사진의 아래쪽에서 표면을 가로지르는 어두운 줄무늬는 얼음을 뚫고 활발하게 분출하는 먼지와 유기 물질 기둥이다. 오른쪽 사진은 같은 장소를 45분 간격으로 찍은 것인데, 물질 기둥이 발달하는 과정을 확인할 수 있다. 맨 위쪽 사진에는 줄무늬가 보이지 않다가 두 번째, 세 번째 사진에서 선명한 검은색 선이 나타난다. 기둥의 높이는 8km, 길이는 150km이다(사진 출처: NASA/JPL/미국 지질조사국).

사진 14 뉴호라이즌스호가 찍은 명왕성. 대비를 위해 보정한 이미지이다. 왼쪽 사진에서 흰색과 베이지색 지역은 물로 된 얼음으로 이루어졌고, 얼음과 질소, 일산화탄소, 메탄이 섞였다고 추정된다. 주황색과 붉은색 지역은 탄소와 질소가 풍부한 화합물이 주요 구성 물질로 보인다. 오른쪽 사진은 수 킬로미터 위로 올라온 울퉁불퉁한 얼음 산이다(너비 약 80km). 명왕성의 남쪽에 자리 잡은 저 산맥들에는 신선한 물, 질소, 일산화탄소 얼음이 뭉쳐 있다(사진 출처: NASA/존스 홉킨스 응용물리연구소/사우스웨스트 연구소).

사진 15 지구 심해의 열수구. 왼쪽 위 첫 번째 사진은 대서양 아래 수심 1km 지점에 있는 로스트 시티 열수구이다. 탄산염암으로 이루어진 흰색 굴뚝이 있다. 연구팀이 암석 표본을 수집하는 동안 잠수정이 정지 상태로 떠 있다. 나머지 두 사진은 대서양 수심 3.6km 아래에 있는 스네이크 피트 열수구이다. 미생물, 새우, 물고기를 포함해 다채로운 생태계를 먹여 살린다. 사발 모양의 구조물에 새끼 새우(붉은색) 수천 마리가 있다. 흰색 새우는 성체인 것으로 보인다(사진 출처: 케빈 피터 핸드).

우주의
바다로
간다면

NASA의 과학자, 우주의 심해에서 외계 생명체를 찾다

우주의 바다로 간다면

케빈 피터 핸드 지음 | 조은영 옮김

Alien Oceans

해나무

일러두기

- 본문에 나오는 단위는 이해를 돕기 위해 가급적 익숙한 단위로 바꿔 옮겼다.
- 본문에서 '(사진 1)'처럼 표시한 부분은 책 앞에 수록된 컬러 화보 사진을 뜻한다.

울타리 대신 그물이 가득한 어린 시절을 보내게 해주신

우리 부모님, 피터 핸드와 메리베스 핸드에게 이 책을 바칩니다.

차례

저 깊은 바다 밑바닥

꼼짝없이 바닥에 갇혀버렸다. 배터리도 다 됐고 공기도 바닥나고 있었다. 저쪽 잠수정이나 3,000m 위에 있는 팀에게 연락할 방법도 달리 없다. 우리는 대서양 밑바닥 어느 바위에 내려앉은 초소형 잠수정의 금속 구체 안에 있다.

해저에 발을 들인 첫 여행이 마지막이 될지도 모른다니.

그런데도 기분은 왠지 편안했다. 꺼져가는 불빛으로 두께 8cm짜리 둥근 유리창을 통해 내다본 바깥에는 길고 붉은 생물체가 아마도 다음 끼니를 찾아 바위를 훑고 있었다. 바로 옆에서 곤경에 처한 인간은 나 몰라라, 아니 알아채지도 못한 채 그저 제 일 하기에 여념이 없다.

이런 작은 잠수정 안에서는 비현실적으로 평온해지기 마련이다.

인간의 뇌에는 이런 식의 상황을 처리하는 프로그램이 없다. 제곱센티미터당 수백 킬로그램으로 내리누르는 압력, 잠수정이 비추는 제한된 조명으로만 모습을 드러내는 주변 풍경, 섬뜩한 물속의 죽음으로부터 사람을 지키는 기계 장치의 소음과 회전음. 지상의 높은 곳이나 바싹 마른 사막에서 공포를 경험할 때와 달리 호모 사피엔스의 소프트웨어에는 대양의 밑바닥까지 내려와 작은 금속 공안에 갇혀버린 상황에 대처할 방안이 입력되지 않았다. 우리는 스쿠버다이버처럼 호흡기를 입에 물지도 않았고, 수면으로 올라갈 때 감압이 필요하지도 않다. 잠수정 안에서는 그저 평소처럼 주변 공기로 호흡하면 된다. 햇빛이 완벽하게 차단된 세상의 어둠 속에서 지름 2m짜리 비좁은 구체에 세 명이 갇혀 있는 상황은 폐소공포증을 일으키기에 최적의 조건이지만 그럼에도 극복할 수만 있다면 생각보다 나쁘지 않다. 모든 게 계획대로 진행되기만 한다면 말이다.

사실 나는 이 아래에 볼일이 없는 사람이었다. 먼저 나는 한 인간으로서 생물학적 안전지대를 벗어났다. 특별한 첨단 기술의 도움을 받아야만 가능한 여행을 하고 있다는 말이다. 게다가 나란 사람은 심해 전문가가 아닌 항성이나 행성, 위성을 전공한 사람이다. 어린 시절 외계인에 대한 집착이 목성의 얼음 덮인 위성, 유로파로 나를 이끌었다. 나 못지않은 우주 광신도이자 오랜 벗인 조지 화이트사이즈가 내게 전화해 흥미로운 프로젝트가 있는데 관심이 있냐고 물었을 때 나는 한창 유로파의 물리학과 화학을 파고들던 박사 과정 학생이었다. 〈타이타닉〉과 〈터미네이터〉 등을 성공시킨 영화 제작자 제임스 카메론이 마침 최근에 지하 바다를 품고 있다고 밝혀진 유로파에 관해 함께 심해를 탐사하며 이야기를 나눌 젊은 과학자를 물색한다고 했다. 이 탐험에 합류할 의향이 있었느냐고? 누가 평생 이런 전화를 받아보겠는가.

그해는 2003년, 카메론은 유로파 바다에 생명체가 존재할 가능성을 지구의 심해와 연결지어 영화로 다루고 싶어 했다. 카메론 팀은 대서양과 태평양 해저를 탐사하며 생명체가 어떻게 어두운 심해에서 생존하는지 탐구할 예정이었다. 심해 환경이 유로파 바다의 조건과 유사할 가능성을 헤아려보려 했던 것이다. 내게 주어질 역할은 해양 탐사와 지구 밖 생명체 탐색의 연결고리를 제시하는 것이다. 우리가 탐사할 심해 열수구는 깊은 대양의 생명체를 위해 마련된 화학적 오아시스로, 지구 너머에서 거주 가능한 환경을 찾는 탐색에 지침을 제공했다.

하지만 당시의 내 처지로는 선뜻 결정을 내릴 수 없었다. 바다에 나와 있는 동안에는 원래 하던 연구를 뒤로 미뤄야 했기 때문이다. 박사학위를 따기 위해 그 어느 때보다 연구에 매진해야 할 시기에 딴짓을 해도 될까? 심해는 유로파의 바닷속 사정과도 비슷한 구석이 많을 테니, 그렇게 따지면 잠시 둘러 가는 것도 나쁘지만은 않을 듯싶었다.

돌이켜 보면 고민할 문제도 아니었다. 혹시 당신에게도 바다 밑에 가볼 기회가 생긴다면 얼씨구나 하며 받아들이길 바란다. 두 번 생각할 것 없이 그냥 무조건 한다고 해라. 세상을 보는 눈이 영원히 달라질 테니.

이런 내적 갈등은 나의 스승이자 음악가이며 서던캘리포니아 대학교의 탁월한 미생물학자인 켄 닐슨 교수의 한마디로 해소되었다. 어느 날 저녁, 캐털리나섬 부두에서 켄이 내 어깨를 움켜잡더니 다그쳤다. "너무 생각이 많군! 바다 밑에 갈 기회가 있다면 무슨 수를 써서라도 잡아야지!"

조지의 전화를 받은 지 한 달 후, 나는 러시아 연구 선박 켈디시호를 타고 대서양 한복판에서 하늘의 별 대신 저 아래의 어둠을 탐험할 준비를 하고 있었다.

아주 오랫동안 바다는 내게 마법 같은 곳이었다. 넓고 깊어서가 아니라 익숙하지 않은 장소라서다. 나는 육지에 둘러싸인 버몬트주에서 나고 자랐다. 그러니 어느 산이나 동굴에 데려다놔도 겁날 게 없는 나였지만, 바다는 너무나도 낯선 환경이다. 바다 자체가 두려운 것은 아니었다. 머릿속에서 영화 〈죠스〉의 주제곡이 맴돌거나 하지는 않았으니까. 다만 친숙함의 부재가 두려웠을 뿐이었다. 나는 구름과 바람을 읽지 못한다. 날씨를 속삭여줄 나무도, 하늘을 가르는 산맥도 없다. 그저 넓게 펼쳐진 수평선의 끝에서 끝이 온통 물뿐이고 아래 세상은 수면의 파도에 감춰져 있다.

나는 사방팔방 바다밖에 없는 곳에 던져졌다. 핼리팩스 항구에서 대서양 한가운데로 항해하는 동안 켈디시호 뱃머리에 앉아 하염없이 물을 바라보며 새로운 환경에 대한 내적 감각을 쌓으려고 애썼다. 그러나 이질적인 느낌은 어쩔 수 없었다. 무한히 확장된 바다는 내 안전지대를 벗어나도 한참 벗어났다. 흥분과 두려움이 동시에 밀려들었다.

불확실성과 기대감이 짝을 이룬 채 나는 이 몸을 극한 환경으로 데려다줄 기계, 러시아제 잠수정 미르(러시아어로 '미르Мир'는 평화 또는 세계라는 뜻이다)로 관심을 돌렸다. 켈디시호 기계 공작실에 수시로 내려가 손짓 발짓에 어설픈 러시아 단어를 섞어가며 잠수정 기술자들과 소통했다. 잠수정의 작동 원리와 잠수정 운행 중 발생할 수 있는 문제를 파악하는 데 열심을 다했던 나는 지극히 멀쩡해 보이는 잠수정에서 어떻게든 문제의 소지를 찾아냈다. 하지만 잠수정 기술자들은 굉장히 인내심이 강했다. 나는 곧 러시아 기술자들이 투지와 철저함을 빼면 시체라는 것을 알게 되었다. 이들에게는 언제나 대안이, 대안에 대한 대안이, 또 그 이상의 대안이 있었다.

잠수정 물리학의 기본 목적은 간단명료 그 자체다. 하나, 찌그러지지 않을 것. 둘, 필요할 때 떠오를 것. 우주 탐험과 달리 해저를 탐험할 때 중력은 탐험가의 친구다. 우주 여행에서는 로켓 엔진, 열 차폐, 낙하산, 날개 조작에 수많은 변수가 뒤따른다. 하지만 해저에서는, 쉽게 말해 아래로 내려갈 때는 무게를 지고 위로 올라올 때 무게를 덜어내면 그만이다. 바닷속에서 압력은 꽤나 극단적으로 변하지만 온도의 차이는 비교적 크지 않다. 잠수정의 이동 속도도 그리 빠르지 않다. 수압을 견디고 중량을 덜어내어 부력을 생성하는 한, 결국 잠수정은 코르크 마개처럼 바다 위로 떠오를 것이다.

잠수정이 바닷속에서 위아래로 움직이는 기본 원리가 생각보다 간단하다는 사실 덕분에 미르 잠수정이 좀 더 편안하게 느껴졌다. 잠수정 조종사이자 기술자인 게냐, 빅토르, 아나톨리는 나의 끝없는 질문을 견뎌내며 잠수정이 자랑하는 다양한 백업 시스템과 다중화 장치를 설명해주었다. 잠수정의 부품 대부분이 공학 디자인의 기본 원리인 키스KISS 법칙을 따랐다. "간단하게 만들라고, 이 멍청아Keep It Simple, Stupid"를 줄인 말이다. 상대적으로 이 잠수정에는 움직이는 부품이 거의 없고 내부의 전자 장비는 냉전 시대의 튼튼한 유물처럼 보였다. 그럼에도 "만약에 이렇게 되면 어떡합니까?"라고 꼬리에 꼬리를 문 나의 질문은 결국 최악의 시나리오를 건드리고 말았다. 몇 킬로미터를 하강해 바다 밑바닥에 닿았는데 그곳에서 전력이 끊기고 추진기는 망가지고 통신도 단절되고 공기까지 바닥나면 어떡합니까? 해저에 가라앉은 근사한 금속 덩어리 안에 앉아서 무엇을 더 할 수 있을까요?

당연히 이런 극한의 상황에 대해서도 계획은 있었다. 이 최악의 상황에 직면하면 잠수정의 좌석 하나를 들어올려 커다란 렌치를 찾는다. 렌치는 중량물에 연결된 볼트의 나사를 푸는 데 사용된다. 그렇게 나사를 풀어 중량물을 투하하면 가벼워진 잠수정이 곧 물에 뜨기 시작한다. 바닥에서부터 떠오르기 시작하여 위로 상승하면서 점차 가속된다. 기술자들의 설명으로는, 잠수정은 수면에 도달하는 순간 엄청난 탄력을 받아 공중으로 수 미터나 튀어오를 것이다. 아름다운 첨단 기술은 아니지만 적어도 우리가 바다 밑에서 외롭게 죽도록 내버려두지는 않을 최후의 수단이다.

대양의 밑바닥까지 내려와 길을 잃은 채 죽어가는 잠수정에 앉아 있자니 머릿속에서 오만 가지 생각이 스쳤다. 그러다가 비상 렌치에 생각이 미쳤다. 정말 좌석 밑에 있을까? 출발하기 전에 한 번 더 확인할 걸.

이 지경이 되기 전까지는 모든 것이 순조로웠다. 대서양 한복판의 목표 지점에 도착한 우리는 두 잠수정으로 나누어 하강했다. 카메론과 두 명이 한 팀, 나와 또 다른 두 명이 한 팀을 이루었다. 메네즈 그웬이라는 해저 화산의 열수구를 조사하는 것이 과제였다.

잠수정을 타고 바다 밑바닥으로 내려가는 것은 열기구, 스쿠버다이빙, 우주 비행을 하나로 합친 기분이었다(셋 중에 스쿠버다이빙만 해보았지만). 대체로 움직임이 느리고 부드러웠다. 미르 잠수정에는 지름이 20cm쯤 되는 작은 창문이 한 사람당 하나씩 총 3개 달렸는데 그걸로 심해를 들여다볼 수 있다. 가운데에는 조종사가 착석하고 좌우로 두 명의 승객이 탑승한다. 잠수정 안에서 일어서지는 못하지만 몸을 구부려 다른 사람과 자리를 바꿀 정도의 공간적 여유는 있다. 내부 장치, 버튼, 스위치들을 보면 이 잠수정이 처음 제작된 1970년대와 1980년대가 떠오른다. 파란 비닐 쿠션이 장착된 좌석은 모두 작은 U자 형태인데, 세 명이 동시에 바닥에 다리를 내려놓을 자리도 없다. 대개는 조종사가 가운데 좌석에서 손을 조종간에 올린 채 똑바로 앉아 있고, 승객 둘은 모로 누워서 창문을 내다본다.

바윗덩어리처럼 바닥으로 가라앉는 동안 잠수정은 유광층을 빠르게 지나친다. 유광층은 바다의 맨 위쪽, 수심 약 300m에 해당하는 구간인데, 햇빛이 들어오는 덕분에 식물성 플랑크톤처럼 광합성을 하는 생물을 바탕으로 온갖 생명이 번성하는 지역이다.

이 지역을 통과하면 빛이 사라진다. 푸른색이 점점 검어진다. 잠수정은 차가워진다. 아래로 추락하는 느낌은 들지 않지만 통신 시스템의 음향이 메트로놈처럼 똑딱이며 나머지 세상과 멀어지고 있음을 알린다. 몇 초에 한 번씩 핑 하고 커다랗게 울리는 소리가 잠수정과 켈디시호 사이를 오간다. 잠수정 안에서 예상되는 평범한 핑 소리와 비슷하지만 음이 좀 더 높고 간격이 짧다. 가끔 스피커로 단어가 들릴 때도 있다. 한두 문장씩 흘러나오는 러시아어는 물을 통과하며 많이 깨져버렸다. 러시아어 실력이 미천한 나에게는 낯선 언어와 핑 하는 신호음 덕분에 모든 것이 더욱 생경하게 느껴졌다.

하강하는 동안 나는 원형 창에 얼굴을 바짝 대고 수건으로 머리를 감싸서 잠수정 내부의 불빛이 바깥 풍경을 오염시키지 않게 막았다. 평소의 나에게도 익숙한 행동이다. 밤하늘을 관찰하는 천문학자는 늘 밤 시야를 보호한다. 눈이 어둠에 잘 적응할수록 밤하늘에서 더 많은 별을 볼 수 있기 때문이다.

그러나 이곳에서는 움직일 때마다 직접 또는 주위에 빛을 발산하는 희한한 심해 생물을 찾느라 눈이 바쁘다. 아래로 곤두박질치는 잠수정이 점점 멀어지는 생물발광의 충격파를 형성한다. 해파리부터 미생물까지 크고 작은 생물이 번뜩인다. 잊지 못할 광경이자 이후로도 총 아홉 번을 잠수해 내려가면서 매번 소중하게 즐겨온 순간이다. 나는 이어폰을 끼고 라디오헤드와 핑크 플로이드의 음악을 들으며 생명의 불꽃놀이를 감상하는 습관이 들었다. 해저에 내려가면 저 록밴드가 공연하고 있지 않을까 내심 기대하기도 했다.

지금까지 내 첫 잠수는 아주 성공적이었다. 초기에 몇 차례 탐사한 뒤 우리는 열수구가 많이 분포한 지역을 가까스로 찾아냈다. 메네즈 그웬의 옆구리를 몇 시간씩 돌아다니며 뜨거운 열수구가 뿜어내는 물질을 잠수정의 로봇 팔을 휘둘러 수집했다. 미생물, 홍합, 물고기들이 이 넉넉한 화학물질 오아시스에서 잔치를 벌였다(사진 1).

해저에서 이런 장소를 찾는 게 별것 아닌 일로 보일지도 모르지만 사실 대단한 업적이 아닐 수 없다. 지도와 관련해 지상에서 쓰이는 사치스러운 장비들이 바다에서는 모조리 쓸모를 잃는다. GPS 장비에 쓰는 파장은 고작 바닷물 몇 밀리미터도 투과하지 못한다. 사실 바다에서는 전자기 스펙트럼의 어떤 파장도 제대로 전송할 수 없다. 생명의 핵심 재료인 물은 제 행성의 모습을 감추는 데 대단히 능숙한 물질이다. 물은 짧은 파장에서 긴 파장까지 빛을 쉽게 흡수하므로 바다 밑바닥에서는 시각을 이용해 '보거나' 소통할 수 없다. 이 단순한 사실이 수십 년이나 공학자들을 당혹스럽게 했다. 전자식 내비게이션이나 통신 수단 중에 물속에서 작동하는 것은 없다. 휴대전화도, 와이파이도, GPS도, AM이나 FM 라디오도, 햄(아마추어 무선)도, 그 어떤 것도 말이다.

소리 말고는 모두 바닷속에서 먼 거리를 이동하지 못한다. 고래나 돌고래가 소리를 이용해 소통하는 이유도 부분적으로는 여기에 있다. 바다 위 켈디시호에서 저 밑의 우리가 괜찮은지 확인하기 위해 꾸준히 핑 신호를 보내는 것도 같은 맥락에서다.

그러나 우리는 괜찮지 않았다. 너무 오래 머무른 게 탈이었다. 우리는 장시간 잠수하며 해저산 영역을 꽤 많이 탐사했다. 미르 1호와 2호가 둘 다 해저로 내려와 함께 이 지역의 표본을 수집하고 영상을 찍었다. 그러던 중 내가 탑승한 잠수정 미르 2호가 미르 1호를 놓쳤고 설상가상으로 배터리 전원도 바닥나기 시작했다. 조종사 빅토르는 추진기가 귀중한 전력을 소모하므로 더 돌아다니거나 '헤엄치지' 않는 편이 좋겠다고 판단했다.

게다가 통신까지 끊어지고 있었다. 배터리가 얼마 안 남았다는 말은 켈디시호나 미르 1호에 신호를 강하게 돌려보낼 수 없다는 뜻이다. 무엇보다 잠수정의 이산화탄소 집진기가 제대로 기능하지 못하면서 이 작은 구체가 유독가스로 가득 찬 공으로 변해가고 있었다.

우리는 바다 밑바닥에 앉아 어떻게 해서든 문제를 해결해보려고 애를 썼다. 걱정은 됐지만 의자 밑 렌치를 위안으로 삼았다. 다른 방도가 없다면 최후의 수단을 써서 바다 밖으로 튀어나가면 되겠지. 바다에 떠 있는 우리를 켈디시호 선원들이 찾아줄 것이다. 얼마 만에 발견할지 알 수 없다는 게 문제일 뿐. 시간이나 파도의 상태가 관건이다.

설명서에 나온 모든 방법을 시도한 끝에 빅토르는 체념한 듯 되려 긴장을 풀었다. 그의 태도로 보건대 물속에서 죽을 운명을 받아들였든지 아니면 어떤 수색 프로토콜이 무사히 작동하여 남은 일은 그저 앉아서 기다리는 것뿐이라고 생각했던 듯하다. 나는 둥근 창으로 붉은 새우를 바라보면서 방황을 이어나갔다. 내 상상은 지구의 바다에서 출발해 지구 밖 바다의 가능성까지 한없이 표류했다.

지금 둥근 창 밖으로 보이는 광경은 어느 우주 생명체가 '우리 집'이라고 착각할 만하다. 깊고 어둡고 한없이 적막해 보이는 해저가 사실은 생물학자에게 최고의 연구 장소일지 누가 알겠는가. 최근 태양계를 탐사한 결과로 미루어보면, 이 우주에 지구 같은 행성은 드물지만(운이 좋으면 태양계당 하나 정도) 얼음에 뒤덮여 하늘이나 대기와는 완전히 차단된 깊은 바다를 품은 천체는 어디에나 존재한다.

태양계에서 그런 천체는 거대 행성의 위성으로, 유로파와 가니메데, 칼리스토와 타이탄, 엔셀라두스와 트리톤 정도이다. 지금 이 순간에도 저 천체들 안에는 물로 이루어진 바다가 있다. 그리고 아마 태양계 역사의 상당 기간 지속했을 것이다. 심지어 이들 중 유로파, 엔셀라두스, 타이탄은 생명체가 거주할 만한 조건을 갖춘 것으로 보인다(사진 2).

비록 해변이나 백사장은 없지만 이 얼음 덮인 바다는 누군가의 집이라 불릴 만한 경이롭고 풍요로운 장소일 것이다. 저 멀고 먼 바다의 어둠 속 깊은 곳은 우리 바다의 가장 깊은 곳과 다르지 않으리라. 어쩌면 우리 바다의 심연 속 미생물과 해양생물이 유로파, 엔셀라두스, 타이탄의 바닷속 물리, 화학 조건에서도 잘 지낼 수 있지 않을까. 이 책에서는 극한의 조건에서 살아가는 지구 생명체와 지구 밖에서 생명이 살 만한 바다 환경을 만드는 물리, 화학 사이의 연결고리를 탐험한다. 지구 밖 태양계에 자리한 위성의 두꺼운 얼음껍질 아래로 바다가 존재한다고 생각하는 이유와 근거를 상세히 조사할 것이다. 그리고 마침내 지구가 아닌 곳에서 독립적으로 출발한 생명을 발견한다는 것이 어떤 의미인지 함께 생각해 보려 한다.

그러나 그 여행을 시작하기 전에 우선 이 바다 밑바닥에서 탈출해야겠다.

저 밑에서 꽤나 오래 기다린 것 같았지만 사실 45분도 채 되지 않았다. 잠수정 내부는 우리 세 사람이 살아 숨 쉬며 만들어낸 물 때문에 습해졌다. 매 호흡 소중한 산소가 수증기와 이산화탄소로 변환되었다. 응결한 수증기가 잠수정의 구부러진 주황색 벽에서 물이 되어 떨어졌다. 차갑고 축축하고 어둡고 조용했다. 이 와중에도 저 작고 붉은 생명체는 둥근 창 바로 밖에서 제 삶을 살았다. 우리의 처지는 아랑곳하지 않고 이 바위 저 바위 가로지르며 완벽하게 행복해 보였다.

그때 창밖에서 희미한 불빛이 보였다. 불빛이 서서히 밝아지며 우리 쪽으로 다가왔다. 그리고 그 빛이 정체를 드러냈다. 우리의 자매 잠수정 미르 1호. 그들이 우리를 찾아냈다.

카메론이 탑승한 미르 1호에 카메라가 장착된 것을 알고 있던 우리는 종이에 메시지를 써서 창문에 대고 보여주었다. "올라가야 함." 미르 1호의 카메라가 회전하고 기울면서 상황을 파악하는 모습이 보였다. 메시지가 전달된 게 분명하다. 종이와 음향 통신으로 어렵사리 몇 번의 교신을 마친 후 빅토르는 켈디시호가 우리를 맞이할 준비가 되었다고 확신했고 우리는 바닥에서 이륙해 수면으로 올라갔다.

물 밖으로 돌아가는 여행에는 정체를 알 수 없는 품위가 있었다. 지구로 귀환하는 우주 비행은 대기권을 통과하는 강렬하고 불같은 시간과 우주선을 잿더미로 만들려는 중력의 시도에 공격적으로 맞서는 싸움이다. 그와 달리 해저에서 돌아오는 여행은 유유자적하게 올라가는 엘리베이터에 탄 기분이 들었다. 잠수정의 부력이 우리를 집으로 안내할 때 물리법칙은 적이 아닌 선량한 친구가 된다. 중력이 만사를 해결한다. 추진기와 엔진을 점화할 필요도, 낙하산이 제때 펴지지 않을까 염려할 일도 없다.

돌아가는 시간이 낮이라면 어두운 심연이 마침내 위쪽에서 비치는 한 줄기 별빛에 자리를 양보하는 순간이 온다. 가장 용감무쌍한 태양 광선이 물을 뚫고 들어와 검은색이 푸른색으로 바래진다. 파랑이 검정을 아래로 밀어내고 햇빛을 머금은 바다가 나타난다. 마지막 순간, 잠수정이 솟구쳐 올랐다가 떨어진다. 그러고는 다시 바다에 잠겼다가 쑥 올라오며 한 번 더 대기와 접촉한다. 둥근 창으로 햇빛이 쏟아져 들어와 내가 진정 어디에 속한 생명체인지 새삼 일깨운다.

이제 물 밖으로 무사히 귀환한 우리는 광활한 대양의 푸른색 바탕 위에 미미한 주황색, 하얀색 점으로 출렁이며 앉았다. 잠깐이지만 감히 심연에서 딴 세계를 경험하고 돌아온 무시할 수 없는 점이다. 켈디시호가 우리를 건져내 대형 크레인에 싣고 갑판으로 올려주길 기다린다. 한 지점의 여행이 끝났다. 그러나 탐험하고 발견할 곳은 아직도 끝없이 많다.

| 1부 |

가까운 바다, 먼 바다

1장

지구와 지구 밖 바다세계

지구의 생명으로부터 배운 게 있다면, 대체로 물이 있는 곳에 생명체가 있다는 사실이다. 잘 알다시피 물은 모든 생물에 필수적인 물질이다. 물은 세포 내 모든 화학 작용을 가능하게 하는 용매이며, 크고 작은 모든 생명체가 자라고 대사하는 데 필요한 많은 양의 화합물을 용해한다. 살아 있는 모든 세포는 복잡한 생명 작용이 일어나는 작은 물주머니다. 따라서 태양계의 지구 아닌 곳에서 생명체를 찾을 때 물이 발견될 가능성이 있는 곳, 또는 과거에 물이 존재했을 장소를 먼저 수색하는 게 당연하다.

지구 밖에서 생명을 찾는 이야기는 다른 세상에 존재하는 생명의 신호를 찾아 우주에 접근하는 창백한 푸른 점,[1] 지구의 이야기이기도 하다. 덩굴을 뻗어내며 제 주변을 조사하는 식물처럼, 이 작은 행성은 덩굴손 대신 로봇을 특사로 파견해 다른 행성의 주위를 돌고 답을 찾아 정보를 보내게 했다.

인간은 55년이 넘는 세월 동안 우주선을 보내 태양계를 탐험해 왔다. 최초로 다른 행성에 보낸 로봇이 처음 수행한 임무는 1962년 12월 14일 매리너 2호가 금성에 근접비행한 것이다. 그 이후로 인류는 태양과 태양계의 안쪽에 있는 다양한 행성, 위성, 소행성, 혜성 등을 연구하고자 우주선 함대를 파견했다. 같은 기간에 태양계의 바깥쪽으로는 소행성대(목성과 화성 궤도 사이에 작은 천체들이 모인 영역—옮긴이) 너머로 불과 8대의 탐사선만 보냈다.

소행성대를 넘어간 탐사선 파이어니어, 보이저, 갈릴레오, 카시니, 뉴호라이즌스, 주노가 발견한 놀라운 사실들이 거주 가능한 세계의 의미를 다시 정의했다. 저들이 임무 중에 보내온 데이터는 태양계에 물이 존재하는 곳, 더 나아가 생명체가 집으로 삼을 만한 장소에 대한 혁명적 이해에 일조했다.

이제 우리는 외행성계에 있는 적어도 6개의 위성이 두꺼운 얼음 아래에 물로 된 바다를 품고 있다고 예측할 타당한 이유를 찾았다. 그 바다는 지금 이 순간에도 존재하며, 그중 여럿은 태양계 역사에서 상당 기간 존재했다고 추정할 훌륭한 근거가 있다. 이들 바다세계 중에서 유로파, 가니메데, 칼리스토는 목성 주위를 돈다. 이 세 위성은 갈릴레오가 1610년에 처음 발견한 4개의 대형 위성에 포함된다. 목성의 네 번째 위성인 이오는 태양계에서도 화산 활동이 가장 활발한 천체이며 물이 없다. 그 외에 적어도 토성 주위를 도는 두 바다세계, 타이탄과 엔셀라두스가 있다. 해왕성의 위성 트리톤은 신기하게도 자전 방향과 반대로 공전하는데, 이곳도 지하에 바다가 있을 가능성이 점쳐진다.

지금까지 상당한 데이터와 증거가 수집된 천체가 이 정도이고, 우주에 대양을 품고 있는 바다세계는 훨씬 더 많을 것이다. 명왕성은 물, 암모니아, 메탄(메테인)으로 구성된 액체 혼합물을 감춘 채 낯선 화학 작용이 일어나는 기이하고 차가운 바다를 만들어냈을지도 모른다. 아리엘과 미란다처럼 천왕성 주위를 도는 독특한 위성들도 지하 바다를 보유했을 수 있다.

마지막으로, 태양계의 역사 전반에 이미 많은 바다가 나타났다가 사라졌을 가능성이 있다. 예를 들어 대형 소행성 세레스는 역사 초기에 물로 된 바다가 있었을 가능성이 크다. 화성과 금성에도 과거에는 바다가 있었을 것이다. 태양계의 역사 초기에는 금성, 지구, 화성과 같은 천체의 지표는 물론이고 소행성대 너머의 천체에서도 얼음층 아래 깊숙한 곳에 바다가 흔했을지 모른다. 그러나 지금 시점에 가장 많은 물을 품고 있는 곳은 외행성계다.

이렇게 과거의 물과 현재의 물을 구분하는 것은 중요하다. 생물이 살아 있게 하는 것이 무엇인지 정말로 알고 싶다면, 지금도 살아서 물을 필요로 하는 생명체를 찾아야 한다. 바로 외계에서.

DNA와 RNA처럼 생명을 이루는 분자는 기록을 오래 남기지 못한다. 지질학적 관점에서 단기간에 속하는 수천 년, 수백만 년이면 모두 분해되어 사라진다. 뼈와 그 밖의 광물 구조는 화석이 되어 훨씬 오래 머무른다. 화석은 훌륭한 자료이지만 화석이 된 유기체에 대해서만 말해줄 뿐이다.

일례로 대략 35억 년 전에는 화성이 아주 살 만한 곳이었다는 주장이 있다. 스피릿, 오퍼튜니티, 큐리오시티 등의 화성 탐사 로봇은 화학적으로 풍부한 호수와 광활한 대양이 화성의 표면을 차지했을 가능성을 제시했다. 물이 존재했던 이런 환경에서 생명이 탄생한 적이 있다면 화학적 또는 구조적 '화석'이 고대의 바위 안에 보존되었을지도 모른다. 그러나 저 화석으로부터 DNA 같은 큰 분자를 추출하지는 못할 것이다. 어쨌거나 화성에서 생명을 찾는 수색 작업은 오래전에 멸종했을 고대 생명체의 흔적을 찾아 바위를 뒤지는 데 집중되었다.

정말로 화성의 바위에서 고대 생명체의 흔적이 발견된다면 전 세계가 들썩이며 흥분하겠지만 나는 그 이상을 원한다. 나는 지금 살아 있는 생명체를 찾고 싶다. 절멸하지 않은, 현존하는 생명체를 말이다.

나는 정말로 생명의 원리를 알고 싶은데, 그러려면 꼭 살아 있는 외계 생명체를 찾아야 한다. 다른 세계에서 생명을 일으킨 생화학 원리는 무엇일까? 지구에서는 모든 생명이 DNA, RNA, ATP, 단백질로 움직인다. 자연선택을 거친 다윈식 진화가 경이로운 생물권을 이루어놓았다. 근본적으로 동일한 생화학 원리가 야생에서 모든 생명의 다양성을 연결한다. 가장 극단적인 형태의 미생물에서 가장 정신 나간 로큰롤 스타까지 그 뿌리에는 DNA, RNA,

ATP, 단백질의 패러다임이 있다. 나는 이 패러다임이 다른 방식으로도 가능한지 알고 싶다.

생명이 전혀 다른 방식의 생화학 원리로 탄생하고 유지될 수 있을까? 생명의 기원은 생각보다 쉽게 일어나는 현상일까, 아니면 정말 어렵고 드문 사건일까? 생명을 일으킨 생화학은 결국 모두 DNA와 RNA로 수렴될까? 지구에서야 이것들이 최선의 생명 분자로 자리 잡은 우연이 거듭되었을지 모르지만 다른 천체에서는 아니지 않았을까? 다른 천체의 바다에서 현재 살아 숨 쉬는 생명체를 찾게 된다면 이 질문에 보다 구체적으로 답할 수 있을 것이다.

좀 더 높은 차원에서 인간의 지식을 그려보자.

갈릴레오가 맨 처음 망원경을 밤하늘로 돌리고 목성 근처에서 본 희미한 점들을 지도에 기록했을 때 그는 물리학 혁명에 불을 지핀 셈이었다. 갈릴레오는 목성과 이 점들의 배열을 매일 밤 관찰하고 그렸다. 처음엔 점들이 맨눈으로는 볼 수 없던 항성이라고 확신했다. 심지어 연구 자금을 댄 메디치 가문을 기리고자 "메디치의 별"이라는 이름까지 붙였다(갈릴레오도 세상 물정 모르는 바보는 아니었다).

그러나 이 빛의 점들을 부지런히 기록해나간 그는 곧 이것들이 별이 아님을 깨달았다. 이 작은 천체들은 목성 주위를 공전하는 위성이었다. 이 발견으로 그는 종교재판에 회부되어 결국 가택연금에 처했다. 천체가 지구가 아닌 다른 것의 주위를 돈다는 생각은 이단이었다. 당시 세계관은 아리스토텔레스의 우주론을 중심으로 틀이 짜여 있었다. 지구는 우주의 중심이고 모든 것은 지구를 중심으로 회전한다는 관점이다. 갈릴레오의 발견이 이런 세계관을 껄끄럽게 만들었고, 행성은 태양 주위를 돌고 별은 제 행성을 가진 또 다른 태양이라고 주장하는 코페르니쿠스 혁명을 뒷받침할 강한 증거가 되었다.

갈릴레오 이후 수십 년 동안 이루어진 수학과 물리학의 발전으로 물리법칙이 지구 밖에서도 통한다는 사실이 인정되었다. 중력, 에너지, 가속도는 지구에 있는 물체뿐 아니라 지구 밖의 세상과 경이로움까지 지배했다.

이런 발전에 이어서 다음 세기에는 화학이 성장, 확장했고 마침내 태양, 항성, 행성의 조성을 알려줄 기기와 장비를 제작하게 되었다. 주기율표의 원소들이 지구는 물론이고 그 너머의 모든 것을 구성하고 있었다. 화학 역시 지구 바깥에서도 작동했던 것이다.

20세기에 우주 시대가 도래하면서 달, 금성, 화성, 수성, 그리고 소행성대를 탐사한 인간과 로봇 탐험가들이 마침내 지질학 원리마저 지구 바깥에서 통한다는 사실을 보였다. 태양계와 그 바깥의 천체에도 바위, 광물, 산, 화산이 존재했던 것이다.

그러나 생물학은 아직 도약에 이르지 못했다. 지구의 생물학이 지구 바깥에서도 작동할까? 우리가 알고 사랑하고 생명이라 부르는 현상이 지구 밖에서도 적용될까? 우리 자신을 정의하는 것이 바로 이 현상임에도 그것이 얼마나 보편적인지 우리는 아직 알지 못한다. 그것은 '우리가 누구이고, 어디에서 왔고, 어떤 종류의 우주에 살고 있는가'라는 대주제의 핵심을 차지하는 간단하지만 중요한 질문이다.

생명 현상은 믿을 수 없이 드문 현상인가? 아니면 조건만 맞는다면 언제 어디에서나 생명이 발생할 수 있는가? 우리가 사는 이 세계는 과연 생물학적 우주인가?

우리는 아직 알지 못한다. 그러나 인류 역사상 처음으로 이 위대한 실험에 도전할 수 있게 되었다. 과연 생명이 태양계의 먼바다를 차지하고 있을지 탐구하고 확인할 장비와 기술을 비로소 갖추었기 때문이다.

제2의 생명의 기원을 찾아서

위 질문에 대답하려면 생명체가 현재 거주할 수 있는 장소와, 생명을 만드는 재료가 충분한 시간을 들여 독자적인 두 번째 생명의 탄생을 촉매할 수 있었던 장소를 탐험해야 한다.

독자적인 두 번째 생명의 기원이 곧 열쇠이다. 다시 화성으로 가보자. 마침내 화성에서 생명의 흔적을 찾아내는 데 성공했다고 하더라도 그 생명체에 대해 뭔가 단정하기에는 한계가 있다. 화성과 지구는 서로 가깝게 지내면서 아주 초창기부터 암석을 교환해왔다. 태양계와 행성이 아직 어렸을 당시에는 대형 소행성과 혜성이 지구와 화성을 꾸준히 폭격하면서 충돌구를 파내고 그 파편을 우주에 뿌렸다. 이 잔해의 일부가 지구의 중력을 벗어나 화성에 떨어졌을지도(혹은 그 반대일지도) 모를 일이다.

우리는 이처럼 충돌이 빈번했던 기간에 이미 지구에 생명체가 풍부했다는 사실을 알고 있다. 그래서 지구를 떠난 일부 산란물에 미생물 히치하이커가 탑승했고, 아주 작은 확률이나마 그중 일부가 우주 여행에서 살아남아 화성에 떨어졌다는 예상이 전혀 얼토당토않은 것은 아니다. 충돌한 바위 하나당 미생물이 몇 마리씩만 살아남았더라도 태양계 역사를 통틀어 화성으로 전달된 지구 미생물의 총수가 수백억은 족히 된다고 계산될 만큼 많은 충돌이 일어났다. 만약 저 지구의 돌덩어리 중 하나가 30억 년 전 화성의 대기를 통과했다면 바다나 호수에 떨어졌을 수도 있고, 살아남은 미생물 탑승자가 붉은 행성에서 근사한 새집을 발견했을 수도 있다.

이런 가능성 때문에, 아무리 두 행성의 거리가 멀더라도 화성에서 발견된 생명체가 독립적으로 발생했다고 100% 확신하기가 어려운 것이다. 다시 말해 화성의 생명체가 순수하게 그곳에서 발생했다고 단정할 수 없다는 말이다. 화성의 생명체는 지구에서 온 것일 수도 있고, 물론 그 반대도 가능하다.

화성에 있는 오래된 바위에서 미생물 화석을 발견했다고 하더라도 그 생명체가 DNA나 RNA를 사용하는지, 아니면 전혀 다른 생화학 물질을 사용하는지는 판단할 수 없다. 화성에서 생명이 지구와 별개로 기원했다는 비범한 주장("비범한 주장에는 비범한 증거가 필요하다"라는 칼 세이건의 말에서 인용한 표현—옮긴이)을 뒷받침할 확실한 증거가 부족한 상태로는 화성의 생명체가 지구에서 유래했다는 잠정적인 결론에 만족해야 한다.

사실 화성의 표면이나 지하에서 현재 살아 있는 생물을 발견한다고 해도 여전히 그 생물의 기원에 관한 혼돈의 여지는 크다. 화성의 영구동토층이나 깊은 대수층에서 살아 있는 미생물을 발견했다고 해보자. 더 나아가 그 생물이 DNA에 기초한 생화학을 사용하고 있음을 밝혔다고 하자. 비록 이 미생물을 지구판 생명의 나무에 갖다 붙일 수는 없더라도 이처럼 생명의 기본 원리를 공유하는 이상 지구의 생명과 화성의 생명은 공동의 기원에서 비롯했다고 추론할 수밖에 없다. 지구에서 화성으로 갔든, 화성에서 지구로 갔든 말이다.

물론 화성에서도 DNA에 기반을 둔 생명체가 수렴 진화(계통이 전혀 다른 두 종이 환경에 적응한 결과 유사한 형태를 지니게 되는 과정—옮긴이)에 의해 독립적으로 기원했을 가능성은 있다. 그러나 두 시나리오를 구분하기는 어려우며 어쨌거나 지구와는 별개로 발생한 제2의 생명의 기원을 증명할 결정적 증거를 확보하지는 못한 셈이다. 화성에서 생명이 자체적으로 기원했음을 확증하는 유일하고 결정적인 증거가 있다면, DNA와 상관없는 생화학 원리로 작동하는 생명체를 발견하는 것이다. 그조차 그 생명체가 지구에서 기원했다고 암시하는 몇 가지 시나리오를 제외했을 때 가능한 결론이다.

바다를 품고 있는 외행성계의 천체에 대해서는 애초에 이런 번거로운 문제로 고민할 필요가 없다. 첫째, 바다가 있는 천체를 조사한다는 것은 생명체가 현재 살고 있을 가능성이 다분한 장소에 처음부터 집중한다는 뜻이다. 따라서 생명의 생화학을 자세히 연구할 수 있다. 둘째, 지구에서 그곳으로 생명의 '씨가 뿌려졌을' 가능성을 무시해도 좋다. 지구에서 분출된 바위 중에 그 먼 목성이나 토성까지 갈 수 있는 것은 거의 없다. 브리티시컬럼비아 대학교의 행성학자 브렛 글래드먼이 컴퓨터 시뮬레이션으로 '바위덩어리' 600만 개를 지구에서 분출시키고 지구 주변의 중력에 의해 정해지는 무작위적인 궤적을 따라가게 했더니, 600만 개 중에서 고작 대여섯 개가 유로파 표면에 충돌했고 그보다 조금 더 많은 수가 타이탄의 표면까지 도달했다.

암석이 용케 유로파까지 도달했다고 하더라도 속도가 너무 빨라서 충돌하는 동시에 증발할 수밖에 없다. 시뮬레이션 결과 유로파의 얼음층을 뚫고 바닷속에 들어갈 만큼 큰 암석은 없었다. 그렇다면 충돌에서 살아남았더라도 지표에 남아 혹독한 방사선에 노출되었을 것이다. 그 후에는 목성의 자기장에서 유로파 지표로 빗발치듯 떨어지는 기운찬 전자와 이온이 최후까지 버티던 미생물을 익혀버릴 것이다.

요약하면 유로파나 그 밖의 바다가 있는 외행성계 어디라도 지구의 생명이 씨를 뿌리는 일은 있을 수 없다. 따라서 설사 그곳에서 DNA에 기반을 둔 생명체를 발견하더라도 그 생물은 생명이 탄생한 제2의 기원을 대표한다는 합리적인 결론을 내릴 수 있다.

기존과 다른 방식으로 탄생한 생명의 기원과 생화학 원리를 찾는다고 할 때, 나는 전혀 뜬금없는 가상의 생명체를 가정하는 것이 아님을 확실히 해두고자 한다. 여기에서 색다른 생명체란 주요 용매로 물을, 주요 건축 재료로 탄소를 사용하지 '않는' 생명체를 말한다. 앞으로 타이탄의 표면을 탐험할 때 이 주제를 자세히 다루겠지만, '대체 생화학'이라는 표현을 쓸 때에도 내가 가리키는 것은 여전히 물과 탄소에 기반을 둔 생명체다. 여기에서 '대체'라는 것은 DNA를 대체하는 분자를 말한다.

지구의 생물학이 지구 밖에서도 적용되는지 확인하는 연구는 이미 지구 안에서 잘 돌아간다고 확인된 부분에서 시작한다. 물과 탄소에 기반을 둔 생명은 지구에서 잘 작동한다. 그러므로 지구 밖에서도 먼저 그와 비슷한 환경부터 찾는 것이다.

그렇다고 지구에서 물과 탄소에 기반을 둔 생명의 본질을 이해하는 길이 마냥 쉬웠다는 뜻은 아니다. 언제나 바다는 모든 생명 이야기의 중심이자 지구가 생태계 전체의 균형을 맞춰온 과정의 중심에 있었다. 탐험가이자 생태학자인 자크-이브 쿠스토가 저서 '오션 월드' 시리즈를 시작하면서 말했듯이 "바다는 생명이다." 바닷속 생물은 억겁의 세월 동안 인간의 상상 속에 살면서 지구에서 자라온 생명의 나무를 하나로 묶으려는 과학자들의 노력을 인도해 왔다.

지구 속 외계 바다

지구 밖 생명 탐험기는 지구의 심해를 이해하고 그 비밀을 발견하는 이야기이기도 하다. 아직 탐험되지 않은 넓은 바다에 바다 괴물, 대왕오징어, 용이 그려진 고대 지도를 본 적이 있을 것이다. 1510년에 제작된 한 지구본에는 '미지의 위험'의 동의어로 쓰인 구절이 있다. "히크 순트 드라코네스*Hic sunt dracones*." 여기 용이 있다는 뜻이다.[2]

바다는 오랫동안 신화와 전설의 원천이었다. 바다는 외계 생물을 닮은 존재의 터전이었고 지금도 그러하다. 인간은 어떻게 지구의 바다와 그 바다의 수많은 비밀을 탐험했을까?

1872년 12월 영국에서 출발해 4년 뒤에 끝이 난 챌린저 원정은 심해 생물을 최초로 조사한 시도였다. 원정에 동원된 왕립 해군 선박 챌린저호는 원정대를 전 세계 바다로 끌고 다니며 지구에서 달까지 거리의 3분의 1을 항해했다. 챌린저 원정은 지금까지도 바다에서 이루어진 가장 중요하고 선구적인 과학 조사로 손꼽힌다.

원정을 이끈 과학자 찰스 와이빌 톰슨은 영국 해군의 허가를 받아 선박을 수리했다. 기존에 실려 있던 무기를 치우고 실험 장비를 들여와 연구실로 개조했다. 그중에는 무게추가 매달린 긴 밧줄도 있었다. 단순하기 짝이 없는 장치였지만 곧 위대한 발견의 일등공신임이 증명되었다.

1875년 3월, 챌린저호가 괌의 남서쪽에 배를 세우고 무게추 밧줄을 떨어뜨렸더니 8.2km 깊이까지 도달했다. 그때까지 바다로 떨어뜨린 줄 중에 이보다 깊이 내려간 것은 없었다. 후속 원정에서는 챌린저 원정 당시 발견한 지역이 지구에서 가장 깊은 장소인 마리아나해구이며 가장 깊은 수심이 11km에 이른다는 것이 밝혀졌다.

챌린저호에 승선한 연구팀은 일반 그물과 바다 밑바닥을 긁는 형망을 던진 다음, 걸리는 것은 무엇이든 끌어올렸다. 많은 생물이 젤리 덩어리처럼 생긴 무척추동물이었는데, 그 형태와 기능은 그들이 원래 서식하는 자연 환경에서만 제대로 진가를 발휘하는 것들이었다. 해파리의 여리고 생경한 아름다움도 갑판에 올라가면 무색의 진득한 덩어리로 퇴화해버렸다.

심해 생물을 두 눈으로 관찰하지 못해 좌절한 탐험가들은 심해에 직접 내려가기 위해 한참을 분투했다. 해결책의 원조는 다이빙 벨이다. 호수나 강에서 카누를 뒤집어서 물에 띄우고 배 밑으로 헤엄쳐 들어가 그 안에 갇힌 공기로 숨을 쉬어본 적이 있다면 다이빙 벨의 기본 원리를 경험했다고 보아도 좋다. 카누에 추를 달아 그 상태 그대로 호수나 강 바닥에 가라앉았다고 상상하면 된다. 안에 갇힌 공기는 바닥까지 내려갈 용기 있는 자가 숨 쉬는 공간이다.

문헌에 따르면 다이빙 벨의 원조는 기원전 수 세기 전인 알렉산더 대왕 시절로 거슬러간다.[3] 여기서 별과 바다의 흥미로운 반전이 일어났다. 기존 다이빙 벨을 개조해 내부 공기는 밖으로 내보내고 수면의 신선한 공기가 순환되도록 개선한 사람은 다름 아닌 핼리 혜성의 발견자인 에드먼드 핼리였다. 그의 장치는 끈이 달린 무거운 통에 실려 운반되었다.

1691년, 훗날 자신의 이름이 붙을 혜성을 관찰한 지 약 10년 만에 핼리와 다섯 명의 동료가 다이빙 벨에 몸을 싣고 템스강을 20m가량 하강했다. 인간으로 하여금 더 깊은 곳에 내려가 그곳의 생명에 눈을 뜨게 한 작지만 중요한 한 걸음이었다.

심해 탐사의 진정한 도약은 1920년대 말에서 1930년대 초, 오티스 바턴과 윌리엄 비브가 꾸린 연구팀이 잠수구를 제작하면서 시작됐다. 이 잠수구는 지름이 1.5m밖에 안 되는 속이 빈 강철 구체로, 약 8cm 두께의 석영으로 만든 창문이 달렸다. 이 구체는 선박의 윈치(밧줄이나 쇠사슬을 감았다 풀어 무거운 물건을 위아래로 운반하는 장비—옮긴이)에 케이블로 매달아 아래로 내리거나 끌어올릴 수 있었다. 또한 전기선이 연결되어 수면과 통신할 수 있고 조명에 필요한 전력도 공급했다.

1934년에 이 두 탐험가는 박물학자 글로리아 홀리스터와 조슬린 크레인, 공학자 존 티-밴을 포함한 뉴욕 동물학회 연구팀의 지원을 받아 수심 1km에 가까운 깊이에 도달하는 숙원을 달성했다.

이 팀은 버뮤다 북쪽, 넌서치 아일랜드의 해안에서 여러 차례 잠수했고, 그곳에서 이들이 발견한 생물은 그때까지 잡힌 적 없는 신종 카탈로그를 채웠다. 비브 연구팀은 최초로 자연 환경에서 심해 생물을 연구한 사례가 되었다.

1934년 8월 초, 수심 760m까지 잠수한 비브는 바닷속 초현실적 경험을 다음과 같은 묘사로 포착했다. "깊은 곳에 내려오자 만감이 교차했다. 초반의 번쩍거림이 특히 인상적이었다. 수심 200m쯤 이었는데, 마치 위쪽 세계로 가는 문이 닫히는 기분이었다. 식물의 상징인 초록색은 이 새로운 우주에서 사라진 지 오래다. 바닷속 마지막 식물이 저 멀리 머리 위에 남았다."[4]

비브는 여러 차례 글과 라디오 방송에서 발광 생물이 흩뿌려진 어두운 바다를 별빛이 반짝이는 밤하늘에 비유했다. 오티스 바턴과 함께 수심 923m 아래까지 잠수하는 데 성공한 비브는 이렇게 기록했다. "바다 밑 이처럼 경이로운 지역에 견줄 만한 곳이 있다면 오직 벌거벗은 우주뿐이지 않을까. 대기를 멀리 벗어나 햇빛도 차마 손대지 못하는 별들 사이에 존재하는 우주의 암흑, 그리고 빛나는 행성, 혜성, 태양과 별은 반 마일 아래의 광활한 바다에서 경외심에 사로잡힌 한 인간의 눈에 보이는 생명의 세계와 아주 흡사할 것이다."[5]

바다와 우주의 연관성은 많은 탐사에서 되풀이해서 나타났다. 실제로 1962년 미국 항공우주국NASA이 금성을 향해 맨 처음 우주선을 쏘아올렸을 때, 그 탐사선에는 천문학적 중요성을 지닌 이름이 아닌 지구의 바다와 연관된 이름이 지어졌다. 뱃사람이라는 뜻의 매리너Mariner다.

매리너호가 금성으로 날아가기 불과 2년 전, 인간은 마리아나해구의 챌린저 해연으로 11km를 하강해 최초로 바다 가장 깊은 지점에 도달했다. 1960년, 두 사람이 들어갈 수 있는 구체와 휘발유를 채운 부유성 대형 유리병으로 구성된 100톤짜리 바티스카프 트리에스테호가 자크 피카르와 돈 월시를 태우고 세상에서 가장 깊은 지점에 떨어졌다.

트리에스테호의 챌린저 해연 탐사는 지구의 심해를 탐험하는 야심 찬 프로젝트의 시작을 알렸다.[6] 스위스 발명가(자크 피카르의 아버지인 오귀스트 피카르)가 설계하고 이탈리아 트리에스테 지역에서 제작되어 미 해군이 사들인 이 잠수정은 하늘도 그 바깥도 아닌 '아래에 무엇이 있는가'라는 질문에 답하기 위한 바다 탐험 역사의 절정이었다.

안타깝게도 이 역사적인 하강에서 인간의 눈에 들어온 것은 거의 없었다. 바닥을 휘저으며 올라온 퇴적물이 시야를 뿌옇게 가렸기 때문이다. 또한 피카르와 월시는 밑에서 그리 오래 머무르지도 못했다. 심해는 여전히 가려져 있었다.

그러나 트리에스테호가 마리아나해구에 처음 착륙한 지 17년 만인 1977년 봄, 드디어 심연은 지구의 가장 극한 환경에서 생명이 살아가는 방식에 대한 완전히 새로운 통찰을 선사했다. 바닷속 외계 생물이 마침내 모습을 드러낸 것이다.

당시 지구상에 아직 발견되지 않은 생태계가 있다고는 상상하기 어려웠다. 모든 대륙이 지도에 표시되었고, 인간은 극점을 정복하고 바닷속 가장 깊은 지점에 착륙했으며, 심지어 달에 발자국을 남긴 사람도 12명이나 됐다. 어떤 대단한 발견이 또 남아 있겠는가?

정말이지, 아주 많았다.

1977년, 과학자들로 구성된 연구팀이 갈라파고스섬 인근 해저 지역인 갈라파고스 열곡 탐험에 나섰다. 그 지역에서 이상 수온이 발생하는 원인을 밝히는 것이 목적이었다. 과거 탐사에서는 장비를 케이블에 연결하고 물속에 떨어뜨린 채로 끌고 다니면서 이상 현상을 측정했다. 당시에는 갈라파고스 열곡의 판 구조가 국소적으로 많은 열을 제공한다고 알려졌다. 뜨거운 바위가 물을 데운다는 것이다. 답은 정해져 있었다.

미국 잠수정 앨빈호를 타고 그곳으로 내려간 원정대는 지질학 원리를 깨닫게 해줄 관찰과 발견을 기대했다. 그러나 그들이 본 것은 지질학이 아닌 생물학의 원리에 근본적인 의문을 제기했다.

수심 2,000m 깊이에서 앨빈호의 조명이 비춘 것은 공장의 긴 굴뚝을 닮은 복잡한 구조물이었다. 이 바닷속 굴뚝은 산업혁명 시대의 활발한 제련소처럼 '연기'를 피워대고 있었다. 그러나 진짜 연기가 아니라 끓는점을 한참 넘어 400℃에 가까운 유체 구름이었다. 이런 고온에서도 유체는 끓지 않았는데, 이 정도의 수심에서는 압력이 너무 높기 때문이다. 이 고온 고압의 '과열된' 유체에는 용해된 광물은 물론이고 수소, 메탄, 황화수소 같은 기체까지 포함되었다. 앨빈의 연구팀이 우연히 발견한 것은 열수구라고 부르는 지형으로, 본질적으로는 바다 밑바닥에서 강력하게 솟아오르는 온천이다.

열수구보다 더욱 놀라운 것은 굴뚝 주변에 형성된 기이하고 아름다운 생태계였다. 마치 심해판 아프리카 사바나 물웅덩이처럼 주위에 붉은 관벌레, 흰장어를 닮은 물고기, 황금색 홍합 무덤 등

전에 본 적 없는 생물들이 운집해 있었다. 기존의 지식으로는 어떤 동물도 살지 못할 이 극한의 환경에서 잘 살아가고 있었던 것이다.

어떻게 살아남았을까? 무엇이 이 놀라운 생태계를 먹여 살릴까?

지상에서 먹이사슬은 광합성으로 시작한다. 조류藻類와 식물이 태양 에너지를 활용해 이산화탄소를 들이마시고 탄소를 추출해 생명의 구조물을 지은 다음 부산물인 산소를 내뱉는다. 그러면 작은 생물과 동물이 광합성을 하는 이 생물을 먹고 산다. 그리고 그 작은 생물을 더 큰 생물이 먹고 그렇게 먹이사슬이 이어진다.

그러나 바다 밑바닥에서는 그 어디에도 태양이 보이지 않고 우리가 아는 먹이사슬은 끊어져 있다. 태양이 보내는 빛은 수심 약 300m까지만 들어오고 그 아래에서 광합성은 선택사항이 아니다.

이 열수구에 존재하는 먹이사슬의 기반은 무엇일까? 바로 이곳에서 일어나는 화학 작용이 필수 영양소를 제공하고 깊은 바다 밑바닥에 생명의 오아시스를 형성한다. 열수구는 수소, 메탄, 황화수소, 다량의 금속 등을 분출하는데, 그중 상당수가 미생물의 맛 좋은 간식임이 밝혀졌다. 이곳의 미생물은 광합성 대신 화학합성을 활용한다. 여기에서 '화학'이라는 접두어는 미생물이 태양에서 나온 광자 대신 굴뚝에서 나온 화학물질로 생명 유지에 필요한 것들을 합성한다는 뜻이다.

화학합성은 열수구 먹이사슬의 출발점이다. 미생물은 열수구에서 나오는 유체와 기체로 살아가고, 이 미생물을 더 큰 생물이 먹고, 다시 그 생물을 먹는 더 큰 생물이 뒤를 따른다. 큰 생물 중에는 미생물과 공생 관계를 맺은 것들도 있다. 몸 안에 머무는 대가로 미생물은 물의 독성을 중화한다. 1977년 갈라파고스 열곡으로 떠난 역사적인 잠수에서 이처럼 새롭고 놀랍기 그지없는 생태계가 발견되었다. 많은 이들이 불가하다고 선언한 지역에서 크고 작은 생명체가 아름답게 번성하고 있었던 것이다.

불과 2년 뒤인 1979년 3월과 7월, 쌍둥이 보이저 우주선이 목성을 지나치면서 유로파를 비롯한 목성의 다른 큰 위성을 최초로 근접 촬영했다. 그 이미지들은 대다수가 불가능하다고 말한 지역에 물로 된 바다가 존재한다는 발상의 기반이 되었다.

1970년대 후반의 짧은 몇 년 동안 겉으로는 무관해 보이는 경탄할 만한 발견이 지구 밖에서 생명을 찾는 새로운 접근법의 토대가 되었다. 열수구 발견을 계기로, 햇빛이 차단된 지구의 바다 밑 암흑 속에서도 얼음으로 뒤덮인 외계의 바다에서와 비슷한 방식으로 생명이 번성해왔을 가능성이 명확해지면서 유로파의 바다가 더할 나위 없이 흥미로운 공간으로 무대에 등장했다.

심연에 감춰진 낯선 바다가 지구 밖 먼 바다에도 생명체가 있을지 모른다는 한 줄기 희망을 던져주었다. 앞으로 나는 지구 밖에도 바다가 존재할 뿐 아니라 생명체가 살 수 있는 조건을 갖추었다고 생각하는 이유를 상세히 파헤칠 것이다. 그러나 먼저 생명체의 거주 가능성이 높은 명당자리의 조건을 이해하고, 얼음으로 덮인 일부 위성을 왜 최고의 후보지로 꼽는지를 알아야 한다. 고전 동화 골디락스 이야기로 시작해보자.

2장

뉴 골디락스

행성과학과 천문학 발달 초기에는 생명체가 살 수 있는 세계를 정의할 때 인류 자신의 경험에서 비롯한 선입견이 그대로 반영되었다.

우리는 아름답고 푸른 세상에 살고 있다. 바다가 표면의 상당 부분을 덮고 있으며, 바다의 수면은 산소와 질소로 채워진 두터운 대기층에 맞닿아 있다. 식물은 비옥한 토양에서 자라면서 지구의 복잡한 생물권을 유지하는 데 한몫한다. 우리는 파도가 찰랑대는 해변에 앉아 수평선 너머 그 모든 것을 가능케 하는 밝은 태양을 바라본다.

지구가 태양과 적절하게 유지해온 거리가 바로 지구의 바다를 있게 했다. 지구는 표면의 물을 유지하는 데 필요한 에너지를 충분히 받을 만큼 태양과 가깝지만, 물이 모조리 끓어서 증발할 정도로 근접하지는 않다. 지구는 태양계에서 행성 표면에 물을 유지하기에 가장 좋은 명당에 자리를 잡았다.

따라서 거주 가능한 세상에 대한 초기 이론은 대부분 항성 중심의 논리를 따랐다. 생명체는 물이 필요하다. 그리고 물은 항성에서 기원한 에너지가 필요하다. 그러므로 거주 가능한 행성이라면 모체 항성으로부터 적당한 거리 안에 있어서 바다를 유지하는 데 필요한 에너지를 받을 수 있어야 한다. 금성처럼 너무 가깝거나 화성처럼 너무 멀면 그곳에 한때 존재했던 바다처럼 끓어 없어지거나 얼어버릴 것이다. 거주 가능한 세계의 필요조건은 더도 말고 덜도 말고 딱 지구 같은 것이다. 너무 뜨겁지도, 너무 차갑지도 않은 적절한 온도를 유지하는 장소. 골디락스 이야기의 딱 알맞은 죽처럼 말이다(골디락스라는 소녀와 곰 세 마리의 이야기. 숲 속을 헤매던 골디락스가 곰 가족이 사는 집에 들어가면서 이야기가 시작된다. 식탁에 놓인 죽 세 그릇 중 둘은 너무 뜨겁거나 차가웠고 세 번째 죽이 딱 알맞은 온도여서 골디락스가 맛있게 먹는다—옮긴이).

모체 항성으로부터 행성까지의 이 적절한 거리가 오랫동안 천문학자와 행성과학자에게 "거주 가능 영역"으로 불려왔다. 이것은 태양계 밖의 다른 항성 주위에 존재한다고 알려진 수천 개의 외계 행성을 평가하는 중요한 개념이다. 외계 행성의 질량과 모체 항성까지의 거리를 알면 행성 표면에 물이 있을 가능성을 따져볼 수 있다.

이렇듯 수십 년 동안 인간은 한 행성의 거주 가능성을 너무 뜨거운지, 너무 차가운지, 아니면 딱 알맞은지로 보는 '골디락스' 각본에 따라 판단했다. 금성과 화성, 그리고 지구는 곰 가족이 집에 돌아오기 전에 골디락스가 맛본 작은 죽 그릇이 상징하는 대표적인 예다.

그러나 최근에 이 이야기의 새로운 버전이 등장했다. 외행성계의 얼음 덮인 위성에서 새로운 골디락스 영역을 발견한 것이다. 한 세계의 거주 가능성을 판단하는 새로운 방식이 등장한 셈이다.

천체가 바다를 유지하는 방법은 한 가지만이 아니었다. 이 장에서 나는 위성이 행성을 공전할 때 발생하는 조석 줄다리기가 어떻게 바다를 유지하는지, 또한 방사성 붕괴가 어떻게 액체 형태의 물을 유지하는 열을 제공하는지 설명하려고 한다.

액체 상태의 물을 유지하는 기존의 골디락스 조건은 우리가 알고 있는 형태의 생명을 유지하는 '적합한' 조건의 일례일 뿐이다. 생명체는 물, 원소, 에너지라는 세 가지 요소가 필요하다. 이 세 변수에 각각 골디락스 조건이 따라온다. 이 장에서는 행성과 위성이 거주 가능한 세계를 형성하고 진화시키는 다양한 가능성을 파헤친다.

물의 형태

물리학을 신뢰하지만 그럼에도 불안한 건 사실이다.

북극해를 가로질러 북쪽으로 달리는 설상차에 올라탔다. 우리 팀은 봄에서 여름으로 계절이 바뀌면서 빙하가 깨지기 시작하는 곳으로 향하고 있다. 발밑의 얼음은 두께가 1.2~2.4m 정도 될 것이다. 그 아래 바다는 깊이가 수십 미터도 넘는다. 얼음이 쪼개져 물속으로 곤두박질친 채 저 아래에서 차가운 죽음을 맞이하는 상상을 떨칠 수가 없다.

감사하게도 물리법칙은 내 심약한 상상쯤은 가볍게 무시한다. 이곳에서 나는 완벽하게 안전하다. 사실 잔잔한 바다라면 얼음의 두께가 30cm만 되어도 나와 내 설상차의 무게를 지탱하기에 충분하다. 1m 정도면 북극해 위에서 마음껏 설상차를 몰고 다녀도 좋다. 흔히 얼음을 변덕스럽고 잘 깨지는 물질로 생각하지만, 사실 얼음은 놀라울 정도로 든든한 방벽이다. 얼음 위의 나를 위해서만이 아니라 얼음 아래에 머무는 것들을 위해서도 그러하다. 바다를 뒤덮은 얼음은 우리가 물에 빠지지 않게 지켜주기도 하지만 바다를 따뜻하게 덮는 담요의 역할도 한다. 위쪽의 차가운 공기가 열을 앗아가지 못하도록 온기를 유지한다는 말이다.

거주 가능성을 판단하는 새로운 골디락스 시나리오를 살펴보기에 앞서 물 분자의 미학과 물이 액체에서 고체로 변할 때 일어나는 현상을 잠시 알아보자. 이 미묘한 변화가 일어나지 않는다면 어떤 바다세계에서도 게임은 끝이다. 모든 물은 꽝꽝 얼어붙고 만다.

물은 놀라울 정도로 섬세한 물질이다. 차가운 환경에 노출되면 자연스럽게 보호성 단열 방벽을 형성한다. 물 위에 뜬 얼음은 물이 냉기에 더 노출되지 않게 찬 기운의 유입을 차단한다. 얼음이 물에 뜨는 것은 너무 당연한 이치라 무심히 넘기기 쉽지만 이 단순한 원리 덕분에 지구에서 엄청난 부피의 거주지가 유지되고 있다.

사고 실험을 한 가지 제안하겠다. 얼음이 물에 뜨지 않고 가라앉는다고 가정해보자. 그러면 물은 버터처럼 행동할 것이다. 무슨 말이냐 하면, 그릇에 버터 한 덩어리를 넣고 가열하여 완전히 녹인 다음 식게 두면 찬 공기가 닿는 표면부터 굳기 시작하지만 고체가 된 조각은 이내 바닥으로 가라앉아버린다는 뜻이다. 결국 시간이 지나면 전체가 딱딱하게 굳는다. 이제 액체 버터가 채워진 겨울철 호수를 상상해보자. 같은 원리로 이 호수는 모두 꽁꽁 얼어붙을 것이다. 고체가 된 버터가 가라앉는 바람에 위쪽의 액체 버터가 계속해서 냉기에 노출되기 때문이다.

다행히 호수는 버터가 아닌 물로 이루어졌고 얼음은 가라앉지 않는다. 얼음은 물 위에 뜬다. 겨울이 되면 호수의 표면이 얼고 겨우내 얼음이 두꺼워진다. 하지만 수면의 두꺼운 얼음은 절연층을 형성해 냉기가 스미는 것을 막아 바닥 쪽 호숫물이 얼지 못하게 한다. 수심이 몇 미터에 불과한 북극 호수의 얼음 밑 간신히 남은 물속 공간이 물고기와 온갖 수생 생물에게 안전한 보금자리를 제공하는 이유가 이것이다. 이는 우주에 거주 가능한 바다가 수십억 개나 존재할 수 있는 이유이기도 하다.

그런데 왜 얼음은 물에 뜰까? 다시 말하지만 이것은 평소에 우리가 아주 당연하게 받아들이는 현상이다. 얼음이 물에 뜨는 이유는 물 분자 결합에서 일어난 작지만 중요한 기하학적 변화 때문이다. 액체에서 고체로 변할 때 물은 부피가 크고 밀도는 낮아진 물질이 되어 시스템의 엔트로피를 높인다.

액체와 고체의 경계인 0℃(압력이 지구 표면의 기압일 때)에서 물의 밀도는 액체 상태일 때 0.9999g/cm^{3}이지만 얼어버리는 순간 같은 0℃라도 밀도가 0.9167g/cm^{3}로 변한다. 약 9%나 차이가 난다! 게다가 액체 상태의 물은 0℃일 때보다 4℃에서 밀도가 더 높다. 4℃에서 물의 밀도는 1.0000g/cm^{3}이다.

이런 현상은 대부분의 암석과는 딴판이다. 가령 화산에서 흘러나온 용암은 식으면 밀도가 높아진다. 용암이 굳어서 고체가 될 때 밀도는 용융점인 1,200℃에서 2.6g/cm^{3}이다가, 굳어서 바위가 되는 1,000도에서는 2.7g/cm^{3}로 서서히 높아진다. 이 암석 덩어리는 액상 용암 위에 뜨지 않고 가라앉는다.

물에서 일어나는 밀도 변화는 얼음의 결정 구조를 이루는 분자 사이의 각도가 미세하게 달라지면서 일어난다. 물H_2O은 산소 원자 1개와 수소 원자 2개로 이루어진다. 산소 원자는 총 8개의 전자가 있다. 2개는 안쪽 전자껍질에서 부산하게 돌아다니고 나머지 6개는 바깥 껍질에 있다. 전자껍질을 설명할 완벽한 비유는 없지만, 물 분자를 이해하기 위해 일단 이 껍질을 크기가 다른 관람차들이 서로 포개어져 돌아가는 상태라고 생각해보자. 관람차의 각 좌석에는 2개의 전자가 들어갈 수 있다. 안쪽 껍질 즉, 안쪽 관람차에는 좌석이 1개밖에 없고 바깥 껍질에는 4개의 좌석이 있다. 각 좌석에 전자가 2개씩 탈 수 있으니 바깥 껍질은 총 8개의 전자를 태울 수 있다. 그러나 안쪽 관람차부터 탑승해야 하므로 산소 원자는 안쪽

껍질을 채우느라 전자 2개를 사용하고 6개가 남는다. 이때 산소 원자는 전자 2개를 더 구해 8개가 정원인 바깥쪽 관람차를 꽉 채우고 싶어 한다.

한편 수소 원자는 아주 단순한 관람차로, 좌석은 하나인데 그나마도 전자 2개가 탈 수 있는 이 좌석은 하나만 채워진다. 따라서 수소 원자는 빈자리 하나를 채우기 위해 어떤 원자와도 전자 1개를 기꺼이 공유한다. 물 분자의 경우 결합의 이상적인 결과물은 수소 원자 2개가 산소 원자 1개와 팀을 이루는 것이다. 수소 원자 2개가 각각 전자를 1개씩 공유하고, 산소는 바깥 껍질의 전자를 공유한다. 산소와 수소의 관람차는 서로 맞물린 채 승객을 공유하여 관람차의 모든 좌석이 가득 찬 것처럼 보인다. 이처럼 공유된 전자 배열에서는 모두가 만족한다. 이것이 화학에서 공유결합의 밑바탕이 되는 기본 원리이다(그림 2.1a).

그러나 여기서 끝이 아니다. 물 분자의 수소 원자는 약하게 양의 전하를 띤다. 전자가 산소 원자 쪽으로 살짝 쏠리는 바람에 각 수소 원자에 있는 양성자의 양전하가 미세하게 강해지기 때문이다.

한편 산소는 이제 주위에 총 10개의 전자가 있으나 제 핵 안에는 8개의 양성자만 있다. 바깥 껍질을 채우느라 수소로부터 2개의 전자를 추가로 빌려 왔기 때문에 여분의 음전하를 갖게 된다.

이런 배열의 결과로서 물 분자는 '극성'을 지니게 되는데, 다르게 표현하면 약하게 양전하를 띠는 지역(수소 말단)과 약하게 음전하를 띠는 지역(산소 말단)이 구분된다는 말이다. 한 분자에서 음전

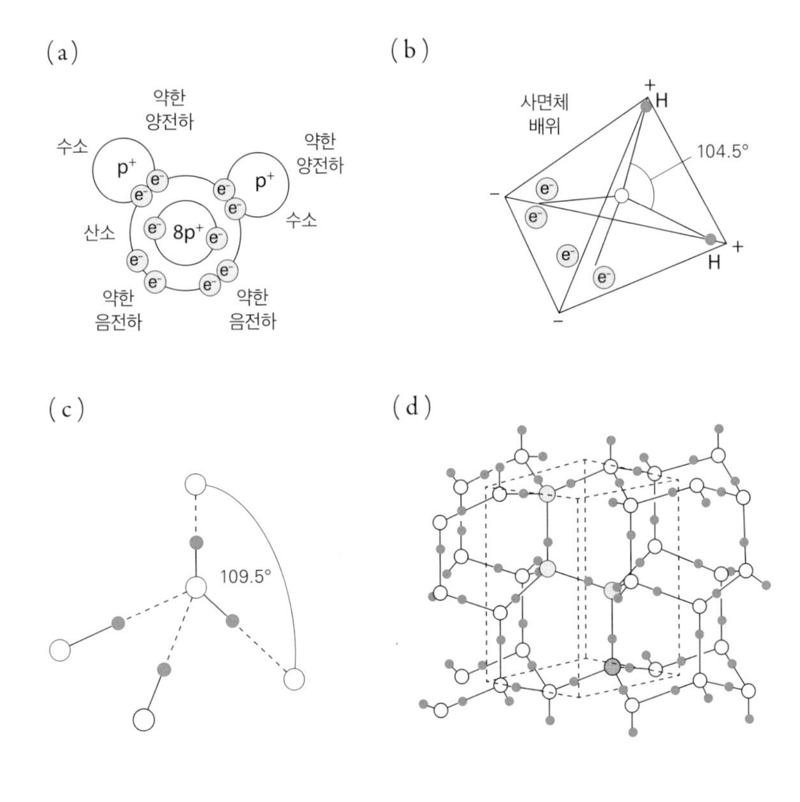

그림 2.1 물 분자의 원자 구조와 물 분자 사이의 공유결합.

(a) 물의 산소 원자에는 8개의 전자가 있다. 2개는 안쪽 전자껍질에, 6개는 바깥쪽 전자껍질에 있다. 수소 원자는 2개의 전자를 수용할 수 있는 1개짜리 껍질에 전자 1개만을 갖고 있다. 그 결과 2개의 수소 원자가 1개의 산소 원자와 짝을 이루어 물 분자를 형성한다.

(b) 전자를 공유한 결과로서 2개의 수소 원자는 약하게 양의 전하를 띠고, 산소 말단은 약하게 음의 전하를 띠게 된다. 이런 전하의 배열 때문에 물 분자는 사면체 또는 피라미드 모양을 이루게 된다.

(c) 물 분자마다 양전하, 음전하를 띠는 지역이 구분되므로 한 분자의 수소 원자가 이웃 분자의 산소를 향하며 연결된다. 반면 한 분자의 산소 원자는 이웃하는 분자의 두 수소 말단을 끌어당긴다.

(d) 물 분자의 전하와 배열은 결국 육각형 구조를 만드는데, 눈의 결정에 언제나 6개의 꼭짓점이 있는 이유가 이것 때문이다.

하를 띤 산소 말단은 다른 물 분자의 양전하를 띤 수소 말단을 끌어당긴다. 물 분자는 초소형 자석을 흔들어댔을 때처럼 서로 붙었다가 떨어지기를 반복한다. 화학에서 이런 종류의 결합을 수소결합이라고 부르며, 밀도의 차이를 비롯한 물의 여러 가지 흥미로운 특성의 원인이 된다.

어떻게 물의 수소결합이 얼음을 물에 뜨게 하는지 좀 더 자세히 알아보자. 관람차 비유를 다시 소환하면, 물 분자 관람차의 각 좌석은 다른 좌석에서 되도록 멀리 떨어지도록 자신을 펼친 상태이다. 그 결과 물 분자는 피라미드, 즉 사면체를 형성하게 된다(그림 2.1b).

피라미드의 두 수소 원자가 이루는 각도(H-O-H)는 104.5° 이다. 분자의 다른 편에 분포한 전자도 104.5° 의 각도를 이루고 중심에는 산소 원자가 있다. 물 분자 하나만 보면 이것이 완성된 형태이다. 이 분자는 작고 탄탄하고 살짝 찌그러진 피라미드를 형성한다.

이 상태에서 여러 개의 물 분자를 섞어놓으면 분자가 수소결합을 통해 서로 연결된다(그림 2.1c). 물 분자는 홀로, 또는 분자가 연결된 사슬이나 판 상태로 존재한다(물의 표면장력 또한 물 분자가 수소결합으로 연결된 결과이다).

온도가 내려가면 분자의 움직임이 줄면서 수소결합으로 맞물리는 분자가 많아진다. 얼음 결정의 격자가 생성되기 시작하는 것이다(그림 2.1d). 물 분자 6개가 서로 연결되면 육각형이 되는데, 이웃하는 산소 원자 사이의 각도(O-O-O)가 109.5° 로 벌어지며 미세하게 굽은 육각형을 형성한다.

109.5°로 반복되어 구조화된 얼음의 육각형 결정 격자는 104.5°로 벌어진 개별 물 분자보다 부피가 조금 커진다. 얼음이 얼면 각 분자가 주위의 분자와 맞물릴 때 개별 분자가 살짝 팽팽해진다. 이때 수소결합의 결과로 결정되는 분자 간의 거리는 분자가 액체 상태로 모여 있을 때의 평균 거리보다 좀 더 길어진다. 그 결과로 작지만 대단히 중요한 효과가 발생한다. 얼음이 물에 뜨게 되기 때문이다.

얼음의 109.5° 각도와 육각형 결정 격자의 의미를 하나 더 추가하자면, 하늘에서 떨어지는 마법의 결정체, 눈송이가 있다. 눈의 결정에는 더도 덜도 아닌 딱 6개의 변이 있다. 바로 위에서 설명한 효과 때문이다. 눈의 결정이 보이는 경이로운 패턴이 모두 물의 수소결합이 이루는 109.5°의 각도에서 유래하는 셈이다(그림 2.2).

얼음이 뜨는 것은 물의 놀라운 특성 중 하나에 불과하다. 얼음이

그림 2.2 예술적인 눈 결정. 선구적인 사진가 윌슨 벤틀리가 포착한 눈 결정의 이미지. 이 아름다운 육각형 대칭은 육각형 물 분자 구조의 결과이다.

훌륭한 단열재라는 사실 또한 간과할 수 없는 속성이다. 부분적으로는 수소결합 때문에 얼음과 눈은 열전도율이 낮다. 따라서 눈으로 덮인 위성이 내부에 열을 품고 액체 상태의 물을 유지할 수 있게 된다. 얼음의 열전도율이 컸다면 유로파나 엔셀라두스 같은 위성의 내부에서 생성된 열은 얼음을 뚫고 빠져나가 우주로 사라지고 천체를 꽁꽁 얼어붙은 고체로 남겨두었을 것이다.

얼음이 물에 뜨고 열을 잘 전도하지 않는다는 단순한 사실은 우주에 바다세계가 존재할 수 있고 또 존재하는 결정적인 토대가 된다.

조석의 골디락스 영역

위에서 설명한 얼음의 특성으로 어떻게 바다세계가 열을 유지하는지 설명할 수 있다. 그러나 그것이 애초에 열이 어디에서 왔느냐에 대한 답은 아니다.

바다를 존재하게 하는 열의 새로운 공급원은 거주 가능한 세계로 가는 결정적인 요소이다. 항성이 제공하는 에너지와 항성까지의 거리로 제한된 거주 가능 영역의 조건에서 벗어나 진정으로 새로운 골디락스 시나리오가 시작되기 때문이다. 이 시나리오는 바다를 창조하고 유지하는 폭넓은 가능성을 제시한다. 이 새로운 골디락스 시나리오에서 에너지원은 항성이 아닌 '조석'이다.

거대 행성을 공전하는 얼음 덮인 위성에 외계 바다가 있다면, 그곳에서는 태양 에너지가 아닌 조석 에너지에 의해 열이 공급될 가능성이 크다. 조석 에너지는 한 천체가 행성이나 위성 같은 다른 대형 물체와 중력으로 상호작용한 결과이다. 두 천체가 서로에 대해 움직일 때는 조석 줄다리기로 인해 천체를 이루는 고체 덩어리가 마치 고무공을 주물렀을 때처럼 실제로 늘어났다가 풀어졌다가 한다. 고무공을 수십 차례 쥐었다가 놓으면 내부 마찰로 인해 고무공이 따뜻해진다. 이와 비슷하게 천체 사이의 줄다리기가 천체 내부에서 마찰과 역학 에너지를 생성하며 열을 만든다. 앞으로 나는 위성에서 일어나는 조석 가열tidal heating만을 살펴볼 것이다. 그것이 바다세계와 가장 연관성이 크기 때문이다.

조석 가열에서 가장 크게 고려할 두 가지는 위성 내부에서 만유인력의 차이, 즉 차등 중력(두 천체 사이의 거리에 따라 천체의 각 부분이 받는 인력의 세기가 다른 현상—옮긴이)과, 위성이 행성 주위를 타원형 궤도로 돌 때 생기는 중력의 변화이다. 두 가지 중요한 추가 변수로는 위성이 공전하는 행성의 질량과 위성의 공전 주기(행성 주위를 한 바퀴 도는 데 걸리는 시간. 케플러 법칙에 따르면 행성까지 거리의 함수로 나타낼 수 있다)가 있다. 앞에서 나온 고무공의 비유로 보면 이 변수들은 공을 쥐는 힘의 강도, 그리고 쥐었다 놓는 동작의 빈도로 요약할 수 있다.

수학적으로, 두 물체 사이의 중력은 두 물체의 질량의 곱을 두 물체 사이 거리의 제곱으로 나눈 값에 비례한다($F=GMm/r^2$). 이 식에서 G는 중력 상수이고 M은 목성의 질량(달의 경우에는 지구),

m은 위성의 질량, 그리고 r은 두 천체 사이의 거리이다. 이 책에서는 중력의 상호작용을 수학적으로 세세히 파고들진 않겠다. 고등학교 물리 시간에 위의 방정식을 본 적이 있다면 그저 조석 상호작용의 물리학이 이 기본 방정식의 연장이라는 정도만 알면 되겠다. 중요한 것은 위성의 이심률(공전 궤도가 원형에서 벗어나 타원을 이루는 정도), 위성이 공전하는 행성의 질량, 행성에서 위성까지의 거리, 그리고 공전 주기 사이의 상호작용이다. 위성의 지름은 그 위성의 차등 중력을 결정하고, 타원 궤도를 돌며 발생하는 행성까지의 거리 변화는 위성이 궤도를 도는 동안 행성이 미치는 중력의 변화를 결정한다. 이 요소들이 모두 합쳐져 위성 안에서 일어나는 조석 가열에 실질적인 영향을 준다.

지구-달 시스템을 먼저 생각해보자. 분명 우리는 바닷가에서 밀물과 썰물을 본다. 그렇다면 지구에서도 조석이 중요한 열원일까? 한마디로 답하면, 그렇지 않다. 달과 지구는 서로 원형에 가까운 궤도로 돈다. 그리고 행성의 기준에서 지구는 상대적으로 크기가 작고 중력이 작은 물체이다. 이는 궤도를 돌 때 둘 사이의 거리가 크게 변하지 않는다는 뜻이다. 따라서 중력장도 크게 달라지지 않고 조석도 마찬가지다. 고정된 채 변함이 없으므로 달이 지구를 돌아도 열이 거의 생산되지 않는다. 손안에서 찌그러진 고무공을 놓지 않고 그 상태로 둔다고 해보자. 이런 상태로는 모양은 변형되었지만 열이 발생하지는 않는다. 쥐었다 놓기를 반복하지 않으면 공은 모양의 변화에서 열을 얻지 못한다. 위성과 행성 사이의 중력

작용으로 상당량의 조석 가열이 발생하려면, 손으로 고무공을 쥐었다 놨다 하는 것처럼 중력장이 계속 달라져야 한다.

지구와 달이 궤도를 돌 때 미약하게나마 조석 가열이 일어난다면, 그건 지구 표면의 고체 부분, 즉 대륙과 해저가 아주 미세하게 오르내리기 때문이다. 지구의 암석 부분은 지구, 달, 태양의 배열에 따라 수 센티미터에서 많게는 25cm까지 올라왔다가 내려간다. 이때 조석에서 발생하는 열의 양은 제곱미터당 수 밀리와트(mW/m^2)에 불과하다. 태양에서 얻는 1,388 W/m^{2}와 비교하면 무시해도 좋을 수준이다.

조석은 지구나 달에서 열을 별로 생산하지 않지만, 해양 동역학에서 차지하는 역할은 대단히 중요하다. 지구에서 바닷물의 움직임은 열을 거의 발생하지 않는다. 변형에 저항하다가 결국 구부러지거나 늘어나면서 마찰과 열을 생산하는 바위와 달리 물은 그저 이리저리 흐르면서 조석의 중력을 받아낸다. 물은 자유롭게 움직이면서 조석의 움직임에 저항하지 않으므로 열이 발생하지 않는 것이다.

한편 달이 지구를 끌어당기는 힘은 달에서 가장 가까운 쪽의 바다에 조석 융기를 일으키고 이때 그 반대편도 덩달아 부풀어 오른다. 달에서 가장 가까운 쪽에 만조 현상이 일어나는 것은 쉽게 이해할 수 있다. 하지만 반대편에서는 어째서 수면이 높아지는 것일까?

조석은 천체의 각 부분별로 인력의 세기가 다르기 때문에 일어나는 현상임을 기억하자. 중력의 힘은 두 물체 간 거리의 제곱에

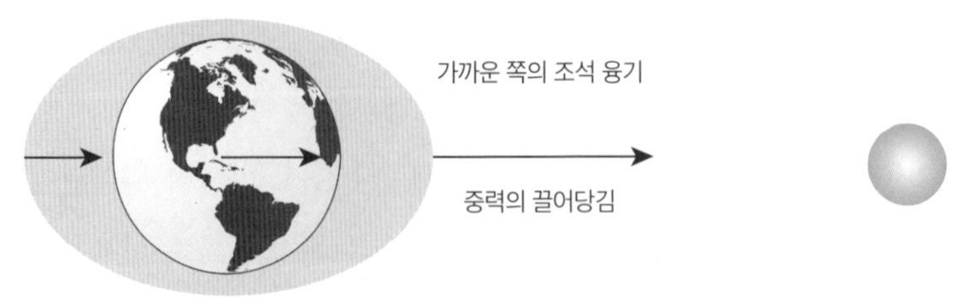

그림 2.3 조석 줄다리기. 지구가 자전하는 동안 조석은 제자리에 '머물러' 있다. 달의 인력이 달에서 가까운 쪽의 바닷물을 제 쪽으로 끌어당겨 상승시킨다. 이때 지구 반대편에서는 상대적으로 달의 인력이 약하기 때문에 덜 당겨지고 남은 물에 의해 조석 융기가 일어난다.

반비례하므로 달을 마주 보는 쪽이 달에서 가장 먼 쪽보다 약 6% 더 세게 잡아당겨진다. 지구 자체도 그 중간 세기의 힘으로 달에 끌리면서 반대편에 물을 남겨두기 때문에 그곳에서도 만조가 일어나는 것이다.

지구는 달이 지구를 공전하는 시간(27.3일)보다 빨리 자전하므로(24시간) 달은 항상 지구의 다른 지역과 마주본다. 달과 일직선을 이루는 곳에서 바닷물의 만조 상태가 유지된 채로 고체 지구가 회전한다(그림 2.3).

조석 융기가 양쪽에서 일어나고 지구는 24시간마다 한 바퀴씩 회전하므로 지구의 모든 장소는 매일 두 번의 만조와 두 번의 간조를 겪는다. 달과 관련하여 이처럼 변하지 않고 고정된 조석은 매우 중요하다. 지구의 조석은 실제로 크게 올라가거나 내려가지 않으므로 역학 에너지를 많이 생성하지 않는다.

지구와 달 사이의 조석 동역학이 내부에서 열을 많이 생산하지 않는 반면, 외행성계의 많은 위성들은 상당량의 조석 가열을 겪는다. 결정적인 차이는 다음과 같다. 첫째, 이 위성들은 강력한 중력장을 지닌 거대 행성 주위를 돌면서 그 중력장 안에서 공전한다. 둘째, 위성이 행성 주위를 타원형 궤도로 돌면 위성과 행성 사이의 거리는 계속해서 달라지고 따라서 중력장도 변화한다. 조석 융기는 위성이 행성으로부터 가장 가까운 위치(근점)에서 가장 먼 위치(원점)으로 이동함에 따라 크기가 늘어나고 줄어든다.

궤도를 돌 때마다 조석 융기로 인한 조임과 풀림이 반복되면서 마찰, 궁극적으로는 열이 발생한다. 유로파, 가니메데, 엔셀라두스를 포함한 외행성계의 많은 바다세계가 이런 식으로 위성을 변형하고 가열하는 타원형 궤도로 공전한다.

목성의 거대한 위성 4개는 조석 가열이라는 새로운 골디락스 틀에 유용한 사례를 제시한다. 이 네 위성의 궤도를 연구함으로써 새로운 골디락스 영역의 가능성이 드러났다. 1979년 보이저 우주선이 목성에 도착하기 직전, UC 산타바버라 대학교의 스탠턴 필, 패트릭 캐선과 NASA 에임스 연구센터의 레이 레이놀즈가 목성계의 '조석 에너지 소산tidal energy dissipation'(조석에 의한 마찰 때문에 에너지가 열로 흩어지는 현상—옮긴이)이론을 다룬 논문을 발표했다.[1] 놀랍게도 그들은 조석의 힘이 목성에 가장 가까운 위성인 이오의 내부를 용융시킬 수 있다는 결론을 내렸다. 그러므로 이오에서는 화산 활동이 활발하게 일어날 것이다. 심지어 이 팀은 조만간 보이저 1호가 보내올 이미지에 화산 활동의 증거가 담겨 있을지도 모른다는 대담한 예측까지 내놓았다.

필, 캐선, 레이놀즈는 행성과학 역사상 가장 우아하고 흥미로운 예측을 했고, 그 예측을 검증하는 발견이 이어졌다. 논문이 출간된 직후, 목성에 근접비행한 보이저 1호는 우주를 향해 분출하는 이오의 화산 기둥이 담긴 놀라운 이미지를 보내왔다.

얼마 지나지 않아 연구팀은 "유로파에 물이 있을까?"라는 꽤나 도발적인 제목으로 유로파의 조석 효과에 대한 비슷한 논문을 출판했다.[2] 유로파에 바다가 존재한다는 최초의 철저하고 탄탄한 수학적 주장이었으며, 내가 보기에는 '뉴 골디락스' 조건의 탄생이자 거주 가능 지역을 결정하는 새 기준이었다.

보이저 1호와 2호의 근접비행, 그리고 이어지는 갈릴레오호의 목성계 탐험으로 조석 에너지 소산의 진정한 힘과 새로운 골디락스 요건을 이해하게 되었다. 일례로 이오는 단순히 화산 지형이 발달한 위성이 아니라 태양계에서 화산 활동이 가장 활발한 천체로 지금 이 순간에도 화산이 거세게 폭발하고 있다.

이오에는 대기가 없기 때문에 화산이 분출하면 기체와 용암 기둥을 우주로 토해내면서 우산 같은 형상을 형성한다. 이오의 화려한 화산 활동은 이 위성이 지구보다 318배나 무거운 목성 주위를 타원형으로 공전할 때 겪는 변형의 결과이다.

이오는 암석으로 이루어졌고 중심에 철이 풍부한 핵이 있다. 암석으로 된 맨틀은 조석 가열에 완벽하게 적합하다. 조석 가열은 이오의 표면에서 2,400W/m^{2}의 열을 생산하는데, 지구가 태양으로부터 받아들이는 에너지 유입보다 1,000W가 더 많고 금성이 태양에서 받는 2,600W/m^{2}에 맞먹는다! 이 정도면 너무 뜨거워서 지표에 물이 남아 있기 힘들다. 새로운 골디락스 시나리오에서 이오는 금성과 유사하다. 이오에는 조석 에너지가 차고 넘쳐서 물을 잃었다. 그 결과 이오에는 열은 많지만 생명체가 살아갈 바다는 없다.

목성에는 수십 개의 위성이 있다. 가장 큰 4개의 위성 중에서 칼리스토는 가장 멀리 떨어져 있다. 칼리스토에도 바다가 있지만 아주 두껍고 오래된 얼음 지각 아래에 갇혀 있다. 이 바다는 아마 내부의 방사성 원소가 붕괴하면서 유지되었을 것이다. 칼리스토에서 조석 가열은 거의 일어나지 않는다. 공전 궤도는 이오보다도 심한 타원형이지만 목성에서 너무 멀리 떨어져 있어서 목성의 중력으로는 충분히 늘였다 폈다 할 수 없다. 칼리스토의 큰 이심률(0.0074. 이오는 0.0041. 원형 궤도일 때의 값은 0이다)은 조석 가열을 일으킬 훌륭한 조건이지만 목성에서 너무 멀리 떨어진 탓에 그 힘이 상쇄된다.

새로운 골디락스 틀에서 칼리스토는 화성에 가깝다. 과거에는 거주 가능했고 어쩌면 지금도 그럴지도 모르지만 조석 에너지 소산이 아주 작다. 그 결과 칼리스토는 안쪽의 다른 큰 위성보다 더 춥고 덜 활발하다.

이오와 칼리스토 사이에 가니메데와 유로파가 있다. 이 두 위성이 새로운 골디락스 영역의 명당을 차지한다. 둘 다 내부에서 제곱미터당 수십에서 수백 밀리와트의 열을 생산할 정도로 조석력(기조력)의 영향력이 만만치 않다. 이 조석 에너지는 유로파의 경우 암석으로 된 해저 위로 수심 약 100km의 물을 유지하기에 충분하며, 아마 해저에는 열수구가 곳곳에 흩어져 있을 것이다. 유로파의 바다는 상대적으로 얇은 얼음껍질(두께가 수 킬로미터에서 30km까지)로 덮여 있다. 이 얇은 껍질은 표면에서의 화학 작용을 통해 그 아래에서 일어나는 화학과 아마도 생물학까지 보여주는 창을 제공할 것이다.

또한 유로파와 가니메데는 타원형 궤도를 유지하여 조석 가열을 지속시키는 목성계의 흥미로운 특성으로부터 혜택을 입었다. 가장 안쪽에 있는 3개의 대형 위성, 이오, 유로파, 가니메데의 공전 궤도는 나란히 그네를 타던 세 아이의 진자 운동이 점차 하나의 패턴으로 일치된 것에 비유할 수 있다. 오늘날 가니메데가 목성 주위를 한 번 공전할 때마다 유로파는 두 번을 돌고, 유로파가 한 번 공전할 때마다 이오는 두 번을 공전한다. 따라서 가니메데, 유로파, 이오의 공전 주기는 1:2:4의 비율로 고정되었고, 이것은 1800년대 초에 발견한 프랑스 수학자 피에르-시몽 라플라스의 이름을 따서 라플라스 공명이라고 부른다.

라플라스 공명은 위성으로 하여금 타원형 궤도를 유지하게 한다는 측면에서 중요하다. 일반적으로 타원형 궤도는 차츰 원형 궤도로 변형되면서 이심성을 잃는다(즉, 덜 타원형이 된다). 그러나 목성계 안쪽의 대형 위성 3개는 이오와 유로파, 유로파와 가니메데, 이오와 가니메데가 규칙적으로 짝을 이루어 배열된다. 이렇게 배열되면 위성이 자기끼리 서로 잡아당겨 이심성이 강제로 유지되고, 궤도의 형태가 완벽한 원형을 이루는 대신 살짝 늘어난 타원형으로 머물게 된다(세 위성은 결코 목성에서부터 한 줄로 늘어서지 않는다는 점을 주목하자).

비록 목성 주위에서 라플라스 공명이 시작된 정확한 시기는 연구가 더 이루어져야 할 주제이지만 그 과정을 추론하면 다음과 같다. 먼 과거의 어느 시점(아마도 수십억 년 전)에 이오가 목성에서 물러나기 시작했다. 그리고 점차 유로파에 가까워져 그 중력이 영향력을 발휘할 정도가 되었다. 이렇게 두 개의 위성은 두 천체 사이의 공명에 참여하게 되었고 규칙적으로 서로 잡아당겨 이심성을 강제해 결국 오늘날의 1:2 공명으로 안착했을 것이다.

시간이 지나면서 이오와 유로파는 목성을 향하는 운동량과 에너지를 잃어가면서 궤도가 점차 커졌다. 그리고 마침내 가니메데의 궤도에 영향을 줄 만큼 가까워졌다. 그런 다음 세 위성 사이의 줄다리기가 오늘날 관찰되는 1:2:4의 공명으로 안정화되었다.

언젠가는 칼리스토도 이 시계 장치의 일부가 될 것이다. 가장 안쪽에 있는 3개의 큰 위성이 계속해서 밖으로 물러남에 따라 아마도 수억 년 후에는 칼리스토의 궤도에까지 영향을 줄 만큼 멀리 확장할지도 모른다. 그때가 되면 1:2:4:8의 공명이 완성될까? 예측하기는 쉽지 않다. 조석 에너지 소산 또는 이 상호작용에 대한 목성의 반응 등 에너지 소산과 운동량 전달에 영향을 주는 요인은 아주 많기 때문이다.

NASA의 주노 탐사선은 2016년에 목성 궤도를 선회하기 시작하면서 행성의 역학 관계와 내부에 관한 큰 문제들을 조사하고 있다. 목성이 어떻게 작동하는지 명확한 그림을 얻게 되면 목성과 그 궤도 안에 갇힌 바다세계들의 관계를 더 잘 이해하게 되리라 믿는다.

골디락스가 지구화학을 얻다

모두가 잘 아는 대로 생명체는 여러 기본적인 원소를 필요로 한다. 생명체를 이루는 화합물의 재료인 이 원소는 탄소, 수소, 질소, 산소, 인, 황, 합쳐서 약자인 CHNOPS로 알려졌다. 여기에 추가로 생명체는 약 48개의 미량 원소를 사용한다(그림 2.4).

이 건축 자재는 당연히 모든 거주 가능한 세계를 건설하는 데에도 필요하다. 그러나 이 원소의 존재량을 놓고 보았을 때, 실제로 입지가 가장 좋은 땅은 우리에게 익숙한 행성 지구가 아니라 태양계의 외행성계라는 것이 밝혀졌다. 몇 년 전, 내 박사과정 지도교수인 크리스 차이바는 이 사실을 이렇게 즐겨 표현했다. "지구는 원체 생명체가 살 만한 곳이 못 된다." 그 말은 생명의 경이로움이 흘러넘치는 곳임에도 지구에서 생명을 창조한 원재료를 구하기는 어렵다는 말이다.

처음 형성될 때 지구는 철, 마그네슘, 나트륨, 칼륨, 칼슘, 니켈,

주기율표와 생명

H 1																	He 2
Li 3	Be 4											B 5	C 6	N 7	O 8	F 9	Ne 10
Na 11	Mg 12											Al 13	Si 14	P 15	S 16	Cl 17	Ar 18
K 19	Ca 20	Sc 21	Ti 22	V 23	Cr 24	Mn 25	Fe 26	Co 27	Ni 28	Cu 29	Zn 30	Ga 31	Ge 32	As 33	Se 34	Br 35	Kr 36
Rb 37	Sr 38	Y 39	Zr 40	Nb 41	Mo 42	Tc 43	Ru 44	Rh 45	Pd 46	Ag 47	Cd 48	In 49	Sn 50	Sb 51	Te 52	I 53	Xe 54
Cs 55	Ba 56	La 57	Hf 72	Ta 73	W 74	Re 75	Os 76	Ir 77	Pt 78	Au 79	Hg 80	Tl 81	Pb 82	Bi 83	Po 84	At 85	Rn 86
Fr 87	Ra 88	Ac 89	Rf 104	Db 105	Sg 106	Bh 107	Hs 108	Mt 109	Ds 110	Rg 111	Cn 112	Nh 113	Fl 114	Mc 115	Lv 116	Ts 117	Og 118

Ce 58	Pr 59	Nd 60	Pm 61	Sm 62	Eu 63	Gd 64	Tb 65	Dy 66	Ho 67	Er 68	Tm 69	Yb 70	Lu 71
Th 90	Pa 91	U 92	Np 93	Pu 94	Am 95	Cm 96	Bk 97	Cf 98	Es 99	Fm 100	Md 101	No 102	Lr 103

- 모든 생명체에 필수적인 원소
- 모든 생명체에 필요한 주요 이온
- 모든 생명체에 필요한 주요 전이금속
- 모든 생명체에 필요한 미량 원소
- 일부 생명체가 특이적으로 사용하는 원소
- 일부 미생물이 운반, 환원, 그리고/또는 메틸화하는 원소

그림 2.4 주기율표. 각 원소의 특징을 색상 코드로 표시했다(Wackett, L. P., Dodge, A. G., & Ellis, L. B. (2004). Microbial genomics and the periodic table. *Appl. Environ. Microbiol.*, 70(2), 647-655에서 변형).

구리처럼 생명체에 필요한 무거운 원소들을 꽤나 잘 모았다. 모두 지구의 바위에서 풍부하게 발견되는 원소다. 그러나 CHNOPS 같은 가벼운 원소의 성적은 신통치 않다. 지구에 있는 탄소와 질소는 목성과 토성을 비롯한 외행성계의 1%에 불과하다.[3]

지구라는 보금자리 행성은 생명체가 가장 필요로 하는 물과 탄소가 아주 얇게 살짝 발라져 있는 수준이다. 게다가 지구가 보유하는 물도 사실은 지구가 형성된 후 혜성이 배달한, 말하자면 어쩌다가 얻게 된 것이 대부분이다. 내행성계의 다른 곳에서는 상황이 훨씬 열악하다. 그곳은 메마르고 온통 바위투성이다. 금성과 화성 두 곳 모두 한때 바다가 있었을지 모르지만 지구에서와 마찬가지로 혜성이 배달해주었을 물의 양은 가장 풍부했을 때에도 가득 찬 양동이에 떨어진 물 한 방울에 지나지 않았을 것이다. 행성이 형성될 당시 금성과 화성 모두 태양에 너무 가까웠다는 점이 문제였다. 처음 태양계가 조성될 때 내행성계는 대체로 뜨거운 열기에 '구워졌다.' (보통 휘발성인) 가벼운 화합물들이 붙어 있기에는 너무 뜨거웠다는 말이다. 높은 열 때문에 물, 메탄, 암모니아, 황화물이 서로, 또는 다른 것에 '들러붙어서' 액체나 고체로 응결되는 것이 불가능했다. 따라서 기체 상태에서 얼거나 다른 물질로 응결될 수 있는 태양계의 바깥쪽으로 모두 날아가버렸다(그림 2.5).

행성과학에서는 휘발성 물질이 기체에서 고체로 응축되는 지역을 "설선snow line" 또는 "동결선frost line"이라고 부른다. 물의 동결선은 소행성대 정도에서 결정되는데 태양에서 약 3AU쯤 되는 거리

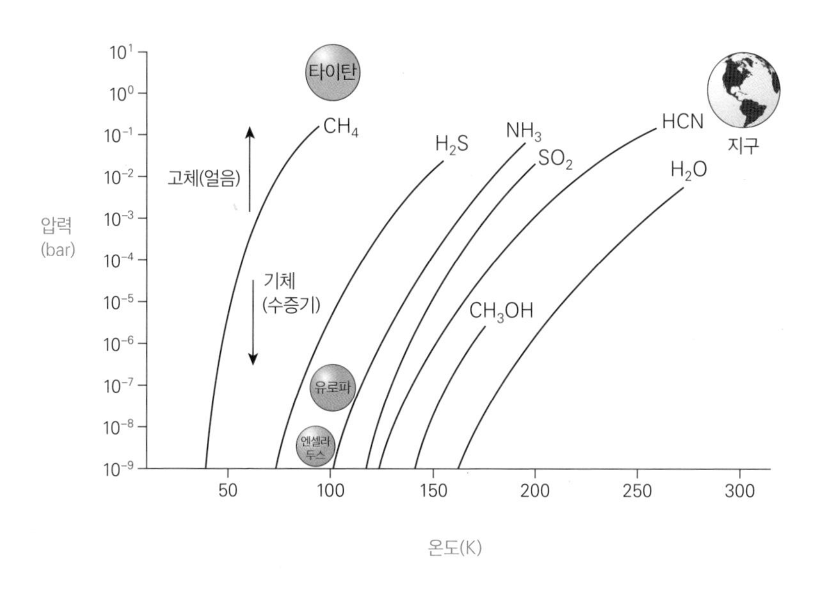

그림 2.5 다양한 분자의 승화 곡선. 곡선의 위쪽에서는 압력이 높아서 고체가 형성된다. 곡선의 아래쪽에서는 압력이 낮아서 분자가 기체 상태로 존재한다. 타이탄, 유로파, 엔셀라두스의 온도와 압력은 분자를 얼게 하고 생명의 핵심 요소가 풍부한 세계로 만든다(Fray, N., & Schmitt, B. (2009). Sublimation of ices of astrophysical interest: A bibliographic review. *Planetary and Space Science*, 57(14-15), 2053-2080에서 변형).

이다(1AU는 지구에서 태양 사이의 거리로 정의한다). 메탄, 이산화탄소, 황화물(특히 H_2S)의 동결선은 모두 5AU를 넘어선다. 초기에 태양이 아직 불안정할 당시에는 이 선이 다른 지점에 있었을 수도 있다. 그러나 중요한 것은 언제나 적어도 내행성계를 훨씬 벗어났다는 점이다.

따라서 행성과 위성이 처음 만들어질 때는 주변에 있는 물질로 형성되었다. 목성과 같은 거대 행성이 태양 가까이 이주했다가 다시 현재의 자리로 밀려났을 가능성까지 고려하면 이야기는 복잡해지지만, 대부분 내행성계는 암석 물질로 형성되고 외행성계는 기체나 얼음처럼 멀리서 표류하던 가벼운 물질로 형성되었다는 게 정설이다. 일반적으로 CHNOPS 원소는 외행성계에서 얼음으로 응결된 휘발성 화합물이 되었고 그 지역 행성과 위성의 밑 재료가 되었다.

태양계에서 행성의 밀도는 행성이 처음 형성될 때 사용된 재료의 상대적인 분포를 부분적으로 반영한다. 내행성은 크기는 작지만 암석 물질로 구성된 덕분에 외행성계의 거대한 기체와 얼음덩어리보다 훨씬 밀도가 높다. 반면 목성, 토성, 천왕성, 해왕성을 구성하는 기체와 얼음은 크기는 크지만 밀도가 낮은 행성을 만들었다. 한 천체의 밀도는 그 천체를 구성하는 물질의 조성을 나타내는 유용한 지표가 될 수 있다.

그렇다면 외행성계에서 위성의 밀도를 측정함으로써 CHNOPS 원소와 그 밖에 생명체에 필요한 48개 원소의 가용성을 추정해볼 수 있다(그림 2.6). 외행성계의 소형, 중형 위성은 대부분 밀도가 낮다(1,800kg/m^3 이하). 반면 이오, 유로파, 그리고 달은 밀도가 상당히 높고 다른 위성보다 암석의 비율이 높다. 마지막으로 타이탄, 가니메데, 칼리스토처럼 밀도는 낮지만 크기가 큰 위성이 있다.

위성의 조성을 바탕으로 한 이 표는 생명체가 거주 가능한 천체를 찾기 위한 새로운 골디락스 영역의 지도가 될지도 모른다. 앞에서 논의한 것처럼 거주 가능한 바다세계는 생명체에 필요한 물과 탄소를 공급하는 저밀도 얼음과 응결된 휘발성 물질이 많이 필요하다. 한편으로는 물이 반응하면서 나트륨, 마그네슘, 철, 니켈과 같은 필수적인 무거운 원소를 우려낼 수 있는 암석 물질이 있어야 한다. 물과 암석의 상호작용은 생명체에 필요한 풍부한 수프를 만드는 데 결정적이다. 따라서 거주 가능한 바다세계라면 적절한 균형이 요구된다.

예를 들어 토성의 위성인 미마스에는 바다가 있을 수도 있다. 그러나 1,150kg/m^3라는 이 위성의 밀도는 물의 밀도(1,000kg/m^3)에 너무 가까워서 아마도 이 위성에는—암석에 들어 있는 철과 다른 무거운 원소의 양에 따라 밀도가 달라지겠지만—밀도가 3,000~8,000kg/m^3에 해당하는 암석이 많지 않다고 추정된다. 그렇다면 미마스는 생명을 건설하고 동력을 줄 물과 암석의 상호작용이 충분하지 않을 가능성이 크다. 반대로 엔셀라두스는 밀도가 약 1,600kg/m^3로 생명체에 필요한 원소를 공급할 암석과 물의 높은 비율을 암시한다. 나중에 보겠지만 엔셀라두스의 해저에서 물과 암석의 상호작용이 활발하게 일어난다는 훌륭한 증거가 엔셀라

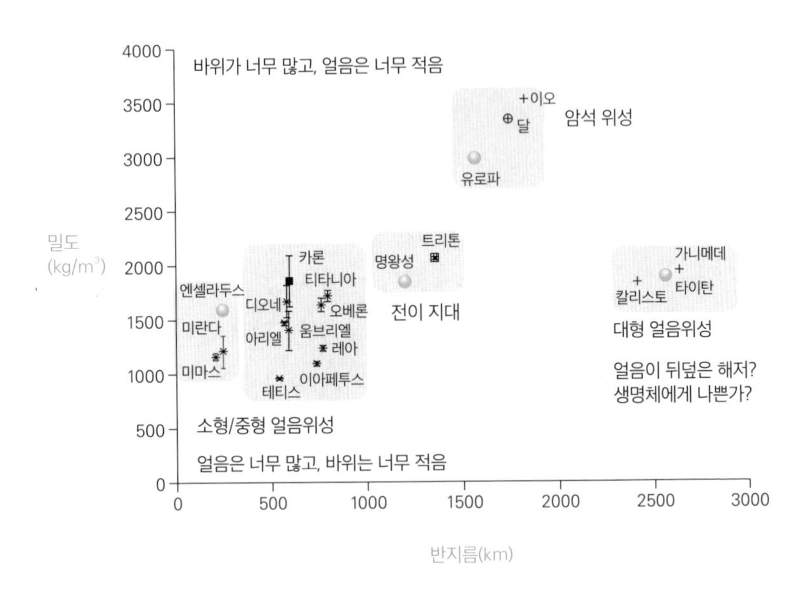

그림 2.6 물과 암석의 균형은 거주 가능성과 생명의 기원에 매우 중요하다. 달이나 이오처럼 암석이 많고 밀도가 높은 위성에는 물이 없다. 거주 가능성의 관점에서 보면 좋지 못하다. 칼리스토, 타이탄, 가니메데처럼 큰 위성은 중수 얼음이 해저를 형성하여 바다와 내부의 암석층을 분리하는 문제가 있다. 유로파와 엔셀라두스 같은 위성은 화학적으로 풍부한 암석으로 된 해저를 바닷물이 통과하면서 어두운 바닷속 생명체에 동력을 공급할 수 있는 적당한 크기와 밀도의 명당을 차지한다(Hussmann, H., Sohl, F., Spohn, T. (2006). Subsurface oceans and deep interiors of medium-sized outer planet satellites and large trans-neptunian objects. *Icarus*, 185(1), 258-273에서 변형).

두스의 물기둥으로부터 발견되었다.

한편 유로파는 그림 2.6에서 밀도가 높은 지역에 표시되었는데, 거주 가능 지역의 강력한 후보로 보기에는 이상할 정도로 밀도가 높다. 이 위성의 밀도는 약 3,000kg/m³로 메마르고 바위투성이인 달이나 이오와 크게 다르지 않다. 그렇다면 유로파에는 바위가 너무 많고 물이나 가벼운 화합물은 충분하지 않다는 뜻일까? 아니, 그렇지 않다. 유로파의 물은 (얼음과 액체 상태의 물을 모두 포함해서) 위성 전체 질량의 약 6%를 차지한다. 이는 충분하고도 남는 양이다(바다가 전체 질량의 고작 0.02%를 차지하는 지구와 비교해보라). CHNOPS 원소 중에서도 유로파에는 황이 많은데, 지표가 누렇고 불그스레한 갈색 지역으로 확인할 수 있다. 그 황의 일부는 유로파의 바다에서 석출되었겠지만, 또 일부는 대규모 화산 폭발에 의해 이오에서 운반되었다.

그러나 탄소와 질소에 대해서는 다소 모호한 면이 있다. 갈릴레오호가 보낸 데이터에 따르면 유로파에는 400ppm(백만분율)의 이산화탄소 얼음이 있는데, 지구의 대기 중 이산화탄소 농도와 맞먹는 양이다. 따라서 유로파에 탄소가 존재하고 사용 가능하다는 것을 알 수 있다. 유로파 표면에서 얼음의 형태로 관찰된 이산화탄소는 아래쪽 바다에 녹아 있던 기체에서 나온 것일 수도 있고, 표면에서 유기물이나 다른 탄소 화합물이 방사선 폭격을 받아 생성되었을 수도 있다. 아직은 그 답을 알지 못한다.

질소에 관해서는 이야기가 좀 더 복잡해진다. 유로파의 표면 또는 내부에 질소가 존재한다는 직접적 증거는 아직 없지만, 유로파를 형성한 물질 구름에 질소가 풍부했던 것을 보면 틀림없이 질소는 있을 것이다. 질소는 목성의 가장 바깥쪽 대형 위성인 칼리스토에서 관찰되었는데, 그것이 유로파에도 질소가 있으리라고 예측하는 약간의 근거가 된다. 갈릴레오호가 칼리스토의 조성에 관해 제공한 데이터는 훨씬 상세한 것이었으므로, 칼리스토에서는 질소가 관찰되었지만 유로파에서는 그렇지 않다고 해도 그리 놀라운 일은 아니다.

메탄이나 암모니아 같은 탄소 및 질소 화합물의 동결선을 조사하는 과정에서, 목성의 위성이 태양에서 너무 가까울 때 형성되어 탄소와 질소가 날아가버리는 바람에 화합물로 응결되지 못했을 가능성을 알게 된 것은 흥미롭다. 이것은 갈릴레오가 발견한 네 위성에서 이런 분자를 더 많이 볼 수 없었던 부분적인 이유가 될지도 모른다. 그러나 토성은 태양과 거리가 멀어 이 화합물이 응결될 만큼 매우 추웠을 것이다. 나중에 보겠지만, 타이탄과 엔셀라두스가 모두 꽤 많은 질소와 탄소를 보유한다.

마지막으로 지구화학적 골디락스에 한 가지 반전이 남았다. 천체의 크기 또한 중요한 요인이다. 위성의 크기가 너무 크면 위성 내부의 압력도 너무 커서 대양의 바닥에 얼음이 형성될 가능성이 있는데, 그렇게 되면 암석으로 된 해저면을 얼음이 덮는 바람에 바닷물이 암석과 반응하지 못해 지구화학적 특성을 제한할지도 모른다. 즉 생명에 필요한 열수구나 지구화학 가마솥이 존재하지 못한다는 말이다. 아주 높은 압력—지구의 가장 깊은 수심에서의 약

2배—에서 물은 결정 구조가 약간 달라지는데, 얼음 지각이나 물에 떠 있는 얼음보다 조밀하므로 이 밀도 높은 얼음(중수 얼음)은 물에 가라앉는다.

타이탄, 가니메데, 칼리스토가 이 범주에 해당한다. 이 위성들은 암석으로 구성되었다고 볼 만큼 밀도가 높지만, 위성의 크기가 아주 크고 해저에 바위 대신 얼음이 깔려 있을 가능성이 있다. 태양계에서 가장 크기가 큰 위성인 가니메데는 수성보다 크고 심지어 핵에는 자기장을 일으키는 용융된 철이 있다. 따라서 이 세 위성처럼 크기가 큰 위성은 압력이 높아서 (위성 내부와 해저에) 밀도가 높은 얼음을 형성하므로 생명 현상을 방해하는 의외의 복병이 존재할 수 있다.

따라서 엔셀라두스나 유로파처럼 크기가 더 작고 밀도는 중간에서 높은 정도인 위성은 암석으로 된 해저와 물이 접촉하여 반응한 결과 화학적으로 풍부한 바다가 되기에 적절한 밀도와 크기를 가졌다고 볼 수 있다.

• • •

새로운 골디락스 모형은 일차적으로 모체 항성에서 천체까지의 거리가 바다, 궁극적으로는 생명체의 존재 여부를 결정하는 주요 요인이었던 오래된 거주 가능성 모형에서 벗어나게 해주었다. 조석 에너지 소산으로 생성된 열이 이 구식 모형에서 빠져나올 수 있는 핵심 열쇠였다. 대양은 항성의 온기에서 멀리 떨어진 곳에도 존재할 수 있다. 거대한 행성 주위를 도는 위성의 춤만으로도 많은 양의 바다를 지속시키기에 충분하다.

지금까지 우리는 조석에 대한 새로운 골디락스 요건과 함께 외행성계의 얼음 덮인 위성이 거주 가능한 대양을 품기에 특별히 적합한 요인을 살폈다. 외행성계는 탄소, 질소, 황처럼 우리가 아는 생명의 핵심 원소를 응결할 만큼 차가우면서 적어도 이 위성 중 일부는 생명체를 짓고 동력을 주는 데 필요한 화학 작용을 지속할 무거운 원소가 충분하다. 이런 조합이 지구 밖의 거주 가능한 세계를 위한 최종적인 골디락스 시나리오를 창조한다.

세 위성이 이 새로운 골디락스 기준에 들어맞는 최고의 후보로 떠올랐다. 유로파와 엔셀라두스는 우리가 익히 잘 알고 있는 생명을 탄생시키고 동력을 제공하는 데 필요한 물, 원소, 에너지가 적절히 조합된 것으로 보인다. 그리고 타이탄은 얼음이 아닌 암석으로 된 해저가 존재하기에는 크기가 너무 클지 모르지만, 생명체를 발견할 전망의 측면에서는 간과할 수 없을 만큼 풍부한 탄소와 흥미로운 유기화학으로 가득하다.

이어지는 장에서는 먼저 유로파의 사례를 들어 외계 바다가 존재한다고 생각하게 된 근거를 자세히 살피고 엔셀라두스와 타이탄으로 넘어갈 것이다. 그런 다음 태양계의 여러 바다세계 후보를 잠시 탐험한 다음, 거주 가능성과 생명의 기원이라는 주제로 다시 돌아와 자세히 다룰 것이다.

| 2부 |

퍼즐 세 조각으로 바다 찾기

3장

레인보우 커넥션

앞에서 우리는 바다세계, 즉 바다가 존재한다고 추정되는 천체의 '왜'에 초점을 맞췄다. 이 바다세계가 왜 존재하며, 왜 거주 가능한 바다를 유지할 수 있는가? 조석력과 골디락스 조건을 만족하는 명당이 이 '왜'라는 질문의 답을 찾는 단서가 되었다.

그러나 아직 '어떻게'를 언급하지 않았다. 이 바다가 존재한다는 것을 어떻게 아느냐는 말이다.

이 장과 이어지는 다음 두 장에서는 이 바다가 존재한다고 생각하는 이유의 과학을 분석한다. 나는 추리소설 속 탐정이 되어 지구의 망원경, 그리고 바다세계를 위험하리만치 가깝게 스쳐 날았던 우주선이 제공한 단서들을 조합할 것이다. 유로파, 엔셀라두스, 타이탄, 그 밖의 많은 바다세계 후보가 이 발견 과정을 공유한다. 나는 먼저 유로파를 예시로 삼아 우리가 이 위성에 바다가 있다고 추론하게 한 과학을 아주 자세히 설명할 것이다. 같은 기법을 다른 바다세계에도 적용할 수 있다. 유로파를 최고의 출발점으로 보는 이유는 인간이 지하 바다에 대한 증거를 최초로 수집한 위성이자 과학적으로 가장 잘 분석된 위성이기 때문이다.

나는 이 '어떻게'의 과학을 세 부분으로 나누어 쉽게 설명하고자 한다. 첫 번째 조각은 무지개와 연관이 있다. 나머지 두 조각은 우주선의 베이비시터, 그리고 공항의 보안검색대에 관한 이야기로 다음 두 장에 걸쳐 설명할 계획이다.

무지개는 물리학이자 화학이고, 예술이자 아름다움이다. 또한 유로파의 지하 바다를 드러내는 데 일조한 최초의 퍼즐 조각이다.

하늘에 뜬 무지개를 바라볼 때 우리가 보는 것은 태양에서 온 빛이 지구의 대기를 거치면서 공기 중의 작은 물방울을 통과해 다양한 파장의 색으로 퍼진 결과물이다. 각 물방울이 작은 프리즘처럼 작용한다.

햇빛의 광자는 빗방울을 통과하면서 서로 다른 경로를 취한다. 붉은빛의 광자는 가장 짧은 경로로 움직이는 반면, 보랏빛의 광자는 가장 먼 경로로 구부러진다. 그 결과 파장, 즉 색깔에 따라 분리된 광자의 부채가 하늘에서 아름다운 색깔 리본을 만든다.

무지개에는 광원인 태양의 조성, 지구 대기의 조성, 빛이 통과한 물방울의 조성에 관한 정보가 모두 들어 있다. 무지개를 옆으로 기울여 색상 대 강도(다른 색에 대한 상대적인 세기)의 표를 만들면 그

것이 곧 스펙트럼이다. 강도의 차이는 빛이 통과하는 물질 안에 어떤 원소와 분자가 들어 있는지 밝히는 데 큰 역할을 한다.

분광학은 참으로 대단한 기술이다. 사물을 실제로 만지지 않고도 그것이 무엇으로 이루어졌는지 알아내게 하기 때문이다. 물체가 직접 빛을 발산하거나 빛을 반사하면(햇빛이든, 실험실의 전구에서 비추는 빛이든) 그 빛의 스펙트럼을 측정하여 물체가 어떤 물질로 구성되었는지 파악할 수 있다. 이는 원격으로 얻어지는 지식으로, 측정 과정에서 아무것도 파괴되지 않는다.

분광학을 사용해 원격으로 정보를 습득하는 기술은 당연히 천문학에서 필수이다. 별에 직접 날아가 표본을 가져올 수 없으므로 우리는 분광학에 의존해 그 별의 조성을 조사한다. 무인 우주선이 놀라운 능력으로 태양계의 다양한 장소들을 탐사해왔지만, 분광계가 장착된 망원경이야말로 행성과 위성의 물질 조성을 밝히는 연구의 토대를 마련했다.

이번 장에서 살펴보겠지만, 인류에게 유로파의 표면이 얼음으로 덮여 있다고 확신을 준 것이 분광학이다. 이 사실은 그 아래의 바다를 발견하기 위한 첫 번째 퍼즐 조각이 되었다. 그렇다면 이 재주 많은 유인원이 어떻게 분광학을 시작하고 그 힘을 알아보게 되었을까? 실험실의 암석 표본에서 멀리 있는 위성의 표면까지 모든 것의 화학 조성을 측정하게 해준 이 도구를 어떻게 개발하게 되었을까?

룩스 베리타티스와 여섯 개의 램프

사람들은 망원경으로 맨 처음 밤하늘을 관찰한 사람이 갈릴레오라는 것은 잘 알면서도 우주에 있는 물체의 빛 스펙트럼을 처음으로 조사한 이가 누구인지는 모른다. 비록 잘 알려지지는 않았지만 화학과 화학의 원리가 지구는 물론이고 지구 밖의 세상과 경이에도 작용한다는 것을 밝힌 대단한 발견이었다. 멀리 떨어진 경이로운 우주도 우리와 같은 물질로 만들어진 것이다.

화학이 우주과학으로 발전한 첫 단계는 대학 교육을 받은 적 없는 유리제작자 요제프 폰 프라운호퍼에서 시작했다. 바이에른 사람인 프라운호퍼는 원래 수공업자로, 1800년대 초 광학연구소라는 혁신적인 유리 제조업체를 운영했다. 그는 알프스 산자락의 어느 베네딕트회 수도원에 연구소를 세우고, 노련하고 충직하며 헌신적인 수도사들을 기용했다. 이들은 유럽 전역에서 수많은 건물의 스테인드글라스를 제작했던 실력자들이었다. 수도사에게 유리 세공은 신성과 연결되는 길이었다. 빛은 신성하며 신에게 가는 영적인 다리였다.[1] 유리 제작은 룩스 베리타티스*lux veritatis*, 즉 진리의 빛을 추구하는 공예였다.

수도사들은 프라운호퍼에게 이상적인 일꾼이었다. 재주가 뛰어날 뿐 아니라 과묵하여 비밀을 잘 지켰기 때문이다. 프라운호퍼의 유리 제작 기술과 제조법은 전설이 되었다. 천문학자와 지도제작자를 비롯해 최고의 렌즈와 유리를 찾는 자라면 누구든 프라운호퍼의 제품을 원했다. 비밀리에 조직을 운영하며 모두가 원하는 제품을 생산한 그는 당대의 스티브 잡스라고 해도 과언이 아니다.

플린트 유리와 크라운 유리를 만드는 프라운호퍼만의 제조법과 공정 과정이 그를 여타 수공업자들과 다르게 만들었다. 플린트 유리는 산화납으로 만드는 고밀도 유리이며, 그에 비해 크라운 유리는 가볍다(플린트 유리는 1600년대 중반 영국 남부 지역의 실리카에서 발견된 납이 풍부한 플린트, 즉 수석 단괴에서 이름이 유래했다. 크라운 유리는 유리 불기 과정에서 이름을 얻었다. 관에 대고 유리를 불어 공기 방울, 또는 '왕관' 모양으로 만든 다음 유리판을 만든다). 플린트 유리는 굴절률이 높고 크라운 유리는 굴절률이 낮다(굴절률은 특정 파장의 빛이 진공을 통과할 때와 특정 물질[이를테면 유리]을 통과할 때 속도의 비율이다. 크라운 유리보다 플린트 유리에서 빛은 더 느리게 움직이고 많이 굴절한다).

프라운호퍼는 워낙 세심한 사람이라 기포나 줄이 가지 않은 유리를 만드는 데 집착했다. 그 자체도 원래 어려운 기술이지만 특히 그가 사용한 장작 화로는 영국에서 사용하는 석탄 화로보다 불이 뜨겁지 않아 작업이 더 까다로웠다. 기포가 생기지 않으려면 녹은 유리를 젓지 말아야 하는데, 그러면 무거운 납이 바닥으로 가라앉아 밀도가 균일하지 않게 되므로 한 제품 안에서 굴절률이 다양해진다. 한 문제를 해결하면 다른 문제가 발생하는 상황이었다.

젓는 문제를 해결하기 위해 프라운호퍼는 나무심을 점토로 둘러싼 교반봉을 발명했다. 그는 봉을 가열하여 기체를 제거한 다음 녹은 유리에 넣고 그 안에 갇힌 기포가 모두 사라질 때까지 반복해서 봉을 가열했다. 그런 다음 봉을 교반 장치에 연결하여 새로 기포를 만들지 않고 천천히 유리를 저었다. 이런 '첨단' 교반 공정은 기포가 없는 상태를 유지하면서 밀도까지 균일한 유리를 만들었다.

양질의 유리를 제조하는 것과 더불어 프라운호퍼는 자신이 제작하는 모든 유리의 굴절 속성을 알고 싶어 했다. 빛이 유리를 통과할 때 어떻게 구부러지는가? 색깔에 따라 어떻게 다르게 구부러지는가? 유리의 굴절률을 알아내는 것은 아이작 뉴턴과 그를 따르는 많은 이들이 시도했다가 포기할 정도로 어려운 문제였고 솔직히 지금도 그렇다. 사실 프라운호퍼는 과학적 호기심이 깊은 사람은 아니었다. 그저 품질 좋은 균일한 렌즈를 사람들에게 제공하고 싶었을 뿐이다. 집착에 가까운 장인 정신이 그를 위대한 과학자로 만들었다.

1814년, 프라운호퍼는 치밀하게 제작한 프리즘을 망원경(엄밀히 말하면 일반 망원경이 아니라 경관 조사 시에 각도를 측량할 때 사용하는 경위의에 달린 망원경이다) 끝에 부착했다. 그런 다음 램프를 설치하고 그 뒤에 가는 슬릿이 있는 판자를 두었다. 이것은 오늘날 유리 프리즘과 똑같은 방식으로 무지개를 만들었다. 망원경을 사용해 프리즘에서 나오는 스펙트럼을 확인하여 프라운호퍼는 유리에서 각 색깔이 나오는 각도를 세심하게 측정할 수 있었다. 이를 바탕으로 그는 색깔별 각도는 물론이고 전체적인 분산도(무지개가 얼마나 넓은지)까지 측정했다. 프라운호퍼가 발명한 것은 초기 버전의 분광기였다(공정하게 말하면 뉴턴이 먼저 비슷한 것을 제작했지만 성능이 이만큼 좋지 못했다).

그러나 곧 이 분광기로는 스펙트럼을 세세히 들여다보는 데 한계가 있음을 알게 되었다. 프라운호퍼는 자신이 만든 다양한 유리 혼합물의 굴절 속성을 측정하고 싶었다. 그러려면 스펙트럼의 각 색깔을 아주 세세하게 조사할 수 있어야 했다. 이에 더하여 빛이 프리즘으로 들어갔다가 나오는 각도를 정확히 알아야 했다.

그가 해결해야 할 아주 기초적이고도 난해한 문제가 있었다. 램프에서 나오는 빛은 전구에서 나오는 불빛처럼 사방으로 퍼진다. 빛을 하나의 광선으로 한정하기 위해 램프 앞에 가는 슬릿을 설치하더라도 프리즘에 부딪히는 빛은 다양한 각도로 들어왔다가 분석하기 어려운 스펙트럼을 그리며 펼쳐졌다. 빛이 망원경의 렌즈를 통과하는 경로를 더 잘 제어할 수 있으려면 빛이 망원경에 평행하게 들어와야 했다. 평행에 가까운 빛을 얻는 한 가지 방법은 광원에서 멀어지는 것이다. 하지만 그렇게 되면 스펙트럼의 부채꼴이 너무 커져서 망원경으로 전체를 한눈에 볼 수 없다. 이번에도 골칫거리 하나를 해결하면 다른 골칫거리가 나타났다.

프라운호퍼가 원하는 것은 모든 색깔이 서로 평행하게 이동하고 모두 똑같은 각도로 프리즘에 들어가는 직사광선이었다. 그렇게 하는 방법만 알아내면 모든 색상과 각도를 측정할 수 있을 터였다. 그가 마침내 생각해낸 방책은 정말로 기발했고 다양한 물질의 스펙트럼을 측정하는 발판을 닦았다.

프라운호퍼는 램프를 하나만 사용하는 대신 각각 빨강, 주황, 노랑, 초록, 파랑, 남색/보라색(나는 그가 남색과 보라색을 하나로 합쳤다고 생각한다)에 해당하는 램프 6개를 사용했다. 램프는 일렬로 정렬되었고 각각 제 슬릿 뒤에 설치되었다. 여섯 개의 슬릿을 통과한 빛은 하나의 프리즘으로 향했다. 이 빛이 프리즘을 통과하면서 6개의 무지개가 만들어졌다. 프라운호퍼는 6개의 무지개를 겹치되 하나의 좁고 촘촘한 무지개 광선이 되도록 램프의 배열을 적절히 조절했다. 이때 각 램프의 빛은 두 번째 무지개의 일부가 된다. 그런 다음 그 무지개를 225m나 떨어진 곳에 설치한 또 다른 프리즘에 통과시켰는데, 이때 비로소 광선은 거의 평행 상태로 프리즘에 들어갔다. 두 번째 프리즘을 통과하면서 생긴 스펙트럼 전체를 프라운호퍼는 자신의 망원경을 사용해 아주 자세하게 관찰할 수 있었다(그림 3.1). 이런 기발한 배치로 프라운호퍼는 각각의 색상에 대한 굴절률을 소수점 6자리까지 측정할 수 있었다. 또한 이제 그는 색상의 밝기가 커지거나 작아지는 스펙트럼에서 아주 구체적인 띠를 볼 수 있었다.

앞선 연구에서 프라운호퍼는 램프의 스펙트럼을 측정했을 때 상대적으로 밝은 주황색 선을 관찰했다. 그 램프는 알코올을 연료로 사용했고 나트륨이 들어 있었다. 이제 6개짜리 램프 장치로 그 밝은 선이 실제로는 2개의 선이었음을 보였고, 두 선 사이의 거리와 전체 스펙트럼에서의 위치를 측정할 수 있었다. 그가 발견한 것은 나트륨의 분광 지문이다.

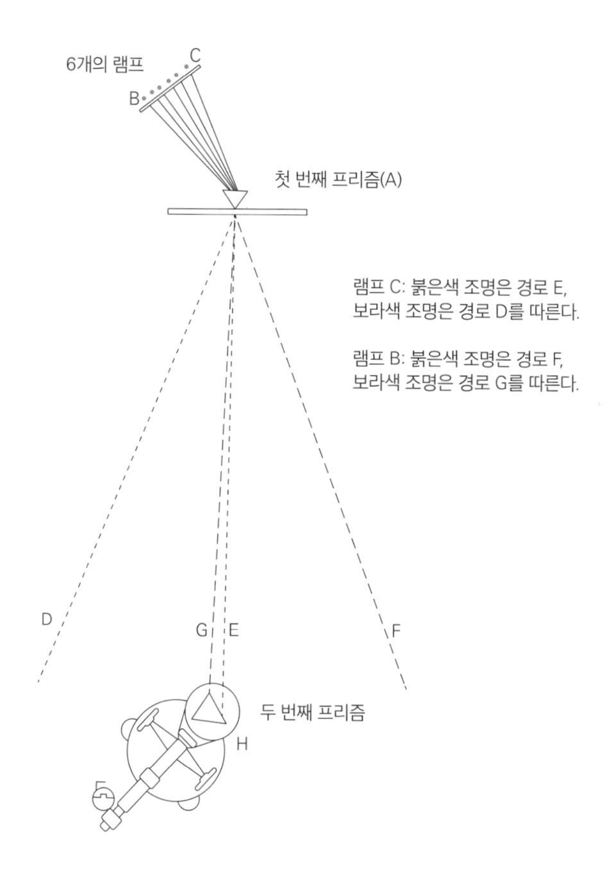

그림 3.1 햇빛을 분리한 프라운호퍼의 장치. 프라운호퍼의 램프 실험은 빛을 세부 스펙트럼으로 분해한 최초의 시도였다. 6개의 램프에서 온 빛(B에서 C까지)이 프리즘(A)를 통과하면서 빛이 퍼진다. 그 빛의 일부가 H 지점에 있는 프리즘과 렌즈에 도달하면 거기에서 프라운호퍼는 스펙트럼을 보고 그릴 수 있었다. 램프는 H의 프리즘에서 전체 스펙트럼을 만들었다. 램프 B에서 나오는 빛은 프리즘 A를 통과한 후 F에서 G를 아우르는 부채꼴이 된다. 램프 B에서 나온 붉은색 빛은 선 F를 따라, 보라색 빛은 G를 따라 이동한다. 반면 램프 C에 대해 빨간색 빛은 선 E를 따라, 보라색 빛은 D를 따라 이동한다. 프라운호퍼는 H에서 생기는 스펙트럼(G의 보라색에서 E의 빨간색까지 아우르는)을 비교하여 태양을 볼 때 보았던 것과 비교할 수 있었다. 그가 태양의 스펙트럼에서 보았던 어두운 선은 램프의 불빛과 달리 태양에서 보다 복잡한 과정이 일어나고 있음을 나타냈다(Jackson, M. W. (2000). *Spectrum of belief: Joseph von Fraunhofer and the craft of precision optics*. Cambridge, MA: MIT Press의 이미지를 변형함).

다른 물질의 스펙트럼에서도 이런 특이적인 선이 보이는지 궁금했던 프라운호퍼는 여러 불꽃과 물질로 실험했고, 스펙트럼에서 매번 해당 물질의 지문처럼 기능하는 선의 패턴을 관찰했다. 오래지 않아 그는 궁극의 광원인 태양의 스펙트럼을 연구할 배열을 고안해냈다.

프라운호퍼는 태양의 무지개 안에서 550개 이상의 대단히 방대한 스펙트럼선을 발견했다. 그리고 태양의 스펙트럼에 나타나는 일부 선이 램프에서 다양한 재료를 태웠을 때 보았던 선과 비슷함을 알게 되었다. 그렇다면 그 물질이 태양의 일부일까? 어떻게 그럴 수가 있지? 태양은 천구에서 마법처럼 불타는 구체였다. 어떻게 태양이 지구에서 발견되는 물질로 만들어질 수가 있을까? 프라운호퍼의 분광기는 우주의 화학을 처음으로 보여준 진정한 창으로서 인간에게 지구의 화학을 그 너머의 세계와 경이에 이어주는 지식을 제공했다. 프라운호퍼가 이 위대한 연결을 시작했지만, 지구의 화학과 우주의 화학 사이의 점들을 완전히 연결하기까지는 수십 년이 더 걸릴 터였다.

우주의 화학

탁월한 기술과 꼼꼼하고 투철한 장인 정신의 소유자였지만, 프라운호퍼는 화학이라는 과학에서 시대를 너무 앞서갔던 것 같다. 그는 자신이 측정한 모든 것에서 스펙트럼선의 패턴을 보았지만, 아직 원소의 개념과 주기율표는 수십 년을 더 기다려야 했다.

1815년에는 불과 45개의 화학 원소가 알려졌다. 그나마도 원소의 개념까지 여전히 제대로 세워지지 못한 형편이었다. 전자를 가진 원자, 그리고 양성자와 중성자로 채워진 핵이라는 개념의 틀은 없었다. 1808년에 존 돌턴이 『화학 철학의 새로운 체계』를 출판하면서 처음으로 상세한 원자 이론의 길을 닦았다. 그러나 돌턴의 '철학'을 주변 세상과 연결하려면 아주 많은 실험이 필요했다. 그 연결고리의 중심에 분광학이 있었다.

무지개 분광선과 화학의 본질 사이에서 연결고리를 찾아내는 과제는 1860년대에 호기심 많은 두 독일인의 몫이 되었다. 둘 중 연장자인 로베르트 분젠은 색깔이 거의 또는 전혀 없는 불꽃을 내는 분젠 버너의 설계자로서 오늘날 고등학교 화학 수업 시간에도 등장한다. 분젠 버너에 관한 한 가지 중요한 사실은 그 불꽃에 물질을 태우면 나타나는 색이 물질 속 원소에서 비롯한다는 것이다. 또 다른 한 사람인 구스타프 키르히호프는 분젠과의 협업으로 원소에 관심을 돌릴 무렵 이미 전기 분야에 상당히 이바지를 해온 터였다.

스펙트럼의 특정한 선을 개별 원소 및 화합물에 연결한 공은 대체로 분젠과 키르히호프에게 돌아간다. 프라운호퍼의 혁신을 바탕으로 분젠과 키르히호프는 태양 스펙트럼의 선들을 소금을 비롯한 여러 물질의 스펙트럼과 동시에 비교할 수 있도록 분광기를 배치했다. 나트륨처럼 일부 원소에서는 선이 거의 완벽하게 일치했다. 두 사람은 프라운호퍼가 태양 스펙트럼에서 관찰했던 선과 그들이 실험실 스펙트럼에서 본 선을 비교하여 처음으로 하나하나 짝지었다.

또한 두 사람은 왜 프라운호퍼가 관찰한 일부 선이 어두운지 알아냈다. 이들은 광원으로 밝은 배경의 불꽃을 사용하고 그 불꽃 앞에 다양한 원소의 기체를 둠으로써 흡수선을 발견했다. 원소는 빛을 발산하면서 밝은 선을 만들어낼 뿐 아니라 배경광을 흡수해 스펙트럼에서 어두운 선을 만들어내기도 한다.

분젠과 키르히호프의 발견에 이르는 가장 까다로운 작업들은 분명 프라운호퍼가 해결했지만, 그는 원자와 원소의 개념을 몰랐던 터라 더 나아가지 못했다. '원소'는 1800년대 말이 되어서야 마침내 드미트리 멘델레예프가 작성한 주기율표로 정리되었다. 분젠과 키르히호프에게는 우주 차원에서의 연결 과제가 남겨졌다. 지구의 원소에는 분광 지문이 있었는데, 이 지문들을 태양의 스펙트럼에서도 볼 수 있었던 것이다.

실로 경악할 일이었다. 태양에 있는 원소가 지구에서 발견되는 원소와 같다니. 인류 역사상 최초로 지구의 화학이 지구 바깥에서도 작용한다는 것, 다시 말해 지구의 원소가 우주에도 존재한다는 것이 확인되었다. 지구의 화학이 태양의 화학으로 확장된 것은 무지개 연구를 통해 가능해진 화학 혁명의 시작에 불과했다.

분광학, 그리고 빛과 물질의 상호작용에 대한 이해는 유로파의 표면을 알아가는 과정의 핵심이다. 분광학이 가능한 이유는 화합물과 원자가 빛을 흡수하고 방출하는 파장이 그 원자와 분자의 구조와 직접 연관되기 때문이다. 원자 수준에서는 전자가 빛을 흡수하고 방출할 때 그 원자의 전자구름 안에서 에너지 수준이 올라가고 내려간다. 분자 수준에서는 서로 연결된 원자들이 빛을 흡수하고 방출할 때마다 각기 다른 방식으로 진동한다.

이것을 음파가 서로 다른 환경에서 흡수, 반사되는 방식에 비유해보자. 한 공간에서 특정 주파수의 소리가 다른 소리보다 더 잘 전달되는 상황을 경험한 적이 있을 것이다. 또 사람이 많은 식당에서 목소리의 높낮이를 조절해야 했거나, 친구의 목소리가 주변 환경에 묻혀서 들리지 않는 바람에 몸을 가까이 기울였던 적이 있지 않은가? 어떤 파장의 소리는 벽과 물체에 부딪혔을 때 튕겨 나오는 반면, 어떤 것은 흡수된다. 이것은 빛이 물질에 따라 그 물질을 통과하거나 튕겨 나오는 것과 비슷하다. 빛의 다양한 파장은 물질을 구성하는 원자의 전자, 그리고 원자를 화합물로 연결하는 결합과의 상호작용에 따라 그 물질에 흡수되거나 투과하거나 반사한다.

자, 지금까지 나는 눈에 보이는 파장을 가진 광자(이를테면 빨간색에서 보라색까지)의 분광학을 설명했다. 초창기 화학에서는 유일한 '탐지기' 또는 '감지기'가 인간의 눈이었기 때문이다. 프라운호퍼, 분젠, 키르히호프는 모두 스펙트럼에서 한 색깔이 다른 색보다 더 밝고 더 어두운지를 자신의 눈으로 판단했다. 가시광선을 이용한 분광법이 대단히 유용한 것은 틀림없지만 이는 전체의 일부에 불과하다.

스펙트럼의 적외선 영역은 화합물 및 한 물질의 분자 구조를 결정하는 데 특히 더 유용하다. 파장이 긴 이 광자는 분자 안의 원자 사이에서 발생하는 진동 에너지에 상응하는 에너지를 가진다. 따라서 적외선이 흡수되거나 방출될 때 어떤 분자(또는 적어도 분자의 종류)가 해당 적외선 스펙트럼의 선을 그렸는지 말할 수 있다. 소리의 비유로 돌아가보면, 음향 장치에서 베이스를 아주 크게 틀었을 때 물체가 파장이 긴 음의 진동에서 나오는 에너지를 흡수하고 방출하면서 진동하기 시작하는 것과 같다. 적외선이 분자 수준에서 비슷한 일을 한다. 분자는 각기 다른 파장의 적외선을 흡수하고 방출하면서 흔들리고 진동한다.

적외선은 1800년도에 천문학자 프레더릭 윌리엄 허셜이 영리한 방법으로 처음 발견했지만, 황화납 탐지기가 개발된 1940년대까지 적외선 분광학은 인기를 얻지 못했다. 허셜은 프리즘으로 만든 무지개에서 각 색깔 띠의 온도를 측정했는데, 빨간색 바로 바깥의 빛이 없는 구역에 둔 온도계 온도가 올라가는 것을 보고 그곳에 눈에 보이지 않는 '열' 빛이 있다고 추론했다.

오늘날에는 열 감지기부터 적외선 카메라, 리모컨, 보안 장비까지 다양한 제품에 적외선을 사용하므로 적외선이 낯설지 않다. 새로운 탐지기와 감지기 덕분에 인간은 자신에게 허락된 생물학적 감지 능력을 크게 초월하게 되었다. 비록 적외선을 '볼' 수는 없지만, 타고난 능력을 확장하는 카메라와 분광기와 같은 도구를 개발했다. 이런 도구가 망원경과 결합하여 유로파 같은 천체의 표면에서 얼음 형태의 물을 보게 해주었다.

얼음이 뒤덮은 세계

전자기 스펙트럼상에서 물의 행동은 상대적으로 단순한 분자로 이루어진 물질 치고는 다소 복잡하다. 기본적으로 가시광선 영역에서 액체나 고체 상태의 물은 투명하다. 다시 말해 물속을 들여다볼 수 있다는 말이다. 푸른색 빛을 제외하면 가시광선의 파장 대부분이 상대적으로 쉽게 물을 통과하거나 물 분자에 흡수된다. 그러나 푸른색 빛은 물 주위로 흩어지기 때문에 바다나 하늘의 색이 푸른 것이다.

고체인 얼음도 상당히 투명한 편이다. 그러나 얼음 결정이 작아지면 결정의 표면이 작은 거울이 되어 빛이 사방으로 튕겨 다니다가 우리 눈에 되돌아오는데, 그래서 눈이 하얀 것이다. 빛은 결정을 통과하지만 그 후에 반짝이는 샹들리에처럼 가장자리에서 튕겨 나오며 모든 색깔을 돌려보내기 때문에 우리 눈에 하얗게 보인다.

파장이 긴 적외선 영역으로 이동하면서 물은 훨씬 덜 투명해진다. 다시 말해 물은 적외선 광자가 쉽게 통과할 수 없다. 물의 구조, 그리고 산소와 수소 사이의 결합 간격과 강도 때문에 적외선 광자를 꽤 잘 흡수한다. 이러한 이유로 적외선 분광학은 얼음과 물을 연구하는 데 매우 유용하다.

1950년대 말, 러시아 천문학자 바실리 모로스는 자신이 크림반도에서 사용하던 망원경에 맞춰 제작한 적외선 분광기로 실험을 시작했다.[2] 처음에 그는 금성과 화성을 대상으로 삼았지만 1960년대 중반에는 최초로 목성의 가장 큰 위성들의 적외선 스펙트럼을 수집했다.

그가 본 것이 유로파를 흥미로운 빛의 반점에서 얼음으로 뒤덮인 세계로 탈바꿈시켰다. 모로스의 스펙트럼—그의 적외선 무지개—은 1.5와 2.0마이크로미터(1마이크로미터는 100만분의 1m)에서 두 개의 강한 흡수선을 보이면서 얼음 고유의 계단 형태의 그래프를 그려냈다(그림 3.2). 카이퍼 벨트로 유명한 행성과학자 제러드 카이퍼가 이 결과를 검증했고, 1970년대 초반에 보다 개선된 장비로 유로파, 가니메데, 칼리스토가 얼음에 싸인 위성임을 명확히 보였다. 갈릴레오가 이 위성들을 처음 발견하고 350년이 지나 마침내 이곳이 얼음으로 뒤덮였다는 증거를 갖게 된 것이다.

1970년대 말이 되면서 우리는 마침내 저 얼음을 가까이에서 보게 되었고 지구에서 측정한 분광 결과가 옳았음을 확인했다. 보이저 1호와 2호가 1979년 3월과 7월에 각각 목성을 근접비행했다. 접근해서 후퇴까지 걸린 총 시간은 2주에 불과했고, 칼리스토의 목성 궤도 안에서 머문 실제 시간은 약 65시간이었다(참고로 칼리스토는 목성의 대형 위성 중에서 가장 바깥에 있다. 가니메데, 유로파, 이오는 좀 더 가깝게 있고 목성 주위를 더 작게 돈다). 보이저호는 빠른 속도로 근접비행하며 목성과 목성의 위성에 대한 측정값과 사진을 잔뜩 보내왔다.

보이저 1호는 이오, 가니메데, 칼리스토에 아주 가깝게 날았지만 유로파는 근접 범위에 이르지 못했다. 가장 가까이 다가간 거리가 지구에서 달까지 거리의 2배 정도였다. 이 임무에서 가장 놀랄 만한 발견은 앞서 2장에서 설명한 것처럼 이오에 대한 것이었다. 이오의 이미지를 받자마자 우주선 항법 공학자인 린다 모라비토는 이오의 표면에서 이상한 '구름'을 발견했다. 모라비토의 연구팀은 이 구름을 이오에서 일어난 화산 폭발의 순간이 포착된 것으로 보았다.

이미지를 더 보정하자 돔 형태의 화산 기둥이 명확히 보였고 추

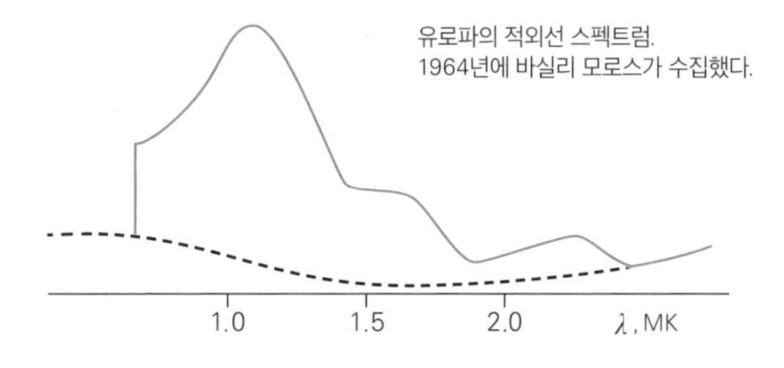

그림 3.2 러시아 천문학자 바실리 모로스가 1964년 10월 1일에 수집한 이 스펙트럼은 유로파의 표면을 처음으로 조사한 상세 스펙트럼이다. 1.5와 2.0마이크로미터 근처에서 골짜기가 나타나는 독특한 형태는 확실히 얼음의 특징이다(Moroz, V. I. (1966). "Infrared spectrophotometry of the Moon and the Galilean satellites of Jupiter." *Soviet Astronomy*, 9, 999의 표를 변형했음).

가로 받은 이미지에서도 유사한 기둥이 나타났다. 이오에서 화산이 폭발하고 있었던 것이다(사진 3). 실로 놀라운 발견이었다. 이 사진들은 필, 캐선, 레이놀즈가 보이저 1호의 근접비행 불과 며칠 전에 발표한 놀라운 예측을 검증했다. 이들의 생각은 며칠 만에 가설에서 사실로 바뀌었다.

보이저 1호의 데이터가 채 식기도 전에 보이저 2호가 근접비행에 성공했고 유로파 지표에서 20만 6,000km 안쪽으로 지나쳤다. 유로파의 갈라진 얼음 표면이 제대로 보였다. 이오의 화산 활동을 그토록 활발하게 만든 조석력이 유로파에서는 사방에서 십자 모양으로 갈라진 미로를 통해 제힘을 드러내는 것 같았다(사진 4). 삶은 달걀을 탁자에 대고 지긋이 손으로 누르면서 돌리면 껍데기에 금이 가는 것처럼, 유로파의 얼음껍질은 조석의 힘에 의해 눌리고 늘어난 세계의 이야기를 들려주었다.

이제 유로파가 얼음 지각으로 덮여 있는 이미지, 즉 시각적 증거를 확보했다. 저 사진들은 유로파에 충돌구가 거의 없다는 것도 보여주었다. 행성학자에게 이것은 지표가 젊다는 단서이다. 모종의 지질학적 활동이 소행성 충돌로 생긴 충돌구를 신선한 얼음으로 덧바르며 지워버린 것이다.

처음으로 과학계는 얼음 밑에 바다가 있을지도 모른다고 생각하기 시작했다.[3] 이후 조석과 조석 에너지가 제공한 이야기는 유로파에서 얼음으로 덮인 신선하고 어린 표면의 이미지와 스펙트럼을 결합해 그 아래 숨겨진 물의 가능성을 열어 보였다. 만약 조석력이 이오의 내부에서 뜨거운 용암을 만들어낸다면 같은 힘이 유로파의 얼음 지각 아래에 액체 상태의 물을 지속시킬지도 모른다.[4]

하지만 저 이미지들은 추가로 질문을 불러왔다. 왜 얼음의 균열이 적갈색인가? 왜 유로파의 어떤 지역은 다른 지역보다 붉은색이 더 짙은가? 유로파 표면에 다른 어떤 화합물이 있는가?

이 질문들에 답하려면 또 다른 탐사선이 필요했다. 이 탐사선은 유로파의 발견자인 갈릴레오의 이름을 물려 받았다.

1989년에 발사되어 1995년에서 2003년까지 목성의 궤도를 선회한 갈릴레오호는 외행성계에 속한 대형 행성의 궤도를 돌은 최초의 우주선이었다. 갈릴레오 이전에 갔던 4대의 우주선—보이저 1호와 2호, 파이어니어 10호와 11호—은 모두 더 먼 목적지로 가는 길에 목성 주위에서 스윙바이(다른 천체의 중력을 이용해 탐사선의 궤도와 속도를 조절하는 항법. 중력 슬링샷, 중력 도움, 플라이바이, 행성 근접 통과라고도 한다—옮긴이)를 시도하면서 잠깐 돌았을 뿐이다. 하지만 갈릴레오 탐사선은 거의 8년 동안 목성 시스템 주위를 맴돌았고 위성에 근접비행하면서 충격적인 이미지와 놀라운 데이터를 보내왔다(그림 3.3).

갈릴레오호의 임무에 대한 뒷이야기가 많이 있는데, 그중 일부는 다른 책에서 이미 언급된 적 있지만 아쉽게 아직까지 빛을 보지 못한 이야기도 있다. 정치적 혼란(1970년대와 1980년대의 NASA 예산 삭감), 국가적 비극(1986년 우주왕복선 챌린저호 사고), 그리고 우주선 자체의 공학적 문제(우주선의 커다란 안테나가 제대로 작동하지

그림 3.3 갈릴레오호가 1997년 12월에 찍은 유로파의 표면. 이 흑백 이미지의 폭은 약 1.6km이고 각 픽셀은 약 6m에 해당한다. 흰색으로 보이는 것은 모두 대개 얼음이고, 진회색과 검은색 지역은 유로파 표면에 전달되거나 쌓인 소금 또는 다른 물질일 가능성이 있다. 중앙에는 얼음 절벽이 있는데, 높이는 수십 미터 정도 되고 아마도 조석 활동으로 지형이 붕괴되고 상승하면서 형성되었을 것이다. 절벽 밑바닥의 어두운 물질은 그 아래에 있는 바다에서 온 것일 수 있다(사진 출처: NASA/JPL).

않음) 등 많은 난관을 분연히 이겨낸 담대한 임무였다. 여기에 탐사선에 장착한 분광계를 작동시키기까지의 어려움이 추가된다.

갈릴레오호가 싣고 다닌 여러 특별한 장비 중에 근적외선 분광 지도작성기NIMS가 있다. 이 기기의 목적은 목성과 그 위성의 조성을 알기 위해 스펙트럼을 수집하는 것이다. 결과적으로 NIMS는 유로파의 화학을 이해하는 데 결정적인 증거를 제시했지만, 하마터면 목성계로의 이동 과정에서 살아남지 못할 뻔했다.

현재는 은퇴했지만 당시 NIMS 담당자였던 제트추진연구소 과학자 밥 칼슨은 내 친구이자 멘토였고 지금도 그렇다. 밥은 겸손한 천재다. 그는 광자의 행동에 대한 놀라운 직감을 소유했는데 분광학자에게는 더할 나위 없이 훌륭한 자질이다.

NIMS는 빛을 수집해 0.7~5.2마이크로미터 범위의 파장에서 스펙트럼을 생성하도록 설계되었다. 적외선 영역에서는 파장이 약 1마이크로미터 이상이면 실험자가 수집하려는 광자와 기계 자체의 열에서 나오는 광자를 구별하기가 매우 어려워진다. 기계에서 나오는 열이 방해하지 않도록 일반적으로 기술팀은 기구의 열을 식혀 열 광자의 수를 줄이는 방법을 고안한다.

밥의 연구팀은 NIMS를 수동으로 냉각시키는 시스템을 설계했는데 기본적으로는 장비에서 나오는 열을 전도하여 우주로 방사하는 금속 화통이다. 정밀하고 가벼운 무동력 해결책이었다.

그러나 또 다른 문제가 있었다. 갈릴레오호는 1989년 10월에 플로리다에서 우주왕복선 아틀란티스에 실려 발사되었다. 플로리다는 비가 많이 오고 덥고 습기가 많은 지역이라 공기 중의 성가신 물 분자가 우주선 구석구석으로 몰래 들어가곤 했다.

발사된 우주선은 우주의 진공에서 일반적으로 '탈기degassing' 과정을 거치는데, 이때 틈새를 채우던 모든 분자가 우주선 밖으로 튕겨 나간다. 결국 수분은 다 사라지지만 시간이 걸린다. 만약 우주선에 아주 차가운 구역이 있다면 물기가 남아 있다가 얼음 막을 형성할 수도 있다. 이런 이유로 NIMS의 냉각 화통 때문에 장비의 렌즈나 다른 부분에 얼음이 낄 우려가 있었다.

연구팀은 렌즈에 성에가 끼는 것을 막기 위해 광학 기구와 냉각기용 덮개를 제작했고, 습한 공기가 유입되지 못하게 건조한 질소 기체를 발사 직전까지 시스템에 주입했다. 이렇게 하면 습기는 막을 수 있지만 덮개는 복잡해질 수밖에 없다. 탐사선이 완전히 우주로 진입한 후에 이 장치를 폭파시켜야 하는데, 그 과정에서 일이 틀어질 가능성이 있었다.

연구팀은 탐사선이 금성에서 스윙바이를 시도하기 몇 주 전에 '스퀴브squib'라는 작은 폭발 장치를 점화하여 덮개를 날려버릴 계획이었다. 항공우주 분야에서 스퀴브는 아주 믿을 만한 화려한 폭죽으로 모든 종류의 응용 분야에서 밸브를 풀거나 작은 동작을 수행할 때 사용된다.

스퀴브를 점화할 시점이 되자 밥 연구팀은 갈릴레오호에 명령을 보낸 다음 NIMS의 온도가 떨어지길 기다렸다. 덮개가 사라지면 냉각 시스템이 작동하게 되어 있었다.

그러나 아무 일도 일어나지 않았다.

팀은 기다리고 기다리고, 또 기다렸다.

여전히 변화는 없었다.

팀은 문제의 원인을 알아내려고 분투했다. 이런 복잡한 과제에서는 잘못될 수 있는 일이 수천 가지도 넘는다. 생각할 수 있는 모든 가능성에 대해 미처 생각하지 못한 문제가 수십 가지씩 딸려온다.

결국 팀은 냉각 화통의 금속이 가열되면서 살짝 뒤틀리는 바람에, 꽉 닫은 유리병의 뚜껑처럼 덮개가 걸렸다는 결론을 내렸다. 연구팀은 갈릴레오호에 기기의 난방장치를 끄라고 명령한 다음 이 금속 덩어리가 우주에서 기적처럼 명령을 수행하길 기다렸다. 난방장치가 꺼지고 화통이 식자 그제야 뚜껑이 튕겨 나갔다. 이 과제의 모든 참여자, 특히 밥에게는 천만다행으로 NIMS는 업무에 복귀했다. 이제 분광계는 안전하게 목성으로 이동하면서 위대한 발견으로 가는 경로를 기록했다.

난해한 적외선 무지개

모로스가 처음 유로파의 스펙트럼을 수집하고 약 40년 뒤에 갈릴레오호는 목성의 궤도를 돌면서 훨씬 가깝고 좋은 지점에서 포착한 스펙트럼을 보내오기 시작했다. 유로파 표면에서 작은 특징들의 스펙트럼까지 수집할 수 있는 장비 덕분에 유로파 화학에 대한 새로운 해석이 가능해지기 시작했다. 스펙트럼의 선은 지도의 해안선과 같다. 세세한 부분까지 자세히 알고 더 많이 확대할수록 그 경관에 대해 잘 알 수 있다. 한 스펙트럼의 모든 부분에 빛을 흡수하고 방출하는 화합물의 이야기가 담겨 있다. 갈릴레오호가 유로파를 근접비행하면서 NIMS는 세부 내용이 담긴 스펙트럼을 수집했다.

무엇보다도 NIMS 데이터는 앞선 관찰에서 물로 된 얼음이라고 보았던 부분을 검증했다. 이것은 중요하긴 하지만 이미 예견한 부분이므로 놀랍지는 않았다. 그러나 스펙트럼에서 더 세밀하게 다듬어진 특징들이 유로파의 새롭고 흥미로운 화학적 특성을 보여주었다. 이 새로운 스펙트럼으로 인해 유로파 표면의 조성을 둘러싼 긴 논쟁이 시작되었다.

갈릴레오호와 보이저호가 보낸 이미지는 유로파의 표면 대부분에서 작은 얼음 알갱이와 일치하는 밝은 흰색을 포착했지만, 많은 구역이 분명 얼음은 아닌 누렇고 붉은 갈색이었다(사진 5, 6). 이 물질은 아래에 바다가 있을지도 모르는 얼음껍질의 균열이나 기타 특징과 연결되는 것처럼 보였다. 이런 이유로 일부 과학자는 사진 속 노르스름한 적갈색 물질이 바다에 녹아 있던 소금이나 다른 화합물이 표면으로 분출한 것이라고 주장했다.

이 물질의 조성을 더 자세히 조사하기 위해 NIMS 팀은 유로파 표면의 다양한 장소에서 스펙트럼을 수집했다. 데이터는 이 짙은 색의 '얼음 아닌' 물질이 주로 황산염이라고 밝혔다. 황산염은 황 원자 하나에 산소 원자 4개가 연결된 화합물이다.

황산염은 지구의 모든 장소에서 발견된다. 사람들은 심지어 황산염을 푼 뜨끈한 물에서 목욕을 즐기기도 한다. 약국에서 구입해 욕조에 푸는 엡섬 소금은 황산 마그네슘 $MgSO_4$ 결정인데, 황산에 마그네슘이 결합해 형성되는 이 소금은 지구에서 찾아볼 수 있는 황산염의 한 예이다.

또 다른 훨씬 덜 바람직한 예는 황산이다. 황산 H_2SO_4은 황산염에 수소 원자 2개가 결합된 화합물로 대단히 유독하고 부식성이 강하다.

흥미롭게도 유로파에서 측정한 NIMS 스펙트럼과 일치하는 가장 유력한 두 후보가 황산 마그네슘과 황산이었고 그건 지금도 마찬가지다. 이 두 물질의 차이와 각각의 영향력은 매우 크다. 만약 유로파 얼음 위의 노란 물질이 엡섬 소금이라면 얼음 밑의 짠 바다에서 왔을 가능성이 크고 그것은 굉장히 신나는 발견이 될 것이다. 황산 마그네슘은 지구의 바다는 물론이고 다양한 온천과 그 밖에도 물과 바위가 흐르고 섞이는 지표 환경에서 발견된다. 유로파의 얼음 표면에서 엡섬 소금을 본다는 것은 염분기 있는 바닷물이 용승했다가 소금을 가둔 채 표면에서 얼었다는 뜻이다. 얼음껍질은 그 아래에 있는 바다의 화학을 보여주는 창이 될 것이다.

반면, 유로파의 표면에 있는 물질이 황산이라면 아래쪽에 짠 바다가 있다는 이야기는 더 이상 이 스펙트럼으로 설명되지 않는다. 황산은 이오의 화산에서 분출된 황이 우주를 통과해 유로파까지 갔고 거기에서 표면의 얼음을 폭격한 다음 (황이 얼음과 섞여서) 황산으로 가공되었다는 뜻이다. 그 역시 흥미로운 발견이기는 하다. 유로파의 황산이 사실은 이오의 화산이 분출한 황으로 만들어졌다니, 이럴 수가! 그러나 그것은 지하 바다에 대한 증거가 되지는 못한다.

안타깝게도 갈릴레오호가 보낸 스펙트럼은 어떤 가설이 옳다 그르다 확정할 만큼 자세하지 못했다. 대부분의 데이터를 해석할 때 소금이 꼭 필요한 것은 아니지만, 균열이 일어난 지역을 포함해 바다에서 수면으로 올라온 물질을 상상할 수 있는 지역에서 수집된 일부 스펙트럼은 소금과 더 잘 맞아떨어졌다. 동료이자 제트추진연구소 연구자인 브래드 돌턴과 짐 셜리는 이 문제를 주의 깊게 조사했고 엡섬 소금과 같은 황산염이 NIMS의 스펙트럼 일부를 설명하는 데 필요하다는 결론을 내렸다.

그러나 NIMS의 세세한 부분까지 모두 꿰고 있는 밥 칼슨은 데이터의 확대 해석에 매우 조심스러운 태도를 보였다. 황산 역시 현재 가진 데이터를 훌륭하게 설명하며, 더 나은 설명을 위해 굳이 소금을 섞지 않아도 된다. 바다의 소금이라는 비범한 주장은 현재까지 주어진 분광 증거로는 충분히 뒷받침되지 않는다. 소금 대 황산 논쟁은 지난 20여 년 동안 해결되지 않은 채 갑론을박이 오갔다. 아마도 새로운 장비를 갖춘 다른 우주선을 보낼 때까지 끝나지 않을 것이다.

그러나 한 가지 큰 진전이 있었다. NIMS가 제작된 후 수십 년 동안 지구와 우주에 설치된 망원경—허블 우주 망원경 같은—과 그 망원경을 사용하는 분광계의 성능이 훨씬 좋아졌다. 이 신식 장비를 사용한 최근 연구가 유로파 표면에 소금이 있다는 훌륭한 증거를 찾아냈다.

캘리포니아 공과대학에 교수로 있는 동료이자 명왕성을 죽인 사람으로도 잘 알려진 마이크 브라운과 나는 그의 학생들과 함께 하와이 켁 천문대에 있는 대형 망원경으로 유로파 표면의 새로운 스펙트럼을 포착했다. 켁 천문대의 망원경들은 1970년대 말 갈릴레오호와 NIMS가 제작된 이후로 분광학이 얼마나 발전했는지 보여주는 놀라운 증거이다. 켁의 지름 10m짜리 거울, 적응광학(대기에 의해 왜곡된 빛의 파면을 실시간으로 보정해 성능을 향상시키는 시스템—옮긴이), 그리고 분광계를 사용해 우리는 NIMS가 수집한 것보다 40배나 자세한 스펙트럼을 얻었다. 이 스펙트럼에는 과거에 본 적 없는 선이 포함되어 있는데, 우리는 이 새로운 선의 일부가 소금 때문이라고 생각한다. 얼음 밑 바다에서 온 게 분명한 소금 말이다.

그 연구에 이어서 마이크의 뛰어난 대학원생 서맨사 트럼보는 허블 우주 망원경을 사용해 유로파의 스펙트럼을 주도적으로 수집했다. 유로파의 스펙트럼이 실험실에서 염화나트륨을 조사했을 때 나타난 특정한 흡수 패턴을 보이는지 확인하는 게 목적이었다. 염화나트륨은 지구의 바다에서 가장 풍부한 염분이다. 염화나트륨은 식용 소금으로 쓰이고 보통 흰색이다. 그러나 유로파의 표면에서 흔히 일어나는 강한 전자 폭격이 가해지면 소금은 황갈색으로 변하면서 특유의 분광 지문을 생성한다. 역시나, 허블 망원경의 데이터를 입수하고 스펙트럼을 조사한 트럼보는 우리가 실험실에서 얻은 것과 일치하는 결과를 얻었다. 그 데이터를 달리 해석하기는 어려웠다. 따라서 나는 이제 유로파의 표면에 염화나트륨이 있다는 것을 알게 되었다고 생각한다. 그 소금은 아래에 있는 바다에서 온 것이다. 어쩌면, 아니 아마도 그 소금에 바닷속 생명체의 유해가 섞여 있을 거라는 생각은 늘 나를 즐겁게 한다.

• • •

1800년대 중반에서 1900년대 중반까지 등장한 분광학 및 여러 기술의 힘으로 천문학은 엄청난 변화를 겪었다. 망원경을 통해 오직 자신의 눈으로 관찰하는 대신 천문학자들은 이제 목표물의 이미지, 그리고 최종적으로는 스펙트럼을 수집할 수 있게 되었다.

350년간이나 유로파는 목성 주위를 도는 하나의 밝은 점에 불과했다. 1610년에 갈릴레오가 이룩한 위대한 발견 이후 천문학자들이 목성의 위성을 세심하게 관찰해왔지만 그 조성은 알아내지는 못했다. 그러나 적외선 분광계라는 강력한 도구를 사용해 모로스와 카이퍼, 그리고 다른 이들이 유로파에 바다가 있음을 증명하는 첫 번째 퍼즐 조각을 찾아냈다.

분광학 덕분에 과학자들은 유로파의 표면이 얼음으로 만들어졌다는 확신을 갖게 되었다. 이 레인보우 커넥션은 외계의 바다를 발견하는 최초의 도약이었다.

4장

탐사선의 베이비시터

베이비시터는 항상 아이들을 지켜본다. 그리고 운이 좋으면 아이들이 저지를 일에 대한 감을 키울 수 있다. 아이는 늘 집안을 뛰어다니고 장난감을 어지르며 놀고 가구에 부딪히거나 음식을 엉망으로 만든다. 하지만 베이비시터가 만반의 준비를 하더라도 아이의 돌발 행동까지 예측할 수 있는 건 아니다.

탐사선도 마찬가지다. 첫째, 탐사선도 베이비시터가 필요하다. 둘째, 탐사선도 늘 예상한 대로 행동하는 건 아니다. 다만 가끔은 그런 예측 불가한 행동이 아주 바람직한 결과로 이어진다.

바다세계 퍼즐의 첫 번째 조각이었던 분광 관측은 유로파 표면에서 얼음의 존재를 드러냈다. 그러나 이것은 어디까지나 수박 겉핥기에 불과하다. 적외선 분광학은 유로파 표면의 약 100마이크로미터 아래까지만 감지할 뿐, 두꺼운 얼음을 뚫고 그 밑에 무엇이 있는지는 알려주지 못했다. 겉에만 얇은 얼음이 덮고 있고 그 밑에는 단단한 바위가 자리 잡고 있는지도 모를 일이다.

표면의 아래까지 보려면 베이비시터가 아기를 돌보듯 탐사선을 잘 지켜봐야 한다. 지구에서는 커다란 안테나로 갈릴레오호를 주의 깊게 추적함으로써 유로파의 중력을 측정했다. 중력 측정은 유로파 내부 상태를 드러내는 데 일조한, 퍼즐의 두 번째 조각이다. 이 측정은 어떻게 이루어졌을까? 또 '중력 측정'이란 무엇인가?

중력은 공간의 모양에 대한 계량이다. 공간의 모양은 질량에 따라 결정된다. 한 물체가 우주를 통과할 때 물체의 경로, 즉 궤적은 공간의 형태에 따라 결정된다. 굴곡 있는 골프장을 구르는 골프공처럼, 우주선은 태양계를 통과하며 태양, 행성, 위성이 굴곡진 계곡을 이루는 경관을 지난다.

공간의 모양과 중력을 설명할 때 곧잘 사용되는 비유로는 침대 매트리스 위의 볼링공이 있다. 항성, 행성, 위성과 같은 거대한 물체는 중간이 움푹 꺼진 매트리스처럼 중력 우물을 만든다. 무거운 볼링공이 만든 우묵한 경사를 타고 구슬이 굴러가듯, 중력 우물도 물체가 그쪽으로 빨려가게 한다. 은하, 블랙홀, 항성, 행성처럼 우주의 거대한 물체는 시간과 공간의 형태를 휘어버린다. 우리가 경험하는 중력은 이런 공간 뒤틀림의 결과이다. 중력이 공간과 시간을 변형한다는 개념은 아인슈타인과 상대성이론으로 거슬러간다. 상대성이론은 중력과 공간의 모양을 연결한 이론이다. 아인슈타인

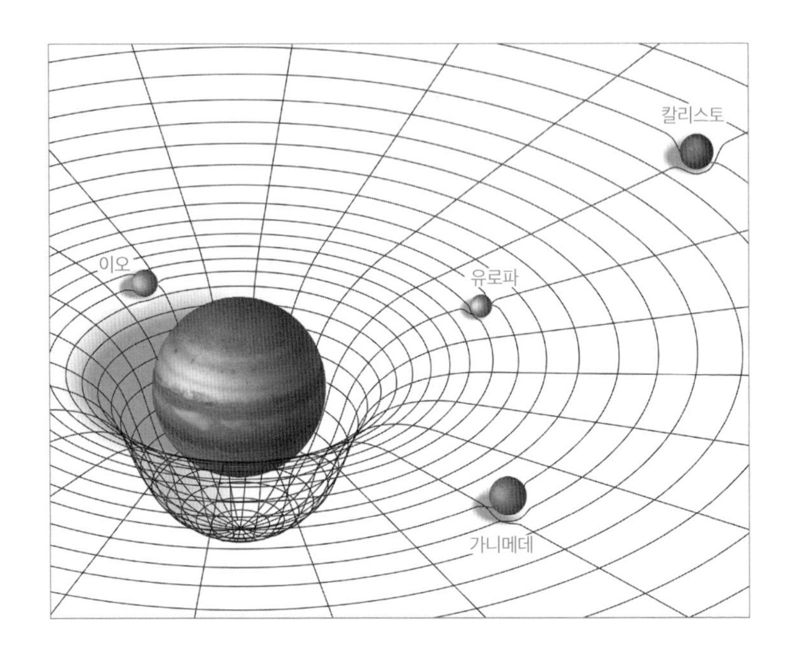

그림 4.1 태양계 내 공간의 형태와 다양한 천체가 만드는 중력 우물. 항성, 행성, 위성과 같은 거대한 물체는 중력 우물을 생성하며 공간의 모양을 틀어지게 한다. 중력 우물은 우주의 틀에 존재하는 디보트(골프장에서 잔디가 팬 자국)로 상상할 수 있다. 태양계 전체에서 태양은 중심에 가장 큰 중력 우물을 만들고 그 주위를 행성과 위성이 형성한 작은 우물이 돌고 있다.

의 위대한 통찰 이후로 100년이 흐른 오늘날, 놀랍게도 과학은 중력파를 측정하고 블랙홀의 이미지를 찍고 있다. 둘 다 질량과 중력, 우주의 구조 사이의 연관성을 증명한다.

그러나 이 책의 이야기와 유로파 바다의 미스터리는 훨씬 작은 규모에서 일어난다. 우리 동네 태양계에서는 태양이 시공간에 하나의 커다란 중력 우물을 파놓았다. 행성은 태양의 중력 우물을 공전하는 더 작은 우물을 생성한다. 그리고 위성은 행성이 만든 우물을 공전하는 더 작은 우물을 만든다. 그렇게 규모는 계속 작아진다. 심지어 소행성과 혜성도 나름의 소형 우물을 만들며 시공간에 복잡한 질감을 더한다(그림 4.1). 이 이야기에서 우리는 먼저 갈릴레오호가 유로파의 중력 우물에 도달하기 전에 수많은 중력 우물을 타고 오르내리며 항해한 경로를 따라간다.

아기

이 베이비시터 비유에서 돌봄의 대상인 아기는 갈릴레오호다. 당신이 갈릴레오호에 올라탔다고 가정해보자. 갈릴레오호는 목적지까지 가는 길에 마주치는 다양한 중력 우물을 지나쳐야 한다. 맨 처음 빠져나와야 하는 중력 우물은 지구의 것이다. 갈릴레오호는 우주왕복선 아틀란티스에서 발사되었고 화물칸에 실려 있다가 다른 엔진을 점화해 지구 밖으로 내보내졌다.

지구의 중력 우물을 벗어나자마자 당신은 태양이 만든 훨씬 큰 중력 우물 안에 있다는 걸 체감한다. 태양의 반대편으로 이동하려고 그 우물에서 동체를 끌어올려 밖으로 빠져나오는 데는 아주 많은 추진력이 필요하다. 이제껏 지구에서 빠져나오느라 올라온 것은 한낱 언덕이었음을 깨닫는다.

태양의 우물은 어지간히 깊어 목성으로 곧장 이동할 수 없다. 로켓의 연료가 그만큼 넉넉하지 않기 때문이다. 대신 영리한 기술팀은 태양, 금성, 지구의 중력 우물을 활용할 방법을 생각해냈다. 갈릴레오호는 태양을 등지는 대신 반대로 태양을 향해 이동한다. 이때 우주선은 가속을 받는다. 중력의 관점에서 보면 내리막길을 내려가고 있기 때문이다.

동시에 당신은 금성의 뒤를 따라간다. 금성은 태양 주위로 빠르게 움직이고 있고 이제 당신이 탄 우주선을 끌어당긴다. 금성의 우물이 제 쪽으로 우주선을 잡아당기기 때문에 우주선은 속도가 빨라지면서 스윙바이를 통해 태양에서 멀리 벗어날 에너지가 쌓인다. 갈릴레오호는 목성으로 가는 길에 세 번의 스윙바이를 시도했다. 한 번은 금성에서 두 번은 지구에서.

하지만 일단 목성 가까이 가면 목성의 중력 우물에 빠져들기 시작한다. 태양의 중력은 목성의 영향력을 이기지 못해 뒷전으로 밀려나고 우주선은 목성의 우물에 갇힌다. 목성을 공전하면서 이오, 유로파, 가니메데, 칼리스토 등 대형 위성에서 근접비행할 때마다 당신은 중력이 만든 요철을 느낀다. 비록 이 위성들은 목성에 비하면 크기가 턱없이 작지만 공간의 형태를 일그러뜨리기엔 충분하다.

이 위성들은 태양계의 다른 위성에 비하면 큰 편이지만 목성을 둘러싸는 중력의 틀에서는 미세한 잔디 자국, 디보트를 만들 뿐이다. 이 작은 디보트가 목성을 공전한다. 갈릴레오호가 위성에 아주 근접하면 위성이 만든 작은 중력 우물의 영향력을 느낀다. 러시아 인형 마트료시카처럼 위성의 중력 우물은 그보다 큰 목성의 우물 안에 있고, 또 목성의 우물은 태양이 만든 더 큰 우물 안에 들어 있다(태양의 중력 우물 역시 우리은하, 그리고 수천억 개 은하로 구성된 우주의 중력 구조에서 보면 미세한 구멍에 불과하다).

유로파의 중력 우물을 확대하면 목성과의 사이에서 한쪽 방향으로 살짝 뒤틀리고 길어진 것을 알 수 있다. 목성과 연결하는 선을 따라 유로파가 살짝 늘어나 있기 때문이다. 앞에서 보았듯이 공전주기와 자전주기가 일치하는 유로파는 조석의 측면에서 목성에 '고정'되어 있는데, 그 말은 목성을 향해 항상 같은 면을 보인다는 뜻이다. 또한 유로파는 축을 중심으로 자전하므로 살짝 짓눌린 타원 형태이다. 이 형태는 자전하는 모든 행성과 위성에서 상당히 흔한 특징이다. 심지어 지구도 살짝 눌린 형상이다.

유로파의 질량과 타원 모양이 중력 우물의 형태를 좌우한다. 덧붙여 유로파 내의 질량 분포도 우물에 영향을 미친다. 다시 말해 유로파 내부에 밀도가 다른 층이나 구역이 있다면 그 변이가 중력 우물의 모양에 영향을 준다는 말이다. 이는 대단히 중요한 사실이며 안타깝게도 매트리스 위의 볼링공 비유가 소용없게 되는 지점이다. 크기와 무게가 같은 볼링공 두 개를 매트리스 위에 올려놓으면 설사 내부의 조성이 다르더라도 매트리스에 생기는 자국은 동일하기 때문이다. 가령 한 볼링공의 중심은 철로 된 무거운 코어가, 주변은 아주 가벼운 플라스틱이 둘러싸고 있고, 다른 볼링공은 한 가지 물질이 균일한 밀도로 되어 있다고 해보자. 그렇더라도 매트리스에 만든 우묵한 모양은 똑같을 것이다. 그러나 중력은 그렇지 않다. 중력 우물의 모양은 내부 물질의 밀도 변이에 영향을 받는다.

이 말은 갈릴레오호에 탑승한 당신이 유로파를 지나칠 때 유로파의 중력이 잡아당기는 힘에 차이를 느낀다는 뜻이다. 이 변이가 중력 우물을 통과하는 우주선을 미세하게 가속하거나 감속한다. 우주선이 경험하는 각각의 작은 변화가 곧 유로파 내부 구조에 관한 정보로 역추적된다는 뜻이다.

이 작지만 놀라운 사실을 반복해서 강조하자면, 유로파 같은 천체의 질량, 밀도, 내부 구조는 그 천체가 형성하는 중력 우물의 구체적인 특징을 결정하고 그것이 그 주위에서 가깝게 도는 우주선의 움직임에 영향을 준다. 따라서 우주선(갈릴레오호)이 보내는 신호를 세심하게 추적한다면, 그 경로를 재구성하여 해당 천체(유로파)의 내부 구조를 알아낼 수 있다.

탐사선의 위치와 속도를 세심하게 추적하는 것이야말로 뛰어난 기술자와 과학자가 수많은 임무를 수행하며 해왔던 일이다. 이들은 심우주통신망DSN을 사용해 탐사선의 뒤를 정확히 쫓는 베이비시터의 직무를 수행할 수 있었다. DSN은 전파망원경 3대가 한 세트로 기능하여 탐사선이 보내는 신호를 받는다. DSN의 위치는 캘리포니아의 바스토, 스페인의 마드리드, 오스트레일리아의 캔버라로, 지름 70m의 전파 접시가 서로 경도 120° 간격으로 설치되어 적어도 한 전파망원경에서는 언제나 우주선의 신호를 수신하거나 송신한다.

탐사선이 DSN에 보낸 신호로 탐사선의 위치와 속도를 결정할 수 있다. 탐사선의 위치는 신호가 탐사선을 떠난 시각을 보고 파악한다. 이 정보는 탐사선 안에 설치된 시계가 데이터 전송 시 입력하는 시각으로 제공된다.

이 '시계'는 종종 초정밀 진동자USO로 구성되는데, 우주선이 발사되기 전에 설정되어 임무 수행 기간 내내 발생하는 모든 사건에 대한 신뢰할 만한 시간 기록을 제공한다. 이것은 대단히 중요하다. 유로파는 지구에서 가장 가까울 때의 거리가 6억 3000만 km이다. 유로파 옆에서 날고 있는 탐사선이 보낸 신호가 지구까지 전송되는데 36분에서 53분 정도 걸린다. 탐사선의 시계와 시간을 동기화해야만 언제 어디서 데이터 전송이 이루어졌는지 정확히 알 수 있다.

탐사선의 속도, 그리고 중력 우물의 모양 때문에 달라지는 속도 변화는 데이터를 전송하는 신호의 파장을 세심하게 추적하여 측정할 수 있다. 갈릴레오호와 지구가 DSN을 통해 교신하는 빛의 파장은 13cm, 주파수는 2.3GHz이다(전파는 종종 주파수 대역의 일종인 S밴드의 일부로서 언급된다).

탐사선이 유로파 같은 천체에 근접비행할 때, 천체의 질량 분포와 중력 우물의 모양에 따른 구조가 탐사선을 가속하거나(다가오고 있을 때) 감속한다(근접비행을 마쳤을 때). 따라서 가속도의 미묘한 변이가 탐사선의 속도를 달라지게 하며, 탐사선이 신호를 전송하고 있다면 그 신호는 속도 변화 때문에 아주 조금씩 늘어나거나 줄어든다. 이것이 빛의 도플러 효과인데, 물리학과 천문학의 각종 유용한 지점에서 등장한다.

갈릴레오호의 경우 제트추진연구소의 존 앤더슨 박사가 이끄는 연구팀이 담당하여 탐사선이 유로파에 근접비행할 때마다 전달하는 신호의 도플러 효과를 측정했다. 모든 근접비행이 측정에 유용한 것은 아니므로 갈릴레오호의 임무 기간 내내 측정이 길고도 치밀하게 진행되었다. 놀랍게도 앤더슨 연구팀은 탐사선의 속도 변화를 초당 몇 밀리미터의 수준까지 측정했다. 상세한 측정값을 손에 넣은 후 연구팀은 수학적으로 거침없이 달렸다. 중력 측정 결과와 유로파의 크기 및 평균 밀도에 관한 기본적인 매개변수와 함께 연구팀은 유로파의 관성모멘트를 알아낼 수 있었다. 관성모멘트를 밝힌 것은 유로파의 내부 구조를 파악하는 데 있어서 괄목할 진전이었다.

한 물체의 '관성모멘트'는 실체보다 신비롭게 들리는 경향이 있지만, 실제로는 회전하는 물체의 관성—동작의 변화에 대한 저항—을 말한다. 관성모멘트는 자전거 바퀴에서 자전하는 위성까지 모두 적용된다.

'모멘트'라는 용어는 회전축에서 떨어진 거리에 적용되는 힘을 말한다. 레버(손잡이)를 생각해보자. '모멘트 암'을 '레버 암'으로 지칭하기도 한다. 관성모멘트도 레버와 비슷한 발상이지만, 회전하는 물체의 중심에서 서로 다른 지점에 있는 모든 질량을 포함한다. '모멘트 암'이라는 용어는 녹슨 볼트를 풀려고 렌치를 잡아당길 때 필요한 힘을 설명하기도 한다. 예를 들어, "렌치가 너무 짧네. 이 볼트를 풀려면 모멘트 암이 더 커야 해. 더 긴 렌치 있니?"처럼 말이다. 한편 '관성모멘트'라는 말은 물체의 회전을 늦추거나 가속할 때 필요한 노력을 말할 때도 쓰인다. 예를 들어 "아이들이 가득 탄 회전목마의 속도를 늦추려고 하지 말아요. 관성모멘트가 너무 커서 자칫 당신이 다칠 수 있으니까!"처럼.

유로파처럼 회전하는 천체의 관성모멘트는 유로파 내부 각 층에 적용되는 관성모멘트를 합친 것이다. 유로파를 양파처럼 여러 겹으로 이루어진 물체라고 생각해보자. 각 층은 서로 다른 물질로 만들어졌고 각각 고유한 관성모멘트가 있다. 각 관성모멘트 값은 해당 층의 질량 M과 유로파의 중심에서 그 층까지의 반경 거리 R로

정의된다.

속이 빈 구체를 둘러싸는 껍데기(이를테면 양파의 한 겹, 유로파 내부의 한 층)의 관성모멘트를 수학적으로 표현하면 $0.66 \times MR^2$이다. 이와 비교해 동일한 질량 M이 반경 R인 구 전체에 균일하게 분포되어 있다면 그때의 관성모멘트 값은 $0.4 \times MR^2$이다. 여기에서 주목할 점은 MR^2은 같지만 껍데기의 계수 0.66과 구체의 계수 0.4가 다르다는 것이다. 즉 속이 빈 구의 관성모멘트가 속이 꽉 찬 구의 관성모멘트보다 크다. 직관적으로 생각해도 쉽게 이해할 수 있다. 회전 중인 무거운 타이어는 같은 질량의 회전 중인 원반보다 속도를 늦추기가 어려운데, 원반은 중심 가까이에 있는 질량이 타이어보다 더 많기 때문이다. 따라서 회전하는 원반의 관성모멘트가 회전하는 타이어보다 더 작은 것이다.

그렇다면 유로파는 어떤 상태인가? 심우주통신망과 갈릴레오호를 사용한 세심한 중력 측정 결과 유로파의 관성모멘트는 $0.346 \times MR^2$의 값으로 나왔다. 여기에서 M은 유로파의 총 질량이고 R는 반지름이다. 여기에서 눈여겨볼 것은 계수인 0.346이다. 그것은 구체 껍데기의 계수보다 작다. 그게 무슨 뜻일까? 유로파는 속이 빈 거대한 구가 아니라는 말이다. 놀랄 건 없다. 어차피 껍질만 있는 천체란 물리적으로 말이 안 되니까. 그러나 유로파가 전체적으로 동일한 물질로 채워진 구체일 수 있으므로 0.4라는 값이 불가능한 것은 아니다. 그럼에도 측정 결과 유로파의 계수가 이보다 현저히 낮다는 것은 유로파의 밀도가 전체적으로 균일하지 않다는 뜻이다.

다시 말해 유로파에는 밀도가 다른 층이 여러 개 있다는 뜻이다.

왜 계수가 0.4보다 작다는 것이 유로파 내부가 여러 겹으로 되었다는 뜻인지 이해하기 위해 M과 R이 유로파의 총 질량과 반지름을 가리킨다는 사실을 다시 한번 강조하겠다. 만약 유로파처럼 서로 다른 물질이 여러 겹을 이루는 천체가 있다면 각 층은 고유의 질량 m과 반지름 r을 가지며 각 층에 대한 관성모멘트 값 역시 위에서 설명한 대로 계수가 0.66일 것이다. 이때 개별 층의 값을 모두 합치면, $0.66m_a r_a^2 + 0.66m_b r_b^2 + 0.66m_c r_c^2 + \cdots$ 가 된다(아래 첨자 a, b, c는 각 층을 나타낸다). 가장 바깥층을 예외로 하고 안쪽 층의 반지름은 전체 반지름 R보다 작아야 한다. 예를 들어 r_b가 전체 반지름의 절반이라면 $r_b = R/2$이다. 이제 위의 식에 r_b 대신 $R/2$를 넣으면 제곱했을 때 1/2이 1/4로 된다. 0.66을 4로 나누어 계산하면 원래의 $0.66m_b r_b^2$는 $0.16m_b R^2$로 다시 쓸 수 있다. 다시 말해 각 층의 반지름과 질량은 전체 반지름과 질량의 일부분만 차지하므로 결국 총 관성모멘트는 물질이 균일하게 채워진 구체의 0.4 값보다 더 작아지는 것이다. 일단 총 관성모멘트 값을 측정하게 되면 이 등식을 사용해 천체의 내부 구조에 대한 다양한 모델을 세울 수 있다.

유로파의 관성모멘트 계수가 0.346이라는 것을 알았기 때문에 이제는 유로파 내부의 각 층에 대한 모델을 구축하고 다듬을 수 있다.

첫째, 내부가 두 겹으로 이루어진 모델이 유로파의 총 관성모멘트 값을 설명할 수 있을까? 한마디로 답하면, 그렇지 않다. 두 겹이면서 0.346이라는 값을 가지기는 쉽지 않다. 두 겹짜리 위성은 핵과 바위 맨틀로 구성되는데, 둘 다 상대적으로 밀도가 높다. 핵과 맨틀의 밀도와 반지름을 다양하게 설정해보더라도 여전히 관성모멘트 값은 0.346보다 높게 나온다. 직관적으로 보아도 그런 것이, 밀도가 크게 다르지 않은 두 물질로 구성된 두 겹짜리 천체라면 어차피 한 물질이 균일하게 들어찬 구체의 값에 가깝게 접근할 것이기 때문이다.

그런데 여기에 세 번째 층, 특히 밀도가 낮은 물질로 된 층을 추가하면 0.346의 값에 가까워진다. 약 3g/cm^{3}의 밀도를 가진 바위층 위에 약 1g/cm^{3}의 밀도를 가진 물질을 올리고, 중심에 철분이 풍부한 고체의 핵이 있다고 가정하면 0.346×MR^2의 관성모멘트를 얻을 수 있다.

1g/cm^{3}인 물질로 된 바깥층에 무엇이 있을까? 얼음이든 액체든 물은 밀도가 약 1g/cm^{3}이고 저밀도 바깥층을 가장 잘 설명할 수 있다. 단, 중력 측정은 물과 얼음의 밀도를 구분할 만큼 민감하지는 않다.

요약하면 철분이 풍부한 반경 약 600km의 핵, 그 바깥에는 반지름 약 800km의 바위로 된 맨틀, 마지막으로 그 위에 100~200km의 두께로 물이 바깥층을 이루는 유로파의 3겹 모델이야말로 0.346 값에 가장 잘 들어맞는다(그림 4.2).

갈릴레오호를 세심하게 추적함으로써—우주선이 유로파에 근접비행할 때 꼼꼼히 관찰하고 모든 미세한 변화를 측정함으로

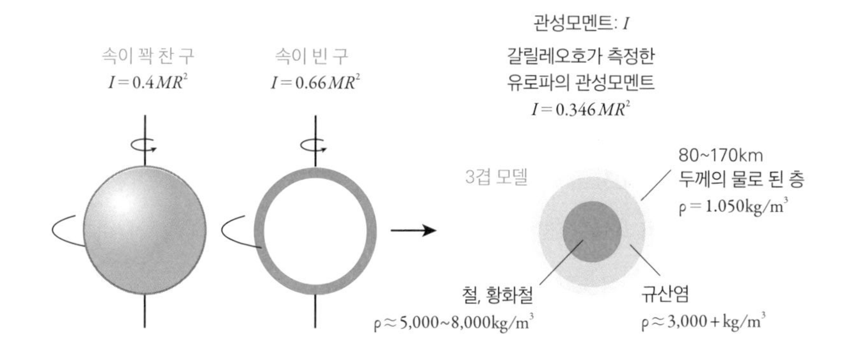

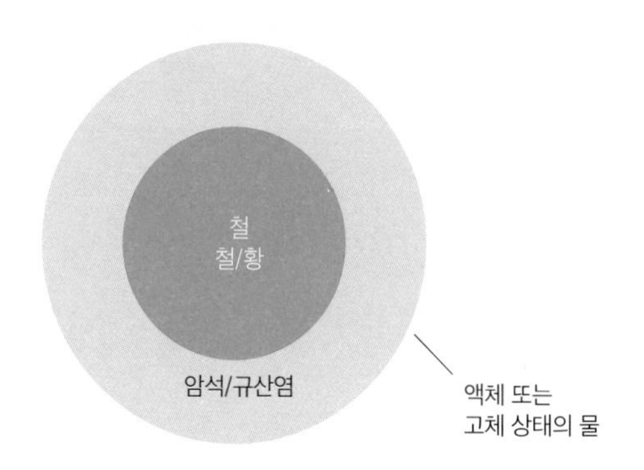

그림 4.2 유로파의 관성모멘트에 따르면 유로파에서는 밀도가 높은 철분으로 이루어진 핵을 그보다 밀도가 낮은 암석층이 둘러싸고, 그 위에 고체(얼음) 또는 액체(바다) 상태로 80~170km 두께의 물이 감싸고 있다. 중력 측정으로는 액체 물의 밀도(약 1.00g/cm^3)와 얼음(약 0.920g/cm^3)을 구분할 수 없다.

써—연구팀은 유로파의 관성모멘트 값을 결정할 수 있었고, 궁극적으로 내부 구조의 조건을 한정해 유로파는 약 80~170km의 물로 이루어진 층이 있다는 결론을 내렸다.

갈릴레오호를 베이비시팅함으로써 퍼즐의 두 번째 핵심 조각이 맞춰졌다. 유로파는 표면에 얼음이 있을 뿐 아니라 고체든 액체든 물로 된 층이 100km가 넘는 깊이로 확장된다. 이 층이 부분적으로나마 액체인지 확인하려면—예를 들어 얼음껍질 밑에 갇힌 바다—한 단계가 더 필요하다.

바로 공항의 보안검색대를 통과해야 한다.

5장

공항 보안검색대를 사랑하게 된 연유

2000년에서 2005년 사이의 어느 날 공항의 보안검색대에서 당신이 선 줄이 나 때문에 정체되었을지도 모른다. 그렇다면 이 자리를 빌려서 사과한다. 변명하자면 모두 과학을 위해 한 일이었다.

그 시기 나는 금속 탐지기의 한계를 시험하는 버릇이 있었다. 보안상의 이유는 아니었다. 주머니에 날카롭거나 유해한 물건을 넣지는 않았으니. 보안 검색이 얼마나 철저하게 이루어지는지 확인하려고 한 일도 아니다. 다만 주머니에 소금물이 든 작은 병을 넣고 금속 탐지기를 지나가면 경보가 울리는지 알아보고 싶었을 뿐이다. 소금은 훌륭한 전도체인데, 알람이 울리려면 소금이 얼마나 있어야 하는지 궁금했다.

1990년대 말에서 2000년대 초까지 갈릴레오호가 유로파를 근접비행할 때 우주선 안에는 공항 금속 탐지기의 센서와 비슷한 장비가 실려 있었다. 바로 자기계(자기장의 강도와 방향의 변화를 감지하는 복잡한 나침반)다. 갈릴레오호가 유로파 가까이 다가가자 자기계에서 '경보'가 울렸다. 나는 공항 보안검색대에서 간단하게나마 나름 그 상황을 재현하고자 한 것이다. 보안검색대 물리학은 유로파의 바다를 발견한 세 번째이자 마지막 퍼즐 조각이다.

위험한 금속 물질을 탐지하든, 멀리 떨어진 천체의 바다를 탐지하든 그 바탕에 있는 물리학 원리는 동일하다. 보안검색대의 경우 승객이 지나가는 문의 양쪽에 내장된 코일에서 빠르게 진동하는 자기장이 형성된다. 사람이 통과할 때 이 자기장이 주머니에 든 동전 등의 전도체에 전류를 유도하고, 그 전류가 다시 동전 주위에 작은 자기장을 발생시킨다.

이것은 전기와 자기 사이에서 항상 일어나는 일이다. 자기장은 전류를, 전류는 자기장을 생성한다. 둘은 음양과 같은 관계이다. 이렇게 생성된 자기장이나 전류를 "유도 자기장" 또는 "유도 전류"라고 부르는데, 보안검색대의 자기장처럼 강한 외부적 요인에 의해 발생하기 때문이다. 주머니 속 동전에 의해 유도된 자기장은 검색대의 자기 탐지기에 의해 감지된다. 유도 자기장이 감지되면 경보음이 울린다. 그러면 옆으로 가서 몸 수색을 받아야 한다.

알람이 울렸으니 유로파는 몸 수색을 받아야 한다.

이 비유에서 유로파는 금속 탐지기가 달린 보안검색대를 통과하는 승객이다. 크고 변화무쌍한 자기장을 일으키는 목성은 보안검색대에서 코일이 형성하는 자기장의 역할을 한다. 마지막으로 갈릴레오호에 실린 자기계는 유도 자기장을 탐지하고 알람을 울리는 검색대의 센서다. 대자연은 우리를 위해 자체 경보 시스템을 만들었고 유로파의 바다가 경보음을 울렸다.

이 장의 나머지 부분에서는 보안검색대와 유로파의 바다 뒤에 있는 물리학을 살펴보려고 한다. 그러나 먼저 이 자기장을 어떻게 측정해 데이터를 얻어냈는지, 그 수난의 역사를 살펴보겠다. 그런 다음 마지막 퍼즐 조각에 더 파고들어 자기장 측정이 어떻게 먼 천체의 드넓은 바다를 정확히 드러냈는지 알아보자.

미스터리 자성

유로파의 바다에서 유도 자기장을 찾아내는 작업은 UCLA의 마거릿 키벨슨이 주도했다. 키벨슨 교수는 솔직히 지구 밖에서 바다를 찾아내겠다는 굳은 의지를 품은 것은 아니었다고 했다. 1950년대에 물리학을 공부한 여성으로서 그저 대학에서 교수가 되는 것이 목표였다.

키벨슨은 우주물리학과 행성과학에서 명성을 누린 사람이지만, 원래는 양자물리학으로 연구를 시작했다. 태양계에서 가장 작은 '물체'에 해당하는 전자에서 시작해 태양계에서 가장 큰 '물체'에 해당하는 목성의 자기장에 대한 선구적 발견에 이른 셈이다.

키벨슨은 노벨상을 수상한 물리학자 줄리언 슈윙거가 배출한 13명의 제자 중 하나였고 유일한 여학생이었다. 키벨슨은 자기 시간을 잘 아껴 쓴 능력 있는 물리학자로 스승을 기억했다. 슈윙거는 일주일에 한 번씩 하루를 잡아 오후에 13명의 학생을 모두 면담했다. 이런 상황에서 키벨슨은 스스로를 다독여가며 독립적으로 연구할 수밖에 없었고, 그렇게 앞으로 수십 년간 인내와 끈기를 북돋아 줄 기술을 익혔다.

하버드에서 박사 학위를 받은 키벨슨은 매사추세츠주 케임브리지에서 캘리포니아의 햇살 좋은 해변으로 터전을 옮겼다. 말리부의 랜드연구소가 플라스마 물리학 연구자로 키벨슨을 고용했다.

키벨슨은 이 직장을 좋아했지만 그의 꿈은 교수였다. UCLA에 지원했지만 키벨슨을 받아준 것은 탄소-14를 이용한 방사성 탄소 연대측정 기술을 개발한 윌러드 리비 교수뿐이었다. 학생들을 관리할 사람이 필요한 차에 키벨슨의 지원서를 보고 키벨슨의 경력이 자기 학생의 프로젝트와 잘 맞는다고 생각했던 것이다. 키벨슨은 랜드연구소를 떠나 감독관 자리를 맡았다.

마침 리비의 학생 중 한 명이 목성을 연구했고, 2년 동안 키벨슨은 리비 밑에서 일하면서 목성의 자기장과 아원자 입자의 상호작용에 대한 전문 지식을 쌓았다.

능력을 인정받은 키벨슨은 UCLA 지구물리학 연구소의 톰 팔리 교수에게 발탁되어 지구의 자기장 연구에 쓰이는 인공위성 제작을 도왔다. 그곳에서 일련의 승진과 보직 이동을 거듭한 끝에 NASA

의 쌍둥이 탐사선, 파이어니어 10호와 11호가 보낸 데이터를 분석하는 팀을 맡아 이끌었다. 1974년, 박사학위를 받은 지 17년 만에 능력에 걸맞은 자리에 가게 된 것이다.

그러나 거기서 끝이 아니었다. 키벨슨은 여전히 교수의 꿈을 버리지 않았다. 최고의 지구물리학 연구소에서 일했지만 여전히 교수가 아닌 연구소 직원이었다. 키벨슨은 없는 기회를 만들어냈다. 자청해서 무급으로 강의를 했던 것이다.

키벨슨은 훌륭한 선생이었다. 함께 1분만 얘기해보면 어려운 개념을 쉽게 전달하는 그의 능력과 인내심을 알아챌 것이다. 마침내 대학 측은 강의에 대한 대가를 지불하는 것이 합당하다고 보았다. UCLA에서 13년을 근무한 끝에 그토록 염원하던 종신 교수직에 임명되었다. 이제 그는 마거릿 키벨슨 교수이다.

한편 NASA는 파이어니어호 임무를 마무리 짓고 새로운 도전에 들어갔다. 보이저호를 구상 중이었고 바이킹호는 발사를 준비하고 있었다. 1975년에 NASA는 목성의 궤도를 돌 탐사선에 싣고 갈 과학 기기에 대한 연구 제안서를 받았다. 이 탐사선이 바로 갈릴레오호다.

UCLA 지구물리학 연구팀은 이 새로운 임무에 자기계로 연구 제안서를 제출하려고 했다. 자기계에 대해서는 모르는 것이 없는 이들이었지만, 목성의 자기장에 대해서는 아는 것이 없었다. 키벨슨만 빼고. 양자역학에서 목성까지 연구한 경력 덕분에 키벨슨은 이 팀을 이끌 독보적인 존재가 되었다.

안타깝게도 첫 번째 시도는 실패했다.

그러나 실패가 훌륭한 밑거름이 되었다. 나도 장비나 임무, NASA 연구비 신청에 여러 번 실패한 경험이 있다. 유명한 속담을 응용해보면, 새로운 것을 시도하고 한계에 도전할 때, 실패는 옵션이다. 일찌감치, 그리고 자주 실패하라. 그리고 거기에서 배워라.

키벨슨 팀은 실패의 미학에서 빨리 배웠다. 그리고 머지않아 성공했다. 목성에서 수행할 임무는 크게 두 가지 구성 요소로 나누어졌다. 궤도선과 탐사정이다. 탐사정은 목성의 대기로 뛰어들어 아래로 하강하면서 소량이지만 유용한 데이터를 보낼 임무를 맡았다. 한편 궤도선은 여러 차례 목성 주위를 돌고 목성의 위성에 근접비행하면서 목성계의 흥미로운 대상으로부터 데이터를 보내올 계획이었다.

NASA가 먼저 요청한 장비는 탐사정에 들어갈 기구였다. 탐사정의 구상에 자기계는 포함되지 않았지만 키벨슨 팀은 신청서를 들이밀었다. 물론 뽑히지 않았다.

실패했지만 키벨슨은 그 과정에서 많은 것을 배웠다. 그래서 얼마 지나지 않아 궤도선에 실을 장비를 선정하게 되었을 때 키벨슨 팀은 만반의 준비를 마친 상태에서 연구비 신청서를 제출했고 결국 채택되었다.

키벨슨은 최초로 대형 행성 주위를 도는 탐사선에서 목성의 자기장을 연구하는 팀을 이끌었다. 설레고 벅찬 탐사였다.

1977년에 열린 첫 번째 갈릴레오 팀 전체 회의에서 키벨슨은 두

명의 여성 중 한 사람이었다(다른 한 명은 목성 주변의 먼지 입자를 연구하는 장비를 개발한 마거릿 해너였다). 갈릴레오호, 키벨슨의 자기계, 그리고 여성 과학자 키벨슨이 모두 함께 이 개척적인 항해에 나섰다.

비트 바이 비트

키벨슨 연구팀이 자기계 제작에 얼마의 노력을 쏟아부었든, 결국엔 우주에 나가서 지구로 데이터를 보낼 수 있어야 훌륭한 기기이다. 데이터를 보내려면 좋은 안테나가 있어야 한다.

3장에서 나는 갈릴레오호가 처했던 몇 가지 역경을 소개했다. 가장 큰 골칫거리 하나는 메인 고출력 안테나가 제대로 작동하지 않은 것이었다. 안테나가 작동하지 않으면 데이터는 찔끔찔끔 보내진다. 키벨슨 연구팀은 이 난관을 극복하기 위해 머리를 싸맸다. 그리고 결국 운 좋게 성공해 중요한 자료를 어렵사리 지구에 보낼 수 있었다.

초고속 인터넷과 테라바이트 용량의 하드 드라이브가 기본인 세상을 사는 현대인은 1970년대와 1980년대에 우주선을 설계, 제작할 때 이런 기본적인 기능을 구현하는 것조차 얼마나 힘겨웠는지 잊기 쉽다. 감사하게도 갈릴레오호는 몇몇 독창적인 공학 기술 덕분에 치명적이었을 어려움을 극복했다.

1991년 4월 11일, 갈릴레오호에 탑재된 컴퓨터가 우산 형태의 커다란 안테나를 열도록 모터에 명령을 보냈다. 이 너비 4.9m짜리 고출력 안테나를 통해 탐사선은 초당 13만 4,400비트의 속도로 이미지와 데이터를 보내게 되어 있었다. 이는 초당 0.134메가비트의 속도에 해당한다. 오늘날 우리는 일상에서 초당 100메가비트의 속도로 인터넷을 즐기지만, 전화선으로 인터넷을 연결하던 초창기에는 데이터 전송 속도가 빨라야 초당 0.056메가비트 정도였다. 고출력 안테나 덕분에 갈릴레오호는 원래대로라면 다이얼 접속 속도의 약 2배 빠르기로 데이터를 전송할 수 있었다. 이 안테나 없이 두 대의 작은 저성능 예비 안테나를 사용하면 고출력 안테나보다 1만 배나 느린 초당 10비트로 속도가 제한된다.

안테나를 열라는 명령은 1991년 봄의 그날 전송되었고 지구의 기술자들은 결과를 기다렸다. 도착한 데이터를 보니 상황이 좋지 않았다. 안테나가 완전히 펴지지 않았다. 달랑 '우산살' 몇 개가 전부였다.

지상 팀은 동일하게 제작한 복제 안테나를 밤낮없이 붙들고 앉아 문제를 진단하고 가능한 해결책을 테스트했다. 모두 실패했다. 갈릴레오호가 목성까지 가는 1991년에서 1996년의 5년 동안 기술팀은 망치질로 우산살에 최대 하중을 발생시키는 것부터 태양열로 우주선의 부품을 가열하고 최대 추력 기간에 안테나를 펼치는 것까지 온갖 방법을 시도했지만 소용없었다.

마침내 연구팀은 윤활제가 말라서 우산살 끝의 핀이 소켓 안으로 꺾여 들어가는 바람에 안테나가 제대로 펼쳐지지 않았다는 결론을 내렸다. 파악된 바로는 우산살 3개만 정상적으로 펴졌고 나머지 15개는 걸려 있었다. 이 문제는 발사가 몇 년이나 지연되는 동안 우주선을 플로리다에서 캘리포니아로 운송했다가 다시 가져오는 과정에서 일어난 게 분명했다.

문제의 원인은 찾았지만 고칠 방도가 없었다. 탑재한 소프트웨어를 여러 차례 업그레이드하고 지구 쪽 수신 안테나의 개수와 품질을 높여 가까스로 보조 안테나의 데이터 전송 속도를 초당 160비트까지 올릴 수 있었다. 10배로 향상시키기는 했으나 원래의 고성능 안테나에 비하면 1,000배나 나빴다.

기막힌 일은 거기에서 끝나지 않았다.

데이터 속도가 낮아도 우주선에 데이터를 저장했다가 두고두고 조금씩 전송할 수 있었더라면 그렇게까지 참담하지는 않았을 것이다. 목성을 도는 동안 갈릴레오호가 천체에서 멀리 떨어져 있어 저장된 데이터를 업로드할 시간이 많았을 테니까 말이다.

그러나 갈릴레오호는 1970년대 기술로 설계, 제작되었다는 것을 기억하자. 플래시 드라이브도, 압축 하드 드라이브도 없었다. 그 시대의 기술은 앞뒤로 감아서 사용하는 오픈릴식 자기 테이프였다. 8트랙 테이프와 구식 카세트테이프를 생각해보라.

갈릴레오호의 테이프 레코더는 사실 구식 카세트테이프 레코더에 비하면 훨씬 업그레이드된 버전이었다. 1970년대에서 1990년대까지 사용된 카세트테이프는 4트랙짜리 자기 테이프였다. 그 말은 테이프에 4개의 선, 즉 트랙이 있다는 뜻이다. 테이프 레코더의 자기 헤드는 한 번에 트랙 2개를 지나간다. 음악을 틀을 때는 2개의 트랙 중 하나는 왼쪽, 다른 하나는 오른쪽 스피커를 위한 것이다. 테이프가 끝나면 카세트를 뺀 다음 뒤집어서 다시 넣고 재생 버튼을 누른다. 그러면 이번에는 자기 헤드가 테이프의 반대쪽에 있는 2개 트랙을 지나가며 하나는 왼쪽, 다른 하나는 오른쪽 스피커에 연결된다.

갈릴레오호가 데이터를 기록하고 지구에 전송할 때 4트랙짜리 테이프가 릴에서 릴로 왔다 갔다 했다. 테이프의 길이는 550m나 되고 900메가비트에 가까운 데이터를 저장할 수 있었다. 그러나 구식 테이프 레코더가 가끔 테이프를 씹듯이 갈릴레오호의 레코더에도 문제가 발생했다.

1995년 10월, 우주선이 목성을 향해 빠르게 이동하는 중에 테이프 레코더가 테이프를 완전히 되감고는 어찌된 일인지 회전을 멈추지 않았다. 무려 15시간이나 리와인딩 바퀴가 테이프 끝을 잡아당겼다.[1] 테이프가 찢어지거나 릴에서 빠지지 않은 게 신기할 정도였다.

리와인딩 문제는 소프트웨어 차원에서 해결되었지만 테이프 자체가 찢어져 손상되었을 우려가 있었다. 그래서 연구팀은 손상이 예상되는 부위를 스물다섯 번 감아 '묻어버렸다.' 그 바람에 기록 가능한 부분이 93m밖에 남지 않게 되었다. 900메가비트가 아닌 150메가비트의 용량이다. 환산하면 20메가바이트에 해당하는 데이터로, 내 스마트폰 카메라로 사진 10장도 채 찍을 수 없는 용량이다. 테이프 레코더는 계속 작동했지만 연구팀은 혹독한 감량에 들어가야 했다.

탐사선에 탑재한 기구별 데이터 할당량이 엄격하게 정해졌다. 저성능 안테나와 저용량 테이프 레코더로는 모든 팀이 희생을 감수해야 했다. 키벨슨의 자기계 팀도 원래 계획한 초당 3번의 자기장 측정은 불가해졌다.

천만다행으로 자기계에는 4,800바이트의 저장 공간을 갖춘 자체 컴퓨터가 있었다. 조 민스라는 실력 있는 기술자가 제작한 소프트웨어는 임의의 간격으로 측정한 값을 평균 낼 수 있었다. 그 덕분에 데이터는 장비 자체에 저장되었다가 평균값으로 보내졌고, 그렇게 탐사선 본체의 테이프 레코더에 넣을 데이터 용량을 크게 줄일 수 있었다.

또 하나의 제한 요인은 탐사선의 회전이었다. 갈릴레오호는 우주선의 일부는 회전하고 다른 일부는 회전을 멈추도록 설계되었다(특수한 반작용 휠로 회전이 멈추도록[디스핀] 한다). 우주선의 회전은 돌고 있는 팽이가 똑바로 서 있는 것처럼 우주선을 안정화하는 흔한 방법이다. 갈릴레오호의 디스핀 구역에는 회전하지 않는 게 좋은 카메라와 기기가, 회전하는 부분에는 자기계를 비롯해 우주 환경을 측정하는 장비가 실려 있었다.

11m짜리 걸침대 끝에 달린 자기계는 20초마다 원을 그리며 회전했다. 목성의 자기장을 이해하고 우주선 자체의 소음 등 잡음을 제거할 수 있도록, 회전하는 동안 최대한 많이 측정하는 것이 이상

적이었다.

그러나 데이터 할당량이 새로 배정되면서 키벨슨은 원하는 만큼 측정을 할 수 없게 되었다. 그래서 별로 중요하지 않은 근접비행 시에는 20초마다 한 번씩 측정하는 수준에서 양보하기로 했다. 우주선의 회전 주기와 일치하므로 적어도 매 측정 시 우주선의 위치는 상대적으로 동일할 거라고 위로하면서. 그러나 갈릴레오호 프로젝트 관리자인 존 카사니가 다른 장비들과 우주선의 제약을 고려해서 제안할 수 있는 최선은 23초였다. 회전 주기보다 조금 더 긴 시간이다.

처음에는 절망했지만 임무가 진행되면서 지연이 오히려 이점이 되었다. 측정 주기를 회전 주기보다 조금 길게 잡은 덕분에 키벨슨 연구팀은 우주선이 보낸 신호에서 잡음을 더 섬세하게 추출할 수 있었고 결과적으로 자기장 측정 결과의 질을 개선했다.

임무가 진행되는 동안 자기계는 목성의 자기장 지도를 제작했고, 이 자기장이 태양계에서 가장 큰 '구조물'의 하나임을 밝히는 데 크게 일조했다. 밤하늘에서 목성을 본 적이 있을 것이다. 아주 밝은 점으로 보인다. 만약 목성의 자기장이 눈에 보인다면, 보름달보다 5배는 큰 자기장선을 그리며 맥동하는 양파가 보일 것이다. 목성의 자기장은 자전축에서 10° 정도 기울어졌고, 목성과 더불어 약 10시간에 한 번씩 회전한다.

저 거대한 자기장 깊숙한 곳에 갈릴레오가 발견한 4개의 위성이 있다. 각 위성은 목성 주위를 돌며 비행기 승객이 검색대를 통과하듯 자기장을 통과한다.

유레카?

영화에 등장하는 과학은 엄청난 "유레카!"의 순간으로 마무리되곤 한다. 문제를 해결하기 위해 등장인물들이 고군분투하며 며칠, 몇 주, 몇 년 동안 몸부림치는 장면을 배경음악과 함께 드라마틱한 짜집기로 보여준다. 그러다가 번개라도 맞은 듯이 갑자기 해결책을 생각해낸다. 얘깃거리로는 손색이 없지만 과학에서 이런 경우는 아주 드물다.

키벨슨에 따르면 유로파에서 바다를 발견하게 된 것도 유레카의 순간은 아니었다. 키벨슨 연구팀이 여러 해에 걸쳐 수많은 가설을 조금씩 쳐낸 끝에 남은 결론이며, 갈릴레오호가 목성 주위를 돌고 많은 위성을 근접비행하면서 적절한 데이터를 축적한 끝에 도달한 종착지이다. 유로파에서 온 데이터가 결정적이었지만, 다른 위성을 관찰한 결과도 마찬가지였다. 그 데이터는 자기장과 위성의 상호작용에 대한 보다 완전한 그림을 그리는 데 도움이 되었다.

갈릴레오호가 수행한 자기장 측정을 이해하려면 먼저 목성의 상황과 대형 위성의 배열을 살펴보는 게 좋겠다. 목성은 자전축을 중심으로 10시간에 한 번씩 회전한다. 맞다, 말도 안 된다. 목성의 '하루'가 불과 10시간이라는 뜻이니까. 목성은 지구보다 318배나 더

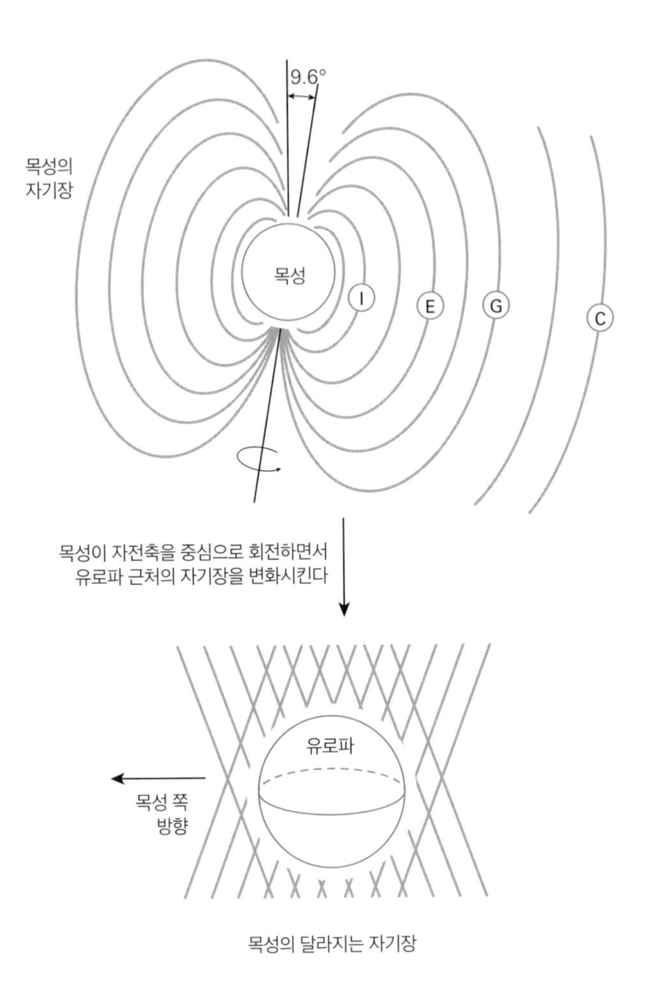

그림 5.1 목성의 자기장은 자전축에 대해 9.6° 기울어졌다. 목성이 자전할 때(10시간마다), 자기장이 위성들을 휩쓸고 지나가면서 유로파 내부에 유도 자기장을 생성한다. 유도 자기장이 형성되는 이유에 대한 가장 간단한 설명은, 유로파의 얼음 표면 아래로 수 킬로미터에서 수십 킬로미터에 이르는 전도성 있는 짠 바닷물이 대량 분포한다는 것이다. 위쪽 그림에서 I, E, G, C는 각각 이오, 유로파, 가니메데, 칼리스토를 뜻한다. 아래쪽 그림은 서로 다른 두 시간대에 본 자기장선을 나타낸다.

무겁고 반지름도 11배나 된다. 그런데도 두 배나 빠르게 회전한다는 말이다.

한편, 목성의 저 안쪽은 압력이 너무 높아서 수소가 액체의 금속 상태로 존재한다. 이 금속성 액체 수소로 이루어진 핵의 움직임이 목성에 어마어마하게 큰 자기장을 일으킨다. 그런데 흥미롭게도 목성의 자기장은 목성의 회전축과 일치하지 않는다. 자기장의 축은 자전축에서 9.6° 기울어져 있다. 막대 자석이 기울어진 상태로 가운데를 중심으로 회전한다고 상상해보자. 북쪽과 남쪽에 각각 총 두 개의 원뿔이 만들어질 것이다(그림 5.1).

자기장의 축이 기울었다는 것은 목성이 회전하면서 자기장이 위성을 휩쓸고 지나갈 때, 자전축에서 살짝 기운 바람에 자기장이 지속해서 변한다는 것이다. 목성의 기울어진 자기장 때문에 유로파를 비롯한 위성은 목성이 10시간을 주기로 자전할 때 목성의 북극에 좀 더 가까워졌다가 또 더 멀어진다. 이렇게 변화하는 자기장은 공항 보안검색대와 비슷하며 위성과 갖가지 흥미로운 상호작용이 가능해진다.

자기계 팀이 이룩한 최초의 큰 발견은 이오와 가니메데가 둘 다 강한 자기적 특징이 있다는 사실이다. 비록 목성의 자기장 안에 들어가 있지만 이 위성의 자기장은 추가로 다른 설명이 필요한 국지적인 동요를 일으키고 있었다. 이 위성의 표면 또는 내부에서 뭔가 다른 일이 일어나고 있는 것이다.

이오의 경우, 대규모 화산 활동이 이미 관찰되었고 따라서 화산에서 우주로 분출하는 물질이 목성의 자기장을 교란한다는 사실이 비교적 확실했다. 분출 시 나오는 황이나 기타 물질이 이온화되거나 전하를 띠어 플라스마가 되고 그것은 다시 이오 주변에서 목성 자기장의 흐름을 교란하는 전도체가 된다.[2] 다시 보안검색대에 비유하면 이오는 금가루를 뿌리며 금속 탐지기로 걸어 들어가는 것과 같다. 얼마나 근사한 장면일까? 전도체인 반짝이 가루가 검색대의 자기장을 교란하여 경보가 울리고, 보안 요원이 달려와 반짝이를 뒤집어쓴 당신을 체포할 테니. 기막히게 멋진 이오의 화산 활동은 우주를 향해 목성의 자기장을 교란하는 물질을 마구 토해낸다. 이오 주변의 자기장이 변형되는 것도 당연하다.

그러나 가니메데에는 좀 더 이해하기 어려운 구석이 있다. 왜 가니메데 주위에 강한 자기장이 생길까? 기존 자료에 따르면 가니메데는 자체적인 고유 자기장을 가질 만큼 크지 않다. 행성이나 위성이 내부에서 자기장을 형성하려면 어떤 식으로든 용융된 핵이 있어야 한다. 용융된 핵이 있으려면 중심부에서 중원소의 방사성 붕괴로 인한 열, 또는 행성이 처음 형성되었을 때의 열이 유지될 정도로 천체의 크기가 커야 한다. 그래야 그 열로 철이 녹고 흐르면서 자기장을 형성하기 때문이다. 통상 지구보다 작은 천체는 스스로 자기장을 형성하기에는 너무 작다고 본다.

화성은 가니메데보다 크다. 그리고 오래전에 식어버려 용융된 핵도, 그와 연관된 자기장도 모두 제거되었다. 수성은 가니메데보다 조금 작고 태양에 가깝기 때문에 좀 더 천천히 식었을 테지만 수성 역시 내부에 강한 고유 자기장이 없다. 따라서 가니메데에도 용융된 핵이 없고 따라서 고유 자기장이 생길 수 없다고 생각되었다.

이런 논리의 결과 가니메데에 독자적인 자기장이 있다는 것은 말이 되지 않았다. 그러나 1996년 갈릴레오호의 근접비행에서 어떤 이유인지 가니메데에 자기장이 있다는 솔깃한 징후가 전달되었다. 측정치는 가니메데에 목성의 자기장에 반발하는 소규모 자기장이 있다고 해석되었다.

아직 밝혀야 할 것은 많지만, 추정해보면 가니메데에도 고유 자기장을 갖출 정도의 용융된 핵이 존재하는 게 틀림없다. 최선의 예측을 해보자면, 조석력이 가니메데를 지속적으로 펌프질하여 액체 핵을 유지할 열을 제공한다는 것이다. 다른 대안은 가능성이 없는 것으로 증명되었다.

보안검색대 비유를 다시 불러오면, 가니메데에서 관측된 상황은 주머니에 강한 자석을 들고 금속 탐지기를 지나는 사람에 비유할 수 있다. 물론 경보가 울릴 것이다.

유로파로 돌아가보자. 1996년 12월 19일, 갈릴레오호가 유로파의 자기장을 처음으로 관측했을 때 특이한 교란이 관찰되었다. 이오나 가니메데의 자기장과 비교해봐도 이상했다. 유로파 주변의 자기장은 폭발하는 화산이나 내부의 강한 고유 자기장으로는 쉽게 설명할 수 없는 것이었다. 이 초기 측정에 따르면 유로파 주위에는 목성의 변동하는 자기장에 반응하여 증감을 거듭하는 자기장이 있다. 다시 말해 목성의 자기장에 의해 '유도되는' 자기장이 있다는 뜻이다.

유로파 내부에서 이 유도 자기장을 생성하는 것은 무엇일까? 보안검색대 비유에서 경보가 울리려면 주머니 안에 금속 조각이나 그 밖의 전도체가 있어야 한다. 주머니 안에 뭘 넣어놨길래 경보가 울릴까?

이미 중력 측정 결과를 토대로 유로파에 철로 된 핵이 있다고 생각할 만한 충분한 근거가 있었다. 그것이 유로파 내부의 전도체일까? 아니다. 핵의 크기가 너무 작아서 자기계 데이터를 설명할 만큼의 유도 자기장을 형성할 수 없다고 밝혀졌다.

암석 맨틀은 어떨까? 중력 데이터에 따르면 유로파 안에 두꺼운 바위층이 있고, 따라서 그것을 유도 자기장을 발생시킨 전도층으로 보는 게 타당했다. 그러나 지구의 해저와 맨틀을 구성하는 규산염 같은 암석은 별로 좋은 전도체가 아니다. 유로파 내부의 암석층을 대상으로 유도 자기장을 계산한 값과 모델도 데이터와는 맞지 않았다.

측정된 데이터는 유로파 표면에서 가까운 곳에 대규모 전도층이 있을 때 잘 설명되었다. 중력 측정과 분광계 측정은 유로파의 상층부가 액체나 고체 형태의 물임을 나타냈었다. 따라서 물을 전도층으로 보는 것이 타당하다. 연구팀이 물의 전도도를 모델에 집어넣었더니 얼음이나 순수한 물로는 유도 자기장을 일으킬 만큼 충분한 전도성을 나타내지 않았다.

그러나 물에 소금을 조금 첨가하면 전도도가 눈에 띄게 높아진다. 연구팀이 소금기 있는 바다로 계산했더니 유도 자기장의 측정값과 잘 맞아떨어졌다. 유로파의 얼음 지각 밑에 있는 짠 바다야말로 훌륭한 전도체로 기능한다. 시간에 따라 변동하는 목성의 자기장이 이 전도체로 흐르며 전류를 생성하고, 그것이 다시 갈릴레오호가 감지한 유도 자기장을 일으킨 것이다.

그러나 그때까지만 해도 바다 가설은 아직 초기 단계였다. 유로파 표면을 찍은 이미지가 상상력을 자극했다. 균열된 얼음과 기이한 빙산 구조는 분명 유로파 표면과 내부에서 흥미로운 사건이 일어나고 있다고 알렸다. 아직 조심스럽기는 하지만 1997년 봄 중력과학팀은 유로파가 표면 아래에 바다를 품고 있다고 확신할 만한 데이터를 수집했다.[3]

이런 통찰로 무장한 키벨슨의 자기계 팀은 자신들이 탐지한 자기장의 이상 특성을 바다로 설명하기 시작했다. 키벨슨 팀이 추가한 핵심적인 사실은 만약 유로파에 짠 바다가 있다면 자기장을 생성하고 변형할 수 있을 만큼 전도도가 높을 것이라는 점이었다.

그러나 이 데이터를 해석하고 의미 있는 결론에 도달하기까지 가장 큰 난제는 각 근접비행이 본질적으로 유로파 주위에서 일어나는 자기장을 특정 시간에 딱 한 번 찍은 스냅샷이라는 점이다. 그 때문에 단지 한 번의 근접비행만으로는, 뭔가 있다고 하더라도 무엇이 변하고 왜 변하는지 알 수 없었다. 자료가 더 필요했다.

다행히 데이터가 더 입수되고 있었다. 갈릴레오는 1998년 3월 29일, 1,641km라는 가장 가까운 거리에서 다시 한번 유로파 옆을 날았다. 그 근접비행은 크리샨 쿠라나 박사가 이끌었는데, 그는 키벨슨의 후배이자 가장 가까운 동료였다. 쿠라나는 인도에서 학교를 다니며 스스로 길을 개척했고 인도와 영국에서 두 개의 박사학위를 땄다. 두 번째 박사학위는 자기장이 왜, 그리고 어떻게 생성되는지에 관한 다이너모 이론이 주제였다. 비록 목성과 목성의 위성을 연구한 실질적인 경험은 없었지만 그는 굉장히 뛰어난 사람이었다. 키벨슨은 기회를 보아 쿠라나를 기용했다.

키벨슨과 쿠라나는 이 두 번째 근접비행에서 나온 데이터가 유로파 주위의 유도 자기장을 강하게 가리킨다는 것을 발견했다. 알려지지 않은 플라스마 효과의 가능성은 쉽게 배제할 수 있었는데, 유로파는 이 근접비행 기간에 이른바 목성의 플라스마 영역 밖에서 머물렀기 때문이다. 근접비행에서 나온 데이터는 유로파 내부의 표면 가까이 있는 전도층에서 일어난 전자기 유도로 세운 모델과 일치했다. 이 결과로 유도 자기장을 가장 잘 설명할 수 있는 것은 소금기가 있는 바다라는 결론을 내릴 수 있었다.

그러나 여전히 조심스러웠다. 데이터와 데이터를 바탕으로 한 수학 모델에 확신이 있었지만 쐐기를 박을 마지막 조각이 필요했다. 문제는 그들이 내세운 데이터가 동일한 지역에서 동일한 주기로 일어난 유도 자기장을 측정한 결과라는 점이다.

그게 무슨 뜻인지는 이렇게 설명해보자. 지속해서 변하는 배경 자기장(유로파에 대해서는 목성, 주머니 속 전도체에 대해서는 금속 탐지기)에 반응해서 일어나는 유도 자기장은 배경 자기장의 변화에 직접 반응해 위아래로 고동치고 극성을 바꾼다(가령 북이 남이 되고 남이 북이 된다). 연구팀은 목성이 자전하는 동안 목성의 배경 자기장이 변하면 유로파의 자기장도 변한다는 것을 관찰했다. 만약 유로파의 자기장이 내부에서 독립적으로 생성된 자기장이라면 목성의 자기장이 방향을 바꾸어도 영향을 받지 않아야 한다.

유로파의 유도 자기장을 유로파 적도면에 누워 있는 막대자석으로 상상해보자. 이 자석은 제 중심축을 11.2시간마다 한 바퀴씩 돈다. 목성의 자기장이 유로파에 대해 한 바퀴 회전하는 시간과 같다(목성이 자전할 때 유로파는 제 공전 궤도 안에서 움직이기 때문에 목성의 자전주기인 10시간보다 조금 더 걸리는 것이다). 이 상상의 막대자석이 회전할 때 자석의 북극과 남극은 적도 주위를 돈다. 시간에 따라 달라지는 유로파의 유도 자기장과 남에서 북으로 북에서 남으로 극이 바뀌는 것을 보고 싶다면, 상상 속 막대자석이 회전할 때 서로 다른 시간대에 유로파 적도를 중심으로 위와 아래를 측정해야 한다.

그러나 지금까지 몇 차례의 근접비행은 모두 유로파의 북반구 위를 날았고, 그때마다 유도 자기장을 상징하는 상상 속 막대자석도 비교적 비슷한 위치에 있었다. 다시 말해 아직 극이 뒤집어지는 것을 보지 못했다는 말이다. 이것이 연구팀이 발견한 것이 유도 자기장이라는 확실한 결론에 이르지 못하게 발목을 잡았다.

극점의 반전을 아직 보지 못했으므로 키벨슨은 그들이 관측한 것이 유도 자기장이 아닌 유로파의 고유 자기장이라는 가설을 확신 있게 배제할 수 없었다. 자기장의 반전을 확인하려면 목성의 자기장 중에서도 남쪽에서 오는 유도 자기장을 탐지할 수 있는 위치와 타이밍에 근접비행을 해야 했다.

마침내 2000년 1월에 그 기회가 찾아왔다. 목성의 자기장이 유로파에서 멀리 기울어진 상태일 때 갈릴레오호가 유로파의 남반구를 근접비행했다. 바다에서 발생한 유도 자기장이라는 예측 결과가 맞으려면 이 상태에서는 과거의 측정치와 달리 극이 뒤바뀐 자기장을 생성해야 한다. 만약 관측된 자기장이 고유 자기장이라면 극의 반전은 없어야 한다. 갈릴레오호 기술팀을 설득해 일부러 궤적을 조정하여 적절한 시간과 장소에서 근접비행을 시도할 정도로 강력한 예측이었다.

데이터가 도착했고 예상대로 극은 뒤바뀌어 있었다.

바다 가설을 여기까지 끌고 오는 데 들어간 수 년의 분석과 보정의 시간을 생각하면 극적인 유레카의 순간은 아니었다. 그러나 키벨슨은 충분히 뿌듯했다고 회상했다. 유로파의 자기장이 표면 아래의 짠 바다에서 형성되는 유도 자기장이라는 가설은 이제 거의 검증이 마무리되었다. 키벨슨 팀이 수집한 데이터와 분석 결과를 반박하기는 어려웠다. 유로파에는 넓은 지역에 걸쳐 소금물로 이루어진 바다가 있다. 역사상 처음으로 인류는 밤하늘을 보고 머나먼 세계에 바다가 있음을 알게 되었다.

이렇게 퍼즐의 세 번째 조각을 마무리 짓는다. 공항 보안검색대 물리학과 자기장의 상호작용을 성실히 지켜봄으로써 꼼꼼한 자기계 팀은 유로파의 얼음 지각 밑에 약 100km 깊이의 대규모 지하 바다가 존재한다는 강력한 증거를 빈틈없이 최종적으로 제시했다.

다음번에 공항 보안검색대를 통과할 기회가 생기면 유로파와 목성을 떠올려주길 바란다. 사실 나는 소금물 병으로 경보를 울리는 데 한 번도 성공하지 못했다. 그러나 유로파의 바다는 지금까지도, 그리고 앞으로도 긴 보안 검색줄을 기다리는 짜증에서 벗어날 훌륭한 생각거리가 될 것 같다.

무지개를 원소와 연결하고 우주선의 베이비시터가 되고 공항 보안검색대에 집착하여 찾아낸 증거가 모두 모여 유로파 내부의 바다를 증명했다. 분광학은 얼음 표면을, 중력 데이터는 물로 된 두꺼운 바깥 껍질층을, 자기계 데이터는 대규모의 짠 바다로 가장 잘 설명되는 지표 근처의 전도층을 찾아냈다. 유로파에서 외계 바다를 발견하는 데 필요했던 세 조각짜리 쉬운 퍼즐이었다. 이 사실에 조석 에너지 소산과 라플라스 공명 모델까지 추가하여 유로파는 처음 생성된 이후 조석과 방사성 붕괴를 통해 지속적으로 가열되어 왔음이 드러났다. 한마디로 말해 지금 이 순간 유로파의 바다는 존재한다. 그리고 수십억 년 동안 거기 있었을 가능성이 크다.

이어지는 몇 장에서 보겠지만 태양계 다른 위성의 얼음 지각 아래에서 바다를 발견하는 과정도 비슷한 패턴으로 증거의 조각을 수집하고 종합해서 결론을 내린다. 어떤 경우에는 유로파 때와 똑같은 조각(분광학, 중력, 자기계)을 사용했고, 어떤 경우에는 다른 결정적인 추가 증거나 방법이 필요했다.

6장

베일을 쓴 여인

엔셀라두스는 별난 위성이다. 그도 그럴 것이 토성에는 50개도 넘는 각양각색의 위성이 있기 때문이다. 엔셀라두스는 지름이 불과 504km밖에 안 된다. 시카고에서 클리블랜드까지 가는 거리쯤 될까. 아니면 요하네스버그에서 더반까지 정도. 이렇게 작은 천체라면 그 안에서 별다른 일이 일어나지 않는다는 게 합리적인 예측일 것이다. 수십억 년 전 우주를 떠돌던 바위들이 남긴 충돌구가 아직까지 남아 있는 차갑고 활동성이 없는 위성이라고 말이다.

하지만 그건 사실이 아니다. 엔셀라두스는 활동성 없는 차갑고 죽은 달이 아니다. 활발한 지질 활동으로 소금물을 우주 밖 수백 킬로미터까지 분출하는 살아 있는 위성이다. 엔셀라두스는 토성 주위를 33시간마다 한 번씩 질주하며, 남극점에서는 수증기와 물

입자의 베일을 흩날린다. 이 장에서 나는 그 면사포가 들려주는 엔셀라두스의 깊은 외계 바다 이야기를 시작해볼까 한다.

엔셀라두스에 바다가 있다는 걸 알기 한참 전에도 그곳은 탐사하기 좋게 무르익은 행성이었다. 유로파와 비슷한 경로로 지상의 망원경 달린 분광기가 엔셀라두스 역시 얼음으로 뒤덮인 위성임을 밝혀냈다. 얼음 밑 바다를 가리키는 첫 번째 단서는 1981년 8월에 보이저 2호가 보내고 심우주통신망이 수신한 이미지였다(사진 7).

그 근접비행에서 찍은 이미지는 엔셀라두스의 북반구 사방에 널린 충돌구를 보여주었다. 행성과학자에게 충돌구는 대강의 시간을 짐작하게 해주는 시계와 같다. 충돌구가 쌓이는 데 시간이 걸리므로 충돌구가 많을수록 시간이 많이 흘렀다는 뜻이다. 충돌구로 뒤덮인 표면은 역사가 깊을 가능성이 크다. 엔셀라두스 북반구의 충돌구 크기와 양으로 판단하건대 얼음은 35억 년쯤 된 것으로 추정되었다.

그러나 남반구에는 충돌구가 거의 보이지 않았다. 충돌구가 없다는 것은 대자연이 어떤 식으로든 엔셀라두스의 표면을 재포장했다는 뜻이다. 이 천체의 안팎에서 충돌구를 지워버릴 사건이 일어났다. 폭풍 속에 눈으로 뒤덮인 발자국처럼 엔셀라두스의 남반구에서는 새로운 표면이 만들어지고 있었다.

이 보이저호 이미지를 마지막으로 엔셀라두스는 20년 이상 모습을 볼 수 없게 된다. 그러다가 2005년 3월 8일, 카시니호가 엔셀라두스를 최초로 근접비행하면서 비로소 미스터리는 다시 개봉되었다(사진 8).

카시니호의 임무는 갈릴레오호 임무의 틀 안에서 짜여졌다. 목성의 궤도를 도는 임무를 완수한 후, 다음 정거장은 토성이었다. 1997년에 발사된 이 탐사선이 고리 행성까지 도달하는 데 7년이 걸렸다. 목적지에 도착한 탐사선은 13년 동안 토성 주위를 맴돌며 춤을 추었다. 공전하는 과정에서 카시니호는 토성과 그 고리, 그리고 위성을 향해 수많은 기기를 돌렸고 매번 전에 보지 못한 경이의 창을 제공했다.

카시니호가 궤도에 오르면서 엔셀라두스를 겨냥한 수사 활동이 본격적으로 시작되었다. 갈릴레오호처럼 카시니호도 자기계를 싣고 갔다. 그러나 유로파와 달리 자기계의 측정 결과는 엔셀라두스 내부에 지하 바다를 나타내는 유도 자기장을 감지하지 못했다. 토성의 자기장은 강하긴 하지만 기울지 않았고 따라서 엔셀라두스 내에서 유도 자기장을 생성할 정도로 변화무쌍하지 않았다. 대자연도 토성계에는 보안검색대를 설치하지 않았다.

다만 자기계는 엔셀라두스 남반구에서 감지되는 토성의 자기장이 왜곡되었다는 사실을 밝혀냈다. 자기장의 왜곡은 엔셀라두스가 자기장과 상호작용하는 물질을 방출했다는 뜻이다. 이 특징은 갈릴레오호가 이오 주변에서 본 것과 유사한 면이 있는데, 이오에서는 화산 기둥이 목성의 자기장을 왜곡시킨다. 그러나 엔셀라두스는 얼음의 세계이다. 그리고 이런 측정값은 이오에서처럼 화산으로 설명될 수 없었다. 엔셀라두스의 남극 근방에 무엇이 있길래 토성의 자기장을 방해할까?

엔셀라두스의 다음 근접비행 때 캘리포니아 버클리 우주과학연구소의 캐럴린 포코가 이끄는 카시니호 이미지 팀은 남극 주위에 있는 것은 무엇이든 찍을 수 있도록 탐사선, 엔셀라두스, 태양을 적절하게 배열하는 데 성공했다.

기가 막힌 결과가 나왔다. 사진 속에는 우주를 향해 분출하는 물질이 기둥을 이룬 숲이 있었다(사진 9). 그렇다면 이렇게 물을 수밖에 없다. 이 기둥은 무엇으로 만들어졌고 어디에서 왔는가?

외계 바다를 맛보다

기둥의 기원을 밝히려면 카시니호가 직접 기둥의 맛을 봐야 했다. 기둥이 무엇으로 만들어졌는지 보려면 탐사선이 기둥을 뚫고 통과하면서 시료를 채취해야 했다. 그것이 카시니 과학팀의 바람이었고, 실현은 공학자와 기술자의 몫이었다. 기둥의 시료를 채취하려면 엔셀라두스 표면에서 100km 안쪽으로 우주선을 들여보내야 한다.

로스앤젤레스에서 뉴욕시로 던진 야구공이 양키 스타디움의 15cm짜리 홈플레이트 안에 들어와야 한다고 상상해보라. 그게 카시니호가 엔셀라두스에서 감행한 일이다. 제트추진연구소에서 일하는 내 친구 네이선 스트레인지 박사 같은 뛰어난 공학자들이 이

뤄낸 성과다. 그들이 없었다면 과학도 없었다.

엔셀라두스 물질 기둥의 화학 분석은 카시니호에 실린 2대의 질량분석기가 도맡았다. 텍사스 사우스웨스트 연구소의 이온 및 중성자 질량 분광계INMS와 독일 슈투트가르트 대학교의 우주 먼지 분석기CDA가 그것이다.

질량분석기는 대단히 유용한 기기로, 화학이나 지구화학을 연구하는 거의 모든 연구실에서 사용한다. 목수의 도구 벨트에 꽂혀 있는 망치 같다고나 할까. 훌륭한 도구 천지여도 망치 없이는 목수가 집을 떠날 수 없는 법이다.

간단히 설명하면 질량분석기는 분자를 분류하는 장치이다. 동전을 분류하는 기계를 본 적 있다면 바로 질량분석기가 그런 것이다. 동전 분류기는 1센트, 5센트, 10센트, 25센트짜리를 경사면 아래로 내려보내고 동전이 서로 다른 칸으로 굴러 들어가 쌓이면 각각 몇 개씩 있는지 알려준다. 질량분석기는 정교한 전자 장치와 자기장을 사용해 기계에 들어간 분자를 분류한다. 출력되는 것은 분자의 종류와 양이 적힌 목록이다.

그러나 질량분석기는 훨씬 더 복잡하므로 이 비유에는 한계가 있다. 동전이 아닌 1달러짜리 지폐를 동전 분류기에 넣을 수 있다고 해보자. 그러나 지폐를 넣는 순간, 분류기는 그것을 1달러어치 동전의 조합으로 쪼갠 다음 그 동전을 분류한다. 동전 분류기에서 출력하는 데이터는 어떤 동전이 있는지만 말해줄 뿐, 그중 일부가 원래 1달러 지폐에서 왔다는 것은 알려주지 않는다.

질량분석기에서 지폐는 덩치가 큰 분자에 해당한다. 질량분석기에 들어가면 여러 조각으로 분해되거나 쪼개지며 그 각각은 더 작은 조각으로 분류된다. 우리 손에 들어오는 결과는 이 작은 조각이다. 따라서 이 조각들을 원래의 분자로 재구성하기가 어렵다. 마치 험프티 덤프티(소설 『거울 나라의 앨리스』에 등장하는 거대한 달걀—옮긴이)가 원래 달걀이었다는 사실을 모르는 채 험프티 덤프티의 깨진 달걀 껍데기를 맞춰야 하는 것과 비슷하다.

게다가 지구에서는 질량분석기를 돌리는 것이 상대적으로 수월하지만, 10억 km 떨어진 곳에서 초당 4~8km의 속도로 물질의 기둥을 통과하면서 작동시키는 것은 전혀 다른 문제다. 카시니호가 바로 저 속도로 엔셀라두스를 근접비행했다. 이처럼 빠른 속도로 움직이며 분자를 수집하는 것은 험프티 덤프티를 엠파이어 스테이트 빌딩에서 떨어뜨리는 것과 같다. 조각이 너무 많아서 다시 맞추기가 거의 불가능하다.

게다가 우주선에 탑재된 장비는 보통 지구에서 사용하는 것보다 훨씬 간단하게 제작된다. 우주에서는 예상치 못한 어려움이 많이 일어나므로 복잡한 측정 기능은 일부 제외된다. 예를 들어 지구에서는 많은 질량분석기가 큰 분자를 측정하거나 질량이 비슷한 두 분자를 구분할 수 있다. 사용되는 단위는 원자질량단위 amu로, 1amu는 수소 원자 한 개의 질량과 비슷하다(양성자 한 개나 중성자 한 개의 질량과 맞먹는다). 양성자 6개와 중성자 6개로 이루어진 탄소 원자의 질량은 12amu이다. 단백질이나 DNA처럼 큰 분자는 원자의 수가 너무 많아 질량이 수천, 수만 원자질량단위나 된다. 현대의 질량분석기는 이 거대한 분자를 측정할 수 있고, 대형 분자의 미세한 질량 차이도 식별한다(1amu 미만의 값까지 감지한다).

원래 INMS는 놀라운 성능을 가진 기기였으나 탐사선 내에서는 가용한 자원만 가지고 우주에서 작동해야 한다는 복잡성에 제약을 받았다. 따라서 최대 측정값은 99amu이고 해상도는 1amu 선에서 구분할 수 있었다. 즉 INMS는 크기가 작은 분자밖에 감지하지 못할 뿐 아니라, 분자와 분자를 잘 구분하지도 못한다는 뜻이다. 험프티 덤프티의 조각난 껍데기를 찾아 하나로 이어붙이는 과정에서 작은 조각만 찾을 수 있고 그마저도 조각의 가장자리를 구분하지 못해 어떤 조각이 어디에 들어갈지 알 수 없다는 말이다. 그렇다면 조각을 합치기도, 원래 험프티 덤프티가 어떻게 생겼는지도 알기 어려울 것이다.

감사하게도 NASA, 사우스웨스트 연구소, 슈투트가르트 대학교의 과학자와 공학자들이 기기와 관련하여 많은 난제를 해결했고 마침내 엔셀라두스의 물질 기둥에서 시료를 수집해 측정할 수 있었다.

INMS가 처음에 보낸 결과는 과학자들의 애간장을 녹이기에 충분했다. 질량분석기 데이터는 많은 물과 그 안에 들어 있는 이산화탄소, 메탄, 그리고 에탄(에테인)과 프로판(프로페인) 같은 작은 탄소 화합물(소유기물small organic이라고도 알려진)을 보여주었다. 지구와 지구의 바다에서 이산화탄소와 메탄은 열수구에서 발견된다. 소유기물 또한 열수구에서 흘러나올 수 있다. 이 결과에 나를 비롯해 행성과학계가 화들짝 놀랐다. 혹시라도 이 물이 얼음 아래의 바다에서 나온 것은 아닐까? 이 바다에 생명체를 만드는 데 유용한, 어쩌면 이미 생명체를 만들었을지도 모를 탄소 화합물이 풍부하지 않을까?

최초의 결과가 흥분을 불러일으킨 만큼, 바다의 존재를 인정하는 데 방해가 되는 중요한 천체가 있었으니, 바로 혜성이다. 혜성은 얼음과 바위로 된 커다란 공으로, 엔셀라두스처럼 물과 많은 유기화합물을 뿜어낸다. 밤하늘을 지나가는 혜성의 꼬리는 혜성이 태양에 접근하면서 뜨거워질 때 승화된 얼음과 그 밖의 물질이 분출된 것이다. 비록 (얼음에서 온) 물줄기를 뿜어내지만 당연히 혜성에는 바다가 없다. 수십 년 연구한 결과 혜성의 유기물은 태양계가 형성되는 동안 탄소가 얼음과 엉겨붙어서 생성된 것이라는 게 과학계의 중론이다. 이 얼음은 이후 우주를 통과하면서 태양의 자외선과 고에너지 입자에 '익어버린다.' 다시 말해 혜성의 유기물은 흥미롭고 지구에서의 생명의 기원에 중요했을지 모르지만, 단지 유기물을 발견했다고 해서 혜성에 바다가 있다고 생각되지는 않는다.

INMS가 초기에 엔셀라두스 기둥을 측정한 결과는 대단히 흥미롭다. 그러나 엔셀라두스도 결국엔 아름답게 포장된 혜성이었을 가능성이 있다. 바다나 생명체와는 아무 상관 없이 유기물질이 풍부한 얼음을 잔뜩 갖고 있고, 또 혜성처럼 우주로 뿜어내는 것이 가능하다는 말이다. 이 측정에 참여하지 않았지만 나는 '미화된 혜성'이라는 가설을 받아들일 수밖에 없었다. 엔셀라두스 바다 가설은 모두를 흥분시킨 만큼 여전히 비범한 주장이었고 증거가 더 필요했다.

고맙게도 오래 기다릴 필요는 없었다. 카시니호에 있는 다른 질량분석기인 CDA가 INMS를 완벽하게 보완했다. INMS는 엔셀라두스 기둥의 수증기를 측정했지만, CDA는 기둥이 분출하는 작은 얼음 알갱이를 분석했다. CDA는 근사한 양동이를 들고 엔셀라두스의 기둥에서 물질을 수집했다. 기둥을 이루는 얼음과 먼지가 양동이 속으로 빠르게 돌진하면서 산산조각이 났다. 그 부서진 부분을 질량분석기가 측정했다. CDA는 INMS보다 민감도는 떨어졌지만 더 큰 화합물을 측정할 수 있었다. 그리고 얼음 알갱이를 부술 수 있었으므로 그 알갱이 안에 무엇이 들었는지도 알아낼 수 있었다.

CDA가 보내온 첫 번째 '대박' 결과는 토성의 고리 중 하나인 소위 E-링의 얼음 알갱이에 든 염분이었다. E-링은 엔셀라두스 궤도에서 아주 가깝게 머문다고 오랫동안 알려져 왔고, 따라서 카시니호가 엔셀라두스에서 기둥을 발견했을 때 E-링이 이 기둥으로부터 물질을 공급받았다고 보는 것이 어렵지 않았다. 다시 말해 CDA가 E-링의 물질을 채취하여 소금을 찾은 것은 엔셀라두스 기둥의 물질을 채취하여 소금을 찾은 것이나 마찬가지라는 뜻이다. 소금은 정말 '대박'을 외칠 만한 결과인데, 우리가 아는 한 혜성에는 염분이 없기 때문이다. 소금—식염$_{NaCl}$, 엡섬 소금, 그리고 염화

칼륨KCl ─ 은 암석으로부터 물이 침출되는 지역에서 발견된다. 바위는 물에 소금을 공급한다. 따라서 소금이 나왔다는 것은 물과 암석이 흥미로운 지구화학적 방식으로 뒤섞인다는 징표이다. 지구의 바다가 짠 것은 바닷물이 해저의 암석과 혼합되는 방식, 그리고 강이 바다로 물질을 가져오는 방식 때문이다. 염분을 감지한 CDA의 결과와 INMS의 결과를 조합했을 때 엔셀라두스에 바다가 있을 가능성이 매우 커졌다. 나는 바다 가설의 신봉자가 되기 시작했다.

이야기는 흥미를 더해갔다. CDA가 보낸 데이터로 그린 도표에서 몇 가지 솔깃한 피크가 있었다. 꼼꼼하고 신중하기 이를 데 없는 사샤 켐프와 프랭크 포스트버그, 두 사람이 이끈 연구팀 눈에 CDA 질량 스펙트럼의 피크 일부가 들어왔다. 그 피크는 엔셀라두스 물기둥에서 아주 작은 이산화규소 입자가 검출되었다는 뜻이었다. 지구의 바다에서 이산화규소 입자는 상당량의 열, 그리고 흥미로운 지구과학과 연관된다. 1장에서 언급한 열수구는 이산화규소의 훌륭한 공급원이다. 이 이야기는 나중에 다루기로 하고, 일단 지금은 엔셀라두스 내부에 바다가 있다는 사실은 물론이고 그 바다 밑에 규모는 크지 않지만 열수 활동이 진행 중인 활성 해저가 있음을 이 이산화규소가 암시한다는 사실만 기억하자.

우주생물학 관점에서 굉장한 뉴스였다. 열수구는 천체의 거주 가능성에 중요한 요소일 뿐 아니라 생명이 기원하는 장소일 수도 있다. 만약 엔셀라두스에 열수구가 있다면 그곳이야말로 미생물이 발생하거나 생존할 수 있는 최적의 장소일 터다.

카시니 팀은 만약 이산화규소 입자가 실제로 엔셀라두스 내부의 열수 활동을 가리킨다면 물기둥의 조성에 관한 한 가지 예측이 가능하다는 것을 깨달았다. 이산화규소를 생산하는 열수구에서는 상당량의 수소 분자도 발생한다. INMS는 수소를 탐지하는 기능이 있었다. 그러나 열수구에서 나오는 수소를 더 큰 분자가 분해될 때 나오는 수소와 구분하려면, 탐사선이 수소 민감도를 높인 기기를 들고 직접 물기둥을 통과하는 과감한 근접비행을 시도해야 했다.

그래서 2015년 10월, 엔셀라두스에 근접비행하는 동안 카시니호는 INMS가 수소를 발견할 수 있는 적절한 위치에서 적절한 방향으로 기둥에 뛰어들었다.

기둥을 통과한 마지막 근접비행의 결과로 엔셀라두스에 표준치보다 많은 수소가 존재한다는 것이 밝혀졌다. 단지 큰 분자가 분해되어 나온 수소가 아니란 말이다.

이번에도 연구팀은 아주 철저하고 신중하게 분석을 진행했다. 그러나 평범한 다른 메커니즘으로는 이 데이터를 설명할 수 없었다. 얼음이 방사선에 노출되어 H_2O가 H_2와 O_2로 분리되는 과정에서 H_2가 발생한 것은 아닐까? 메탄과 다른 유기물이 분해될 때 발생한 수소 일부가 결합하여 H_2가 된 것은 아닐까? 이런 설명들로는 부족했다. 물 분자가 분해된 것이라면 H_2와 더불어 O_2가 함께 생산되어야 한다. 또한 메탄과 다른 유기물이 H_2의 공급원이라면 이 정도의 수소를 생산할 만큼 화합물들이 훨씬 많이 있어야 했다. 결국 수소의 과잉에는 다른 설명이 필요했다.

수소 과잉에 대한 최선의 설명은, 수소 원자가 표면 아래의 바다에서 오며 그 바다에는 수소를 방출하는 활발한 열수구가 있다는 것이다. 엔셀라두스의 물기둥에서 발견된 염분, 이산화규소, 메탄, 수소를 모두 종합하면 해저에서 열수 분출이 활발하게 일어나는 화학적으로 풍부한 바다를 그릴 수 있다. 실로 놀라운 발견이다.

마지막으로 과연 바닷속 생명체가 그 수소를 먹고 살 수 있을지 생각해보는 것도 흥미롭겠다. 미생물은 수소를 사랑한다. 수소를 뿜어내는 지구의 온천과 열수구는 미생물에게 최상의 터전이다. 이 생물은 수소를 먹고 이산화탄소나 황산염 같은 화합물과 결합하여 생존과 번식에 필요한 에너지를 조달한다. 엔셀라두스의 물기둥에서 발견된 수소의 양이 엔셀라두스의 바닷속에서 생명체를 부양하기에 충분할까?

그 답은 '그렇다'인 것 같다. 오스트리아 빈의 한 연구팀은 카시니호의 측정을 기반으로 엔셀라두스 바다의 화학 작용이 바닷속에서 수소와 이산화탄소를 먹고 메탄을 생성하는 몇 종류의 미생물을 부양할 수 있음을 보였다. 팀은 엔셀라두스 바다에서 예상되는 온도, 압력, 화학적 조건에서 미생물을 길러냈다. 가설에 대한 근거를 손에 넣은 것이다. INMS는 엔셀라두스의 물기둥 안에서 메탄을 검출했다. 이 메탄이 저 아래 바다에 사는 바쁜 미생물이 내쉰 숨에서 온 것은 아닐까? 아주 비범한 주장임은 틀림없지만 그렇다고 함부로 버려서는 안 될 것이다.

남쪽 바다? 아니면 광역 바다?

엔셀라두스의 물기둥을 분석한 카시니호의 결과는 지하 바다에 대한 놀라운 증거를 제공했다. 그런데 그 바다가 얼마나 클까? 유로파 자기장으로 대규모 광역 바다global ocean를 암시한 유로파와 달리 카시니호의 물기둥 데이터는 남극 아래에 있는 바다만 감지했다. 처음에는 엔셀라두스에서 바다의 규모를 판단할 쓸모 있는 정보가 없었다. 어쩌면 그 물기둥은 일시적으로 형성된 물주머니에서 비롯했지, 방대한 바다에서 온 것이 아닐지도 모른다. 물주머니도 흥미롭기는 하지만 생명체에게 적합한 환경은 아니다. 반면 넓은 대양은 엔셀라두스 안에서 일관되고 거주 가능한 지역에 대한 전망을 제공한다.

서서히 그림이 그려지기 시작했다. 코넬 대학교의 피터 토머스가 이끄는 연구팀이 엔셀라두스의 이미지를 분석한 결과, 얼음 지각이 예상 이상으로 불안정하게 앞뒤로 요동치는 것처럼 보인다고 보고했다. 요동치는 것 자체가 이상한 현상은 아니다. 위성은 실제로 자주 요동을 일으키는데, 이를 물리적 칭동이라고 부른다. 그리고 지각된 요동, 즉 광학적 착시에 의한 요동 현상을 광학적 칭동 또는 기하학적 칭동이라고 부른다. 조석 고정(동주기 자전. 자신보다 큰 천체를 공전하는 천체의 공전주기와 자전주기가 일치하는 경우—옮긴이) 상태이고 타원형 궤도로 공전하는 위성은 광학적 착시에 의해 흔들리듯 보이는 경향이 있다. 간단히 말해 위성의 자전 속도와 공전 궤도가 미세하게 불일치해서 일어나는 착시이다.

달이 좋은 사례이다. 달은 지구 주위를 살짝 타원형으로 돌고 공전하는 데 27.3일, 즉 약 한 달 걸린다. 달이 지구에 가장 가까이 있을 때(근지점)는 멀리 있을 때(원지점)보다 빠르게 움직인다. 이것은 케플러 법칙이 적용되는 가장 기본적인 결과이다.

한편 달은 27.3일마다 축을 중심으로 자전하는데, 달이 공전하는 동안 속도가 변하지 않는다. 즉 회전 속도가 일정하다. 그 결과 달이 원지점에 있을 때는 자전 속도가 타원 궤도상에서의 공전 속도보다 상대적으로 빠르기 때문에 달이 조금 더 회전한 것처럼 보인다. 반대로 근지점에 있을 때는 지구를 공전하는 움직임과 비교하여 상대적으로 자전 속도가 느리므로 덜 회전한 것처럼 보인다.

이와 같은 미세한 불일치로 달이 지구를 공전할 때 요동치는 것처럼 보이는 광학적 칭동이 일어난다. 그것을 광학적 또는 기하학적 칭동이라고 부르는 이유는 달이 실제로 칭동하는 게 아니기 때문이다. 지구의 관찰자 관점에서만 그렇게 보이는 것이다.

그러나 실제 일어나는 물리적 칭동도 있다. 위성이 행성을 공전할 때 일어나는 진짜 흔들림이다. 이 칭동은 달처럼 천체가 완벽한 구체가 아니고 중력이 위성의 질량을 행성과 재배치하려고 할 때 일어난다. 달은 살짝 찌그러진 편구이고 지구에 의해 끌어당겨지는 고정된 조석 융기가 있다. 위성이 완전한 구에서 조금 왜곡된 형태일 때는 앞에서 광학적 칭동으로 설명했던 미세한 시간차에 의해 위성의 조석 융기가 행성 쪽으로 잡아당겨진다. 옛날 오뚝이 장난감을 떠올리면 좋겠다. 오뚝이는 넘어뜨리거나 회전시켜도 언제나 수직으로 일어서는데, 바닥에 무거운 무게추가 들어 있어서 (지구 쪽으로) 잡아당겨지기 때문이다. 달이 미세하게 요동치는 이유는 달은 언제나 지구 중력이 당기는 쪽으로 방향을 바꾸려고 하지만 달의 자전과 공전이 달을 그냥 두지 않기 때문이다. 그래서 달은 계속해서 흔들린다.

광학적 칭동과 물리적 칭동은 태양계의 위성 대부분에서 일어난다. 한 위성이 고체인 바위와 얼음으로 이루어졌을 때 얼마나 요동이 일어나는지 계산할 수 있다. 그러나 위성이 고체가 아니라면 요동은 더 심해진다. 바다 위에 떠 있는 얼음껍질은 움직이면서 행성의 중력에 따라 쉽게 재배치된다. 물리적 칭동이 크다는 것은 해당 위성의 얼음껍질이 바다에 의해 내부의 암석과 분리되었다는 뜻으로 해석할 수 있다.

토머스 연구팀은 엔셀라두스에서 물리적 칭동이 크게 일어난다고 밝혔다. 이 요동을 가장 잘 설명하는 것은 위쪽의 얼음껍질로 하여금 이리저리 돌아다니게 하는 대규모의 바다가 있다는 것이다. 계산에 따르면 얼음 지각은 남극 근처에서 두께가 약 13km, 다른 지역에서는 26km쯤 된다. 광역 바다는 수심이 26~31km쯤으로 추정된다.

위성의 미세한 요동을 치밀하게 추적한 결과, 엔셀라두스에서 남극 바다와 광역 바다를 구분할 수 있게 되었다.

손에 쥔 엔셀라두스 데이터가 가리키는 것은 거주 가능하고 잠재적으로 거주 상태인, 화학적으로 풍부한 범세계적 규모의 지하 바다이다. 엔셀라두스는 모든 조건을 만족하는, 생명체를 찾기에 아주 좋은 장소이다.

그런데 갈피를 잡을 수 없는 변수가 하나 있다. 시간이다. 엔셀라두스는 얼마나 오래되었고, 그 바다는 또 얼마나 오래되었을까? 생명체에게 시간은 중요한 재료일 수 있다. 엔셀라두스의 역사는 아직 완전히 파악되지 못했고 어쩌면 태양계의 기준으로 꽤 어릴지도 모른다.

중요한 단서는 토성의 고리에서 온다. 토성은 아름다운 고리로 유명하다. 이 고리는 성능이 그리 뛰어나지 않은 망원경으로도 명확히 보인다. 겉으로는 한없이 평온해 보이기만 하는 저 고리가 원래는 떠들썩했던 이 천체의 과거를 이야기해줄지도 모른다. 토성의 고리는 수천만 년에서 수억 년 전, 두 천체의 엄청난 충돌로 형성되었을 것이다. 그 천체가 무엇이고 얼마나 큰 난장판이 벌어졌는지는 아무도 모른다. 카이퍼 벨트에서 날아온 왜행성이었을 수도 있고, 독자적으로 행동하던 바위와 얼음일 수도 있다. 그게 무엇이었든 간에 그것이 토성의 고리가 된 먼지와 얼음을 만들었다. 일부 모델에 따르면 이 충돌은 1억 년보다 이전에 일어날 수 없다. 고리는 안정된 상태로 그리 오래 머무르지 못하기 때문이다. 토성의 중력이 천천히 이 어수선한 자리를 치우고 있다. 일부는 안으로 빨아들이고 일부는 밖으로 내보내면서.

이 충돌로 고리와 함께 엔셀라두스 같은 토성의 작은 위성 일부가 교란되거나 심지어 생겨났을 가능성이 있다. 그게 사실이라면 엔셀라두스는 아주 어린 천체이고 얼음 표면의 모든 충돌구도 이 충돌의 결과이다.

만약 엔셀라두스의 바다가 상대적으로 어리고 갓 태어난 것이라면 그래도 생명을 품을 수 있을까?

우리는 생명이 기원하는 데 시간이 얼마나 오래 걸리는지 알지 못한다. 지구에서 생명은 여러 차례 기원했는지도 모른다. 그러다가 40억 년 전 지구가 식고 안정되기 시작한 지 얼마 안 되어 강력한 도약의 발판을 얻었을 것이다. 생명은 단시간에 기원할 수도 있고, 수백만 년이 걸려야 시작될 수도 있다. 어느 쪽이든 시간이 길수록 좋다는 쪽에 내기를 거는 편이 안전하다. 아무래도 수십억 년 동안 존재해 온 바다가 수천만 년밖에 되지 않은 바다보다 생명체가 존재할 가능성이 높을 테니 말이다. 그러나 수천만 년도 충분할 수 있다. 어느 쪽이 옳은지는 알 수 없다.

엔셀라두스에서 받아온 데이터와 모델은 상대적으로 새로운 것이다. 과학계는 아직 분석과 논의의 초기 단계에 있다. 카시니호가 보낸 데이터에서 엔셀라두스의 역사에 대한 단서를 모두 찾으려면 몇 년이 걸릴 것이다. 엔셀라두스는 지구 밖에서 생명체를 수색하기에 훌륭한 장소임이 틀림없다. 물기둥, 바다, 그리고 화학이 모두 추가 탐사를 요청하고 있다. 이 데이터를 해부하여 엔셀라두스의 과거와 현재를 이해해나가는 한편 베일에 싸인 이 신비로운 위성으로 가는 우주선을 제작하고 엔셀라두스에 있는 생명의 흔적을 찾아 우리의 애간장을 녹인 물기둥에서 다시 한번 표본을 채취할 수 있기를 희망해본다.

7장

탄소의 여왕

토성의 가장 큰 위성인 타이탄의 경관은 묘하게 친근하면서도 편안하다. 지구의 약 29.5년에 해당하는 1년 중 어느 시기에 타이탄에서는 크고 아름다운 호수를 향해 흐르는 물줄기를 발견할지도 모른다. 호수 가장자리에는 살랑바람이 불 때마다 고요한 해변에 부딪히는 작은 파도의 물결이 들어왔다 나간다. 마침 흐린 날이라면—타이탄의 하루는 지구의 16일이다—우주복 위로 빗방울이 후드득하고 떨어지는 소리를 들을지도 모르겠다. 시내, 호수, 그리고 마음을 위로하는 빗방울 소리까지. 무엇을 더 바랄까?

그러나 이 경치와 소리는 지구에서 우리에게 익숙한 액체로 이루어진 것이 아니다. 비를 내리고 시내를 채워 호수와 바다로 흘러들어가는 것은 물이 아니다. 영하 179℃나 되는 타이탄의 지표는 물이 흐르기에는 너무 춥다.

이 역동적인 풍경과 소리는 메탄, 그러니까 액체 메탄이 대기, 구름, 강, 호수, 바다로 증발하고 순환한 결과물이다. 기억하겠지만 메탄은 탄소 원자 하나에 수소 원자 4개가 붙어 있는 가장 단순한 탄소 화합물의 하나다. 지구의 표면에서 순수한 메탄은 기체 형태로만 안정적이다. 타이탄의 기온과 압력(1.5bar)에서는 물 대신 메탄에 기초한 구름과 비의 기상학적 순환이 가능하다. 표면에서는 액체 메탄과 고체 메탄이, 온도와 압력이 달라지는 대기 중에서는 기체 메탄이 안정적이다. 지구의 물처럼 메탄은 지표에서 증발할 수도, 하늘에서 비를 내릴 수도, 지표에서 흐르거나 얼어붙을 수도 있다.

한편, 타이탄의 땅은 물로 된 얼음이다. 그건 산과 계곡과 강바닥도 마찬가지다. 액체 메탄(그리고 일부 액체 에탄)은 타이탄의 표면을 깎고 빚는 유체이다. 얼음이 된 물과 액체 메탄의 이 기이한 조합이 타이탄을 태양계에서 생명체를 수색하기에 최상의 장소로 만든다. 그 생명체는 익숙한 것일 수도, 생소한 것일 수도 있다. 타이탄의 얼음 지각 밑에는 깊은 바다가 있을 가능성이 있고, 그 안에는 우리가 아는 형태의 생명체가 살고 있을 수도 있다(사진 10). 그러나 타이탄에서 생명체가 지표의 메탄 호수에 존재한다면 그 생명의 생화학은 지구에 존재하는 그 어떤 것과도 달라야 한다. 이 장에서는 타이탄 안팎에서 생명이 존재할 전망을 다룬다. 그러나 먼저 타이탄의 신기한 대기부터 살펴보자. 이 대기는 표면에서 액체로 된 탄화수소 호수를 유지하는 메탄 순환에 결정적이기 때문이다.

우리는 타이탄이 어떻게, 그리고 왜 이런 상태인지 아직 완전히 이해하지 못한다. 타이탄은 지구의 1.5배에 이르는 두꺼운 대기로 둘러싸였다. 타이탄의 대기는 지표 근처에서 약 95%의 질소와 5%의 메탄으로 구성된다. 이처럼 대기가 두꺼운 다른 위성은 없다. 심지어 행성도 드물다(목성, 토성, 천왕성, 해왕성의 대기층은 더 두껍지만 기체와 얼음으로 된 거대 행성이다). 타이탄의 대기는 암석으로 된 행성이나 위성과 비교해도 금성 다음으로 밀도가 높고 지구보다도 높다.

그렇다면 왜 타이탄의 대기는 두꺼운 걸까? 아니, 어떻게 대기가 있는 걸까? 태양계 전체를 둘러보면 영 말이 안 되는 현상이다. 천체가 대기를 갖추려면 기체가 우주로 흘러나가지 못하게 중력이 웬만큼 '찍어 눌러야' 한다. 가령 달은 대기가 존재하기에는 크기가 너무 작다. 행성인 수성과 목성의 위성인 칼리스토도 마찬가지다. 둘 다 타이탄과 크기와 질량이 비슷한데 대기가 없다. 심지어 타이탄보다 크기나 질량이 큰 가니메데에도 대기가 없다. 그러나 타이탄에는 대기가 있다.

타이탄에 대기가 있는 이유는 행성과학에서 아직 풀리지 않은 큰 수수께끼로 남아 있다. 주된 가설 중에는 타이탄의 깊은 내부에서 기체가 방출되어 천천히 새어나왔거나 대규모 지질학적 사건 중에 대기가 빠르게 재충전된다는 주장이 있다. 이런 발상들도 그럴 듯하긴 하지만 비범한 주장이 전제되어야 한다. 즉, 타이탄이 지표와 깊은 내부에서 지질학적으로 활발한 천체라는 것이다. 대기에 존재하는 메탄이 실제로 결정적인 단서가 될 수 있다.

만약 타이탄의 대기가 질소로만 이루어졌다면 누군가는 타이탄의 대기가 마침 이런 상태를 유지하기에 적합한 '골디락스 영역'에 있기 때문이라고 말할 수도 있다. 이렇게 설명해보자. 타이탄이 처음 형성될 시기에는 질소가 풍부했다. 질소는 아주 안정된 기체이다. 그리고 타이탄의 온도와 압력이 그 대기를 오래 유지시켰다. 이 주장은 여전히 과장된 면이 없지 않지만, 질소가 지속하지 못했을 거라고 생각할 마땅한 화학적 이유도 없다.

그러나 메탄의 경우는, 적어도 태양의 자외선이 쏟아부을 때는 아주 부서지기 쉽다. 메탄은 햇빛에 의해 빠르게 파괴된다. 그리고 비록 타이탄이 지구보다 태양에서 10배나 멀리 떨어져 있다고는 하지만 이런 파괴적인 반응을 피할 만큼은 아니다. 타이탄의 대기에 있는 메탄은 불과 수천만 년, 길어야 1억 년을 넘지 않았다. 따라서 오늘날 타이탄에서 메탄을 볼 수 있으려면 수천만 년 전에 대기로 메탄을 펌프질한 대규모 공급원이 있었거나, 안에서부터 꾸준히 흘러나와 파괴된 양을 보충하는 메탄이 있어야 한다. 대기를 재충전하고 햇빛에 파괴된 메탄을 메꾸려면 타이탄은 화산이나 그 밖의 아래에서부터 기체를 방출할 수 있는 메커니즘이 있어야 한다.

지금까지 '얼음화산 분출cryovolcanism'의 결정적인 증거는 관찰되지 않았다. 그러나 상대적으로 데이터가 부족하다. 타이탄의 두꺼

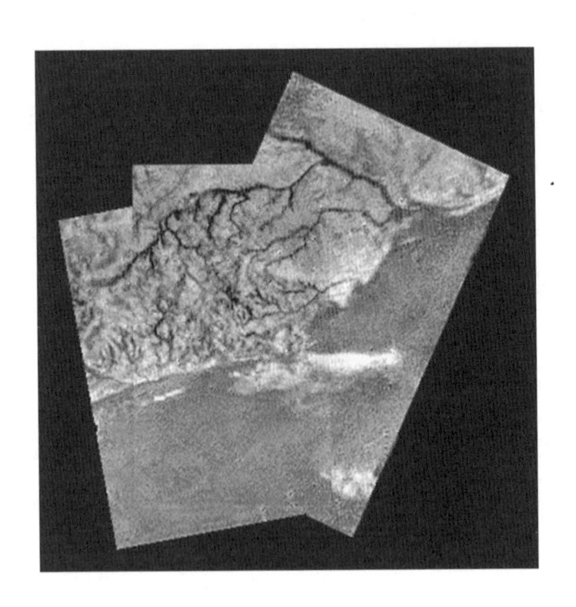

그림 7.1 타이탄의 표면. 하위헌스 탐사정이 타이탄의 안개 낀 대기를 뚫고 내려갈 때 지표가 보이면서 복잡한 하천망이 드러났다. 이 하천망은 물이 아니라 액체 메탄이 흐르며 깎아냈다(사진 출처: NASA/JPL/유럽우주국/애리조나 대학교).

운 대기 때문에 카시니호의 카메라가 얼음화산의 분출 활동은 고사하고 지표를 관찰하는 것도 불가능했다.

그러던 중 한 용감무쌍한 히치하이커가 타이탄의 대기를 뚫고 지표까지 내려가면서 지질 활동의 단서를 제공했다. 카시니호에는 유럽우주국이 제작한 하위헌스 탐사정이 실려 있었다. 카시니호가 2005년에 타이탄에 근접비행했을 때 이 탐사정을 내려보냈고, 지금까지 어떤 로봇(또는 인간)도 하지 못한 놀라운 여행을 했다. 하위헌스 탐사정은 몇 시간에 걸쳐 낙하산을 타고 타이탄의 대기를 하강했으며, 마침내 지표의 마른 강바닥에 조용하고 부드럽게 착륙하면서 수많은 이미지와 데이터를 수집했다(그림 7.1). 이 강바닥은 한때 액체 메탄이 흐르던 곳이었고, 남아 있는 바위는 계절에 따라 메탄의 물결을 타고 굴러 내려온 얼음 덩어리들이었다. 외계 하천의 자갈은 컵에 음료수를 다 마시고 남은 얼음과 비교할 만하다.

하위헌스는 타이탄의 대기를 뚫고 낙하하는 길에 아르곤과 그 동위원소 하나를 감지했다. 아르곤은 비활성기체라서 다른 원소와 결합해 화합물을 형성하지 않는다. 이런 이유로 비활성기체는 특히 지질학 및 지질 화학 과정의 유용한 지표가 된다. 가장 '자연스러운' 형태의 아르곤은 아르곤-36인데 양성자 18개와 중성자 18개로 만들어진다. 내가 '자연스러운'을 강조한 이유는 아르곤-36이 별의 핵 합성 과정에서 만들어지기 때문이다. 그러나 지구에서 가장 많이 발견되는 형태는 아니다. 우리 행성에서는 주로 아르곤-40이 발견되며 양성자 18개와 중성자 22개로 구성된다.

아르곤-40은 별에서 쉽게 만들어지지 않는다. 대신 칼륨 원자, 특히 칼륨-40이 방사성 붕괴를 거칠 때 형성된다. 칼륨-40은 양성자 19개와 중성자 21개로 이루어졌다(칼륨 대부분이 칼륨-39인데, 양성자 19개와 중성자 20개로 구성된다). 칼륨-40은 반감기가 약 12억 5000만 년쯤 되며 양성자 하나가 중성자로 변환되어 아르곤-40이 된다.

태양과 대형 행성의 대기에는 아르곤-36이 풍부하지만, 지구처럼 암석으로 된 행성은 칼륨-40을 포함해 아주 많은 칼륨으로 이루어졌으므로 시간이 지나면 붕괴하면서 아르곤-40이 축적된다.

그렇다면 왜 탐사정 하위헌스가 측정한 아르곤-40이 유용한 걸까? 칼륨-40이 아르곤-40으로 붕괴할 때 이 원자는 고체 형태를 좋아하는 원소(칼륨)에서 기체 상태를 좋아하는 원소(아르곤)로 변화한다. 따라서 아르곤-40 기체는 아르곤이 오래된 바위와 행성의 내부에서 기체가 빠져나갈 때 방출되었다는 징표이다. 암석 내부에서 칼륨이 붕괴할 때, 위성과 행성 내부의 바위가 아르곤 기체를 트림으로 뱉어냈거나 기체가 바위틈으로 새어나왔을지도 모른다.

기체인 아르곤-40과 고체인 칼륨-40의 이런 관계를 염두에 두면, 하위헌스가 탐지한 아르곤-40은 타이탄 내부에서 칼륨-40이 아르곤-40으로 붕괴한 것임을 알 수 있다. 아르곤-40이 대기에 존재한다는 것은 모종의 지질학적 활동이 아르곤으로 하여금 대기에 도달하게 했다는 뜻이다. 새어나왔든 트림을 했든 아래에서 와야 한다! 아르곤-40이 얼음화산 분출에서 온 것일까? 아니면 얼음층이 쪼개져서? 그 답은 알 수 없다. 그러나 하위헌스의 측정 결과는 아르곤이 타이탄 내부에서 새고 있으며, 아르곤-40을 방출한 지역에서 메탄까지 대기 중으로 보내고 있을 가능성을 제시한다. 하위헌스는 알 수 없는 어떤 지질학적 활동으로 타이탄에 대기가 충전되고 있다는 단서를 발견한 것이다.

타이탄의 기이한 생명체

아름다운 경치에 더하여 타이탄은 태양계에서 우리가 알고 있는 형태(물과 탄소에 기반을 둔)의 생명체와 우리가 알지 못하는 형태의 생명체('기이한 생명체')를 모두 탐색할 수 있는 가장 좋은 장소로 보인다. 다음 절에서 보겠지만 타이탄에서 물과 탄소에 기반을 둔 기존의 생명체는 지하 바다 깊은 곳에, 그리고 새로운 형식의 '기이한 생명체'는 지표 곳곳에 있는 액체 메탄과 에탄 호수에 살 것이다. 토성에는 계절이 있기 때문에 호수는 시간에 따라 변화한다.

타이탄에서 탄화수소(메탄과 에탄) 호수의 계절 순환은 타이탄의 지질 형성에 근본적인 영향을 미쳤고, 또 생명체의 서식지가 될지도 모른다는 가능성 때문에 두 배로 흥미롭다. 타이탄의 계절은 겨울에는 대규모 메탄 호수가 생길 정도로 춥고, 여름에는 메탄의 상당 부분이 증발하여 날아갈 정도로 따뜻하다. 계절의 변화가 곧 메탄의 기상학적 순환을 지속시키는지도 모른다.

지구에 사계절이 있는 것은 지구의 자전축이 태양을 도는 궤도면에 대해 23.4° 기울어졌기 때문이다. 토성 또한 궤도면에 대해 26.7°로 기울어졌고, 그 위성의 궤도면도 같은 기울기를 공유하므로 타이탄 역시 계절을 경험한다.

타이탄은 지구에서의 16일마다 한 번씩 토성을 공전하고, 토성은 29년마다 한 번씩 태양을 공전한다. 토성과 그 위성이 태양 주위를 돌 때 태양과 이루는 각도가 달라지면서 햇빛이 주로 북반구를 비출 때와 남반구를 비출 때가 번갈아 나타난다 이런 기하학적 구조가 타이탄에 봄, 여름, 가을, 겨울의 계절을 불러온다.

카시니호는 13년 동안 토성을 공전했다. 토성의 1년 중 절반에 가깝다. 그 기간에 카시니호는 타이탄에 127번의 근접비행을 시도했다. 2004년, 카시니호가 토성에 도착하여 타이탄에 근접비행할 때 북쪽에서는 겨울이, 남쪽에서는 여름이 끝나가고 있었다. 춘분(낮과 밤의 길이가 같은 날)은 2009년 8월이었다. 2017년, 카시니호가 임무를 마쳤을 때 타이탄의 남반구는 한겨울이었고 북반구는 한여름이었다(그림 7.2).

카시니호가 처음으로 타이탄에 근접비행을 시도했을 때, 북반구는 이제 막 긴긴 겨울(동지)에서 빠져나왔다. 탐사선에 탑재된 능동 레이더 장비를 사용해 카시니호는 타이탄의 안개 낀 두꺼운 대기를 뚫고 지표까지 볼 수 있었다. 레이더는 메탄 호수와 바다가 점점이 흩어진 풍경을 드러내 보였다.

그러나 남반구에는 호수가 보이지 않았다. 마른 호수일지도 모

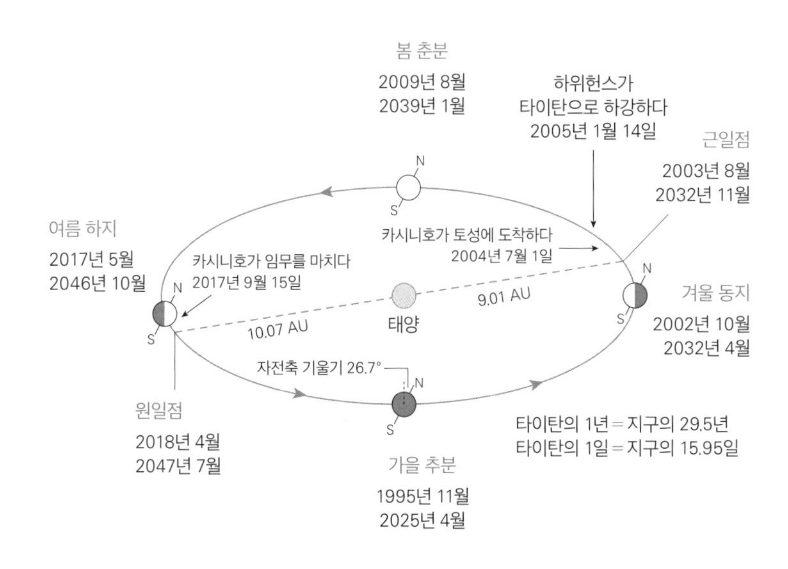

그림 7.2 토성과 위성의 계절, 그리고 카시니호와 하위헌스 탐사정의 측정 시점. 토성의 자전축이 태양을 공전하는 토성의 궤도면에 대해 26.7° 기울어져 있기 때문에 토성에 계절이 생긴다. 타이탄과 엔셀라두스 같은 대부분의 위성도 비슷한 정도로 축이 기울어져서 똑같이 계절을 겪기 때문에 호수, 바다, 비가 한 해를 거치며 이쪽저쪽으로 이동한다(토성의 1년, 즉 태양 주위를 한 바퀴 도는 기간은 지구의 29년이다). (Hörst, S. M. (2017). Titan's atmosphere and climate. *Journal of Geophysical Research: Planets*, 122(3), 432-482를 변형했음.)

르는 여러 개의 움푹 팬 지형이 있었지만 남반구 경관에는 액체 메탄 호수나 강의 흔적이 명확히 나타나지 않았다. 어떻게 된 일일까? 왜 하나의 천체가 이렇게 다를까?

그것은 타이탄의 계절 순환으로 인해 매년 호수가 극에서 극으로, 반구에서 반구로 이동하기 때문으로 추정된다. 추운 겨울에 북반구에서 메탄은 대기에서 응결한 다음 지표의 움푹 팬 곳에 모여 호수가 된다. 북반구에 따뜻한 여름이 찾아오면 호수의 메탄이 증발해 차가운 남쪽으로 이동하고 그곳에서 비를 내린다. 카시니호가 보낸 데이터로는 이 가설을 채택할 수도 기각할 수도 없었다. 그러나 분명 설득력 있고 명쾌한 가설이었다. 지구에서 계절이 눈과 비와 가뭄을 일으키는 것처럼, 타이탄에서의 계절도 습한 날씨와 건조한 날씨의 순환을 일으킨다. 단, 물 대신 메탄으로.

이 호수에 생명체가 살 수 있을까? 생명에 관한 한 타이탄 호수의 차가운 액체 메탄은 우리가 아는 생명체에게는 훌륭한 용매도 액체도 아니다. 메탄 분자는 물 분자와 달리 극성(약하게 전하를 띠는 것)을 띠지 않는다. 물의 극성화는 다른 극성 분자를 용해하고 기존의 생명체에 필요한 수많은 화학 반응을 제어하는 데 탁월하다. 메탄과 에탄 같은 비극성 액체의 행동은 전혀 다르다. 이 물질은 다른 비극성 화합물을 용해할 수 있지만 액체 메탄에서는 어떤 식의 복잡한 화학 반응이 전개될지 알지 못한다. 액체 메탄이나 에탄에서도 생명이 탄생했을 수 있지만, 우리가 알고 있는 또는 예측할 수 있는 그 무엇과도 다른 정말로 '기이한 생명체'일 것이다.

뒤에서 이 '기이한 생명체'의 가능성을 더 상세히 다룰 것이다. 그러나 지금은 타이탄의 호수와 바다에서 찰랑대는 작은 파도를 상상해보자. 아주 작은 생명체라도 좋으니 거기에서 타이탄의 밀물과 썰물을 즐기는 녀석들이 있으면 좋겠다.

저 아래 바다

타이탄 지표의 저 모든 흥미진진함과 화려함, 그리고 그 호수에 '기이한 생명체'가 있을지도 모른다는 가능성과 상관없이 나는 그 아래 깊숙이 있는 것에 대한 관심도 저버릴 수 없다.

타이탄의 지표 아래에 액체로 된 바다가 있다고 알려준 단서는 유로파에서 설명한 것과 비슷하지만 약간의 차이가 있다. 유로파에서 결론에 이르게 된 과정을 복습해보자. (1) 얼음으로 덮인 표면을 발견한다. (2) 일정 깊이 아래에 있는 물(고체든 액체든)을 필요로 하는 중력 측정값이 감지된다. (3) 지표 아래로 전도층(염분이 있는 바다)이 있어야만 생성되는 유도 자기장을 발견한다. 이 순서가 타이탄에도 적용되지만 약간의 수정이 필요하다.

무엇보다 타이탄의 지각 조성을 알려주는 자세한 단서가 없다. 얼음이라 믿고는 있지만 확신할 만큼 좋은 측정값을 얻기가 어려웠다. 타이탄의 대기는 지표의 조성을 눈으로 보거나 감지하지 못하게 방해한다. 지구의 망원경과 탐사선의 분광계로는 그 대기를 쉽게 뚫고 볼 수 없으므로 지표에 대한 훌륭한 스펙트럼 정보가 없다. 카시니호의 적외선 분광계와 레이더는 몇몇 특정 파장에 대한 정보를 주었고 그 결과는 얼음과 일치한다. 하위헌스 탐사정은 깜짝 놀랄 만한 이미지를 몇 장 찍었고 지표에도 직접 착륙했지만, 이미지에 나타난 자갈과 암석의 조성을 정확히 결정할 수는 없었다(사진 11).

타이탄의 얼음 지각을 설명할 수 있는 것이 물로 된 얼음 말고는 없다는 것이 진실이다. 이 사실은 크게 논의할 주제도 못 된다. 증거는 조금 부족할지언정 물로 된 얼음이 가장 논리적인 설명이다. 토성의 다른 위성들은 대체로 얼어붙은 표면을 지니고 있다. 타이탄의 두꺼운 대기가 지면을 가릴 수는 있어도 상식까지 덮어버리지는 못한다. 타이탄의 표면은 물로 된 얼음이 덮고 있다.

다음 퍼즐 조각으로 넘어가자. 타이탄의 중력 데이터는 무엇을 의미하는가?

타이탄의 중력이 나타내는 특징은 굉장히 놀랍다. 카시니호가 보내온 데이터에 따르면 타이탄의 중력은 시간이 지나면서 형태가 변하고 있었다. 2006년과 2011년 사이에 카시니호는 여섯 번에 걸쳐 타이탄에 아주 가깝게 근접비행을 했고, 각각 도플러 데이터를 수집했다. 카시니호가 보내온 신호에 나타난 청색과 적색의 약한 변화는 탐사선이 타이탄의 중력에 의해 이렇게 저렇게 끌어당겨지면서 속도에 미세한 변화가 일어난다는 것을 보여준다.

그 데이터를 보고 연구팀은 관성모멘트를 넘어서는 정보를 탐지했는데, 바로 내부 질량 분포(유로파에서 발견한 것)의 지표이다. 연구팀은 타이탄의 중력에 대한 훌륭한 측정치를 얻어내어 "k_2 러브수 k_2 Love number"로 알려진 매개변수의 특징을 찾기 시작했다. 이 변수는 중력의 교란된 '상태'와 교란을 가하는 중력 '퍼텐셜' 사이의 비율이다.

그게 다 무슨 말이냐고 물을지도 모르겠다. 간단히 말해 러브수는 중력과 조석력이 달라질 때 한 천체가 늘어나고 변형되는 정도를 나타낸다. '교란된 상태'는 토성의 중력이 가하는 조석력을 겪으면서 실제로 늘어나고 변형된 상태를 말한다. '교란을 가하는 퍼텐셜'이란 실제로 토성의 중력이 가하는 전체 조석력이다. 토성의 중력 퍼텐셜에 비해 실제 타이탄은 그만큼 늘어나거나 변형되지 않는데, 그건 타이탄 내부의 물질이 변형에 저항하기 때문이다. 그 결과 타이탄이 실제로 교란된 상태는 교란하는 퍼텐셜과는 다를 수도 있다. 스프링을 잡아당긴다고 생각해보자. 같은 힘을 주어도 스프링의 종류에 따라 늘어나는 정도가 다를 텐데, 이는 종류마다 구성하는 물질이 다르거나 다른 방식으로 감겨 있기 때문이다.

이 경우에는 타이탄이 토성의 주위를 돌고 토성의 중력이 잡아당기는 정도가 달라질 때 타이탄이 어떻게 변화하는지가 관심의 대상이다. 아주 '단단한' 고체 물체의 경우, 예를 들어 전혀 변형될 수 없는 강철로 된 공에서는 '교란된 상태'가 0이고 따라서 k_2 러브수도 0이다. 이 물체는 너무 견고해서 조석 굴곡이 일어날 수 없고, 따라서 전혀 '교란될' 수 없다. 한편, 변형하고 늘어날 수 있는 바위로만 이루어진 천체라면 k_2 러브수가 약 0.04이다. 마지막으로 온전히 유체로만 된 물체는 아주 쉽게 변형되는데, 그렇다면 그것의 '교란된 상태'는 실제로 교란을 일으키는 퍼텐셜과 일치하거나 더 클 것이다. 이 경우 k_2 러브수는 1보다 크거나 같다.

카시니호에서 보낸 중력 데이터에 따르면 타이탄의 k_2 러브수는 약 0.6인데, 조석 변형력에 저항하는 바위로 된 단단한 물체라고 보기엔 너무 큰 값이다. 그 말은 '교란을 가하는 토성의 퍼텐셜'이 '교란된 상태'와 일치하지 않는데도 타이탄이 변형되고 있다는 뜻이다. 타이탄의 교란된 상태는 타이탄 안에 변형될 수 있는 무언가가 있다는 암시이다. 타이탄은 토성의 궤도를 돌 때 모양이 변형되며, 그것을 가장 잘 설명할 수 있는 것은 얼음층 아래에 바다가 있다는 것이다. 이번에도 물리학이 가져온 놀라운 결과이다.

타이탄의 얼음은 얼마나 두껍고 바다는 또 얼마나 깊을까? 루차노 이에스와 동료들이 이 일의 상당 부분을 주도했는데, 얼음껍질의 두께가 최대 100km라는 결론을 내렸다.[1] 바다의 수심은 연구진도 알 수 없었다. 다만 중력 데이터, 타이탄의 밀도, 타이탄의 후보 구성 물질에 대한 합리적인 가정을 모두 통합한 여러 모델이 타이탄의 바다 깊이가 70~100km쯤 될 거라는 결론을 내렸다.[2]

퍼즐의 세 번째 조각은 어떨까? 타이탄 내부의 지하 바다를 암시하는 자기장의 특징이 있는가? 대답은 '그렇다'이다. 그러나 유로파와는 이야기가 전개되는 양상이 조금 다르다.

하위헌스 탐사정은 타이탄의 대기를 뚫고 하강하면서 많은 흥미로운 화학과 날씨 현상을 보고했다. 하위헌스는 또한 구름 속 번개 같은 전자기 소음을 위한 전자 귀를 열었다.

아니나 다를까, 하위헌스의 데이터는 타이탄의 대기에 대한 풍부한 정보를 제공했다. 그중에서도 한 가지 특이한 신호가 두드러졌다. 탐사정은 극도로 낮은 36Hz의 주파수에서 지속적인 신호를 감지했다. 지구에서 그런 주파수는 전형적으로 번개 활동의 신호이다. 번개가 치면 소리 에너지와 전자기 에너지가 어우러진 교향곡이 연주된다. 일부 주파수는—소리와 전자기 에너지에서 모두—다른 것들보다 더 잘 이동한다.

36Hz 주파수는 번개와 함께 아주 멀리 이동하는데, 지구의 전도성 표면(주로 바다, 호수, 젖은 땅)과 대기의 이온층(고도 60~1,000km까지 이어지는 대기에서 전도성을 띠는 부분) 사이에 설정된 공명 때문이다. 이 공명은 1952년 빈프리트 오토 슈만이 지구의 대기에서 처음 측정했다. 1960년대 초에는 번개에 대한 상세한 측정이 이루어졌고, 36Hz에서 잡히는 신호가 확인되었다. 그 이후로 이런 종류의 공명을 "슈만 공명"이라고 부른다.

하위헌스 탐사정이 관측한 슈만 공명은 과연 타이탄에서 번개가 쳤다는 뜻일까? 논리적인 결론 같기는 했으나 사진에 번개를 일으키는 먹구름이나 폭풍이 보이지 않았으므로 번개 가설의 설득력이 떨어졌다.

슈만 공명이 일어나려면 번개처럼 해당 전자기 주파수를 일으키는 공급원이 있어야 하며 공명이 일어날 경계, 즉 도파관으로 기능하는 두 전도층이 있어야 한다.

크리스티안 베긴과 동료들은 토성의 자기장이 타이탄을 쓸고 지나갈 때 대기에 36Hz 신호를 포함한 전자기 주파수를 공급할 수 있음을 보였다.[3] 또한 이들의 연구에 따르면 타이탄의 전도성 이온층이 36Hz 신호를 위한 한쪽 전도층으로 기능할 수 있었다. 그렇다면 나머지 전도층은 어디에 있을까?

타이탄의 탄화수소와 얼음으로 뒤덮인 표면은 전기적으로 전도성이 없어서 기본적으로 커다란 절연체로 작용한다. 그러나 36Hz 데이터는 타이탄의 지각에서 약 55~80km 아래에 슈만 공명의 다른 경계로 작동할 전도층이 있을 가능성을 제시했다.[4] 지하 전도층의 가장 좋은 후보는 염분이 있는 물로 된 바다다. 이번에도 소금은 전자기장의 상호작용으로 감지될 수 있는 전도성 있는 바다를 제공하는 데 일조한다. 타이탄의 대기에서 번개를 찾지 못해 실망했을지 모르지만, 지하에 존재하는 광역 바다는 분명 연구팀에게 위안을 주는 선물이었다!

• • •

타이탄은 태양계에서 이견 없는 탄소의 여왕이다. 지표의 호수에서건, 아래의 바다에서건 타이탄은 아마도 생명이 필요한 모든 탄소를 갖고 있을 것이다. 깊은 바다와 탄소가 풍부한 호수의 조합으로 타이탄은 지표의 '기이한 생명체'와 우리가 알고 있는 (물이라는 용매에 기반을 둔) 지표 아래의 생명체를 뒤져볼 매력적인 장소가 되었다.

한 가지 풀리지 않는 의문이 있다. 지하 바다가 표면 위로 얼마나 많이 올라올까? 대기에서 측정된 아르곤-40의 수치는 적어도 기체 일부가 아주 최근이든 멀지 않은 과거에서든 타이탄의 내부에서 왔다는 것을 기억하자. 표면 아래에서 기체를 전달한 과정이 바닷물도 표면으로 올려줄 수 있을까? 그럴지도 모르겠다.

'기이한 생명체'가 타이탄 표면의 호수에서, 동시에 기존의 생명체가 그 아래 바다의 어두운 영역에서 헤엄치는 일이 일어날 수 있을까? 깊은 바닷속 미생물이 메탄을 토해내고 그것이 다시 지표의 생명을 위한 액체 역할을 하는 것이라면? 실로 대단한 행성 생태계가 아니겠는가. 뜬구름 잡는 듯한 생각 같지만, 또 아주 터무니없는 생각도 아니다.

지금 그곳에 생명체가 있을 수 있다. 한 생물은 해변에서 안개 낀 하루를 즐기고, 다른 하나는 그 아래 바다에서 얼음과 바위를 갉아먹고 있을지도 모른다.

직접 가서 보기 전에는 알 수 없지만 말이다.

8장

사방에 존재하는 외계 바다

내가 보기에 유로파, 엔셀라두스, 타이탄은 지구 너머에서 생명을 찾을 전망이 가장 높은 바다세계들이다. 그러나 다른 곳에도 외계의 해양이 존재할 가능성은 있고 그곳에서도 생물이 살 수 있거나 이미 살고 있는지도 모른다. 이제 멀리 있는 천체의 얼음 지각 밑에 바다가 있을 가능성을 타진하는 방법이 잘 갖춰졌으므로 태양계의 다른 지역에서 외계 바다를 드러내는 증거나 우주생물학적 잠재력을 빠르게 훑어볼 수 있다.

여기에 등장하는 천체들은 외행성계에 액체 물이 얼마나 만연한지 보여준다. 이제부터 살펴볼 곳보다 더 많은 바다세계가 존재할 수 있다. 예를 들어 미란다와 티타니아 같은 천왕성의 위성이 바다를 품고 있는지는 아직 밝혀지지 않았다.

외행성계에 존재하는 물의 총 부피는 지구의 20배가 넘을 수도 있다. 그 정도라면 거주 가능한 주거지의 부피로는 엄청난 것이다. 그러나 2장과 3장에서 살펴보았듯이 물은 생명에 필요한 핵심 요소의 하나일 뿐이다. 많은 경우, 아래에서 설명할 외계 바다는 생명체에 필요한 원소와 에너지를 제공하기 힘든 여건이다. 3장에서 말한 골디락스 영역에서 조금 멀리 떨어져 있다는 말이다.

그러나 어차피 우주는 거주 가능성을 평가하는 인간의 능력을 개의치 않는다. 어쩌면 생명은 생명의 기원과 거주 가능성을 두고 인간이 설정한 조건을 만족시키지 않는 바다에서도 행복하게 살아가고 있을지 모른다. 직접 밖으로 나가 탐험해야 할 이유가 더 생겼다.

가니메데

가니메데는 태양계에서 가장 큰 위성이다. 수성보다 크고 화성과 거의 비슷한 크기이다. 가니메데에는 바다가 있다. 그리고 분광학과 중력 측정과 자기장 측정이라는, 유로파를 조사할 때 사용했던 바로 그 세 조각 퍼즐에서 그 증거가 나왔다.

갈릴레오호는 가니메데에 평생 6번 근접비행했고 유로파에서 수집한 것과 상당히 유사한 데이터를 보냈다. 한 가지 흥미로운 예외가 있다면 2000년 12월 다섯 번째 근접비행을 시도할 때였다.

마침 카시니호가 근처에 있었다. 카시니호는 목성에서 토성으로 가는 길에 스윙바이로 속도를 올리려던 참이었다. 이 중력 도움 덕분에 두 탐사선이 동시에 다른 장소에서 자기장을 측정할 황금 같은 기회가 생겼다. 갈릴레오호는 가니메데의 자기장을 가까이에서 측정했고, 카시니호는 목성과 태양의 배경 자기장을 측정했다. 이것은 대단히 유용한 정보였다. 마침 가니메데 주변의 자기장 때문에 연구팀이 혼란을 겪고 있었기 때문이다.

가니메데의 자기장 이야기는 유로파보다 훨씬 복잡하다. 갈릴레오호 덕분에 이제 가니메데가 내부에 고유 자기장을 가진다는 것이 알려졌다. 또한 갈릴레오호가 보낸 자료는 가니메데의 자기장에 시간에 따라 달라지는 구성 요소가 있음을 보여주었다. 유로파에서도 그랬지만 지속해서 변하는 요소가 있다는 것은 표면 아래에 짠 바다가 있다는 뜻이다.

가니메데의 고유 자기장은 대단히 흥미로운 발견이었다. 수성, 화성, 타이탄에는 자기장이 없다. 모두 가니메데와 크기가 비슷한 천체들이다. 그렇다면 왜 가니메데에는 자기장이 있을까? 한 천체가 자기장을 형성하려면 핵에 용융된 지역이 있어서 '자기 유체 다이너모'라는 것을 발생시키는 방식으로 그 용융된 지역이 흐르고 순환해야 한다. 행성 내부의 컴퓨터 모델에서 자기 유체 다이너모는 흐르고 움직이는 거대한 실뭉치처럼 보인다. 지구에도 용융된 철로 이루어진 핵의 일부로서 흐르는 대형 자기 유체 다이너모가 있다. 그 액체 철의 움직임이 자기장을 일으킨다.

갈릴레오호가 보낸 자기장 데이터가 납득되려면 가니메데는 내부에 용융되어 순환하는 핵이 있어야 한다. 그 핵이 자기 유체 다이너모를 일으키고 그것이 갈릴레오호가 관찰한 것 같은 자기장을 생성한다. 가니메데 안에서 다이너모를 추진하는 에너지는 여전히 큰 수수께끼다. 현재까지 제시된 이론은 대개 조석 에너지 소산, 방사성 붕괴, 그리고 가니메데가 형성될 시기에 발생했던 열의 잔열에 초점을 둔다. 이 열원들을 합하면 가니메데 내부에서 바다와 활발한 핵을 모두 유지할 수 있다. 앞서 말한 대로 가니메데가 라플라스 공명에 고정되었다는 사실을 기억하자. 라플라스 공명은 가니메데가 목성을 한 번 돌 때 유로파는 두 번 돌고, 유로파가 한 번 돌 때 이오가 두 번 공전하는 아름다운 조화이다. 그 결과 가니메데는 이심성(타원형 궤도)을 갖도록 강제되었고, 조석 가열이 축적되는 시간을 거쳤을 것이다. 그러나 라플라스 공명에서 비롯한 조석 가열이 현재에도 특별히 활동적인지는 아직 알지 못한다.

가니메데의 표면을 보면 복잡한 이야기가 아직 남아 있는 게 분명하다(그림 8.1). 가니메데 표면의 대략 3분의 1이 오래된 '어두운 지형'이고, 남아 있는 3분의 2는 얼음이 덮인 더 어리고 '밝은 지형'이다.[1] 지형의 나이는 충돌구의 개수를 세어 추정하는데, 충돌구가 유독 많고 어두운 지형은 평균 40억 년 이상 지속한 것으로 보인다. 어리고 밝은 지형은 평균 20억 년쯤 되었고 일부는 4억 년 정도로 굉장히 젊다.[2]

가니메데 표면의 지질학은 얼음 덮인 위성에서 생각할 수 있는

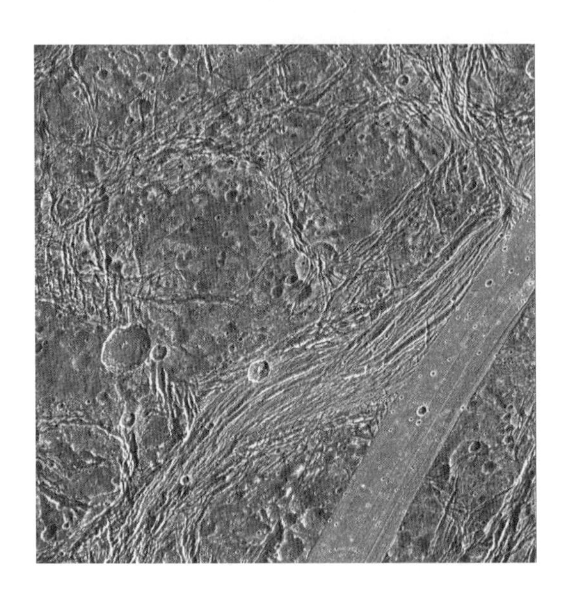

그림 8.1 가니메데의 얼음 지각은 아름다우면서도 지질학적으로 혼란스럽다. 지표를 가르며 생성된 균열, 띠, 능선은 지각 활동을 나타내는데, 이는 가니메데가 목성을 공전할 때 발생하는 조석에 의해 추진된다. 사진은 "니콜슨 지역"이다. 오른쪽 아래를 가로지르는 회색 띠는 얼음이 갈라지고 새로운 물질이 밑에서부터 올라오면서 표면에 새로운 얼음이 생길 때 균일하게 형성된 선이다. 이 이미지의 실제 면적은 $144km^2$이다(사진 출처: NASA/JPL/브라운 대학교).

모든 종류의 활동을 증명한다. 얼음과 바위 지형은 높이가 700m를 오르내린다. 뉴욕시 크라이슬러 빌딩 높이의 2배에 해당한다. 온갖 크기의 충돌구가 경관 곳곳에 퍼져 있다(사진 12). 익숙하고도 기이한 지각 활동의 신호가 경관을 갈라놓는다. 엮이고 구부러지는 이런 이상한 지각 변동의 일부를 "고랑 시스템furrow system"이라고 부르는데, 이는 이런 혼란스러운 표면을 이마에 밭고랑처럼 깊은 주름이 지도록 이해해보려는 과학자들의 노력과 지질의 특성을 적절히 묘사한다. 비록 현재로서는 어떤 데이터에서도 관찰되지 않았지만, 빙점에 가까운 물의 화산이 얼어붙은 마그마 표면 위를 덮었을지도 모른다. 어쩌면 가니메데는 과거에 더 활발히 활동했거나, 이제 막 좀 더 활발해질 참이다. 정확히 알 수는 없다.

가니메데 표면의 조성은 그곳에 충돌한 각종 크기의 바위를 모아온, 아마도 염분이 포함되었을 태곳적 얼음껍질의 이야기를 들려준다. 어두운 지형은 운석의 잔해—규토, 점토, 어쩌면 유기물까지 포함된—로 형성된 것으로 보인다. 이오에서 일어난 화산 활동의 지문이 유로파에서처럼 가니메데에서도 발견된다. 이오에서 배송된 황이 표면을 덮고, 이어서 그것은 목성의 자기장에서 방출된 방사선을 쬔 후 다른 화합물로 가공된다. 또한 가니메데의 표면과 그 희박한 대기에서 산소와 오존이 측정되었는데, 둘 다 바다로 순환된다면 생명체에 유용한 에너지를 제공할 수 있다.

가니메데의 밀도와 갈릴레오호가 제시한 중력 및 자기계 데이터를 바탕으로 세운 내부 모형은 막연하게나마 생명체의 거주 가능성을 암시한다. 물과 암석의 상호작용을 평가한 골디락스 등급에서 가니메데는 저밀도(1.94g/cm^3)의 대형 위성에 속하는데, 그것은 물이 암석을 통해 생명체에 필요한 원소와 에너지를 침출하는 방식에 크게 유리한 조건이 아니다.

무게를 보면 가니메데는 약 60%의 암석과 40%의 물(액체와 고체 모두)로 구성되었다. 중력 데이터에 따르면 얼음층과 물층이 거의 800km 두께에 이른다. 자기계 데이터는 저 층 안에 약 170km 깊이에서 물로 된 바다가 얼음 사이에 샌드위치처럼 끼워져 있다고 암시한다. 바다의 두께는 수십 킬로미터에서 100km 이상으로 추정된다. 이는 지구에서 발견되는 액체 형태 물의 총부피 10배에 해당하는 양이다.

그러나 가니메데 바다의 밑바닥은 암석이 아니라 지구에서는 본 적 없는 형태—고압 실험실에서 제조하지 않는 한—의 얼음으로 되어 있다. 가니메데의 해저는 얼음 III으로 만들어졌는데, 이는 고압에서의 얼음 상태이며, 조밀하게 압축된 물로 만들어진 얼음이라 물보다 밀도가 크다. 그 결과 얼음 III는 가라앉는다. 가니메데의 더 깊숙한 얼음층에는 얼음 V와 얼음 VI이 존재할 가능성이 있다. 둘 다 더 조밀하고 색다른 결정으로 압축된 물이 얼은 것이다. 지구에서는 얼음 I만 있을 뿐 나머지 형태의 얼음이 관찰된 적은 없다. 지구에는 저렇게 신기한 결정을 형성할 만큼 춥고 고압인 장소가 없기 때문이다.

가니메데의 바다는 샌드위치처럼 두 얼음층 사이에 끼인 상태라 생명의 화학에 불리하다. 암석으로 이루어진 해저가 없으면 열수구가 없고, 열수구가 없으면 어두운 바닷속에서 생명을 부양하기가 어렵다는 게 합리적인 결론이다. 나는 가니메데의 거주 가능성에 대해서 마음을 접었지만, 제트추진연구소의 동료 크리스토프 소틴과 스티브 밴스는 가니메데의 얼음 안에 심해의 얼음층으로 하여금 그 밑의 암석층에서 위쪽으로 물질을 보내 순환하게 하는 광혈, 광맥, 그밖의 역학 과정이 있을지도 모른다고 지적한다.[3] 다시 말해 가니메데의 얼음 깔린 해저가 가니메데 내부의 더 깊은 암석 지대와 순환하고 있을지도 모른다는 말이다. 비록 이런 순환 운동은 물이 암석과 직접 순환하는 것보다 덜 효율적일 수는 있지만, 가니메데의 바다를 생명에 필요한 화학으로 충전하는 데에는 모자람이 없을 수도 있다.

천만다행으로 10년 안에 우리는 다시 한번 가니메데를 가까이에서 볼 기회가 있을 것이다. 유럽우주국은 목성과 그 위성의 탐사를 계획하고 있다. 목성 얼음위성 탐사선 주스호는 여러 대형 위성을 근접비행한 다음 가니메데의 궤도에 안착할 것이다.

일단 궤도에 오르면 탐사선은 가니메데의 중력, 자기장 섭동을 예의 주시하며 가니메데 내부를 속속들이 파헤칠 예정이다. 또한 카메라, 분광계, 얼음을 투과하는 레이더가 가니메데의 표면과 조성, 그리고 가장 바깥쪽 얼음껍질의 깊이와 구조를 보여줄 것이다. 그 결과를 바탕으로 가니메데의 표면이 아래쪽 바다를 보는 창으로 기능할지, 그리고 그 표면에 보존된 생명의 흔적이 있을지 알게 되길 희망한다.

칼리스토

거주 가능한 새로운 지역에 대한 골디락스 이야기에서 칼리스토는 조석으로 추진된 거주 가능한 지역의 끝자락을 차지한다. 태양 중심의 전통적인 거주 가능 지역에서 가장자리를 차지하는 화성과 다소 비슷하다. 칼리스토는 골디락스 동화에 나오는 차가운 죽이다. 칼리스토는 유로파보다 목성에서 3배쯤 멀리 떨어져 있다. 그리고 비록 공전궤도는 이심성(타원형)이지만 목성에서 너무 멀리 있어 조석력이 크지 않다. 조석 줄다리기가 최소한으로 일어난다는 뜻이다.

그럼에도 칼리스토에는 지표 아래 바다가 있는 것으로 보인다. 가니메데에서처럼 이곳에서의 증거 역시 유로파에서 쓰인 3개의 퍼즐 조각과 유사하다. 가니메데와 달리 칼리스토는 비슷한 크기와 질량에도 내부에 고유 자기장이 없다. 칼리스토의 밀도는 약 1.84g/cm^{3}이고 지름은 4,820km가 조금 넘는다. 반면 가니메데의 지름은 5,268km이다. 그러나 유로파처럼 칼리스토 역시 유도 자기장이 발생한다. 유도 자기장은 표면의 얼음껍질 밑에 짠 바다가 있어야만 가능한 자기장이다.

이번에도 충돌구를 시계 삼아 지표의 나이를 가늠해보면 칼리스토의 거의 모든 표면이 39~43억 년의 범위에 들어간다.[4] 46억 6000만 년이라는 태양계의 나이와 맞먹는 고령이다. 그 말은 칼리스토가 형성되어 목성계에 정착한 이후 이 위성의 얼음 덮인 표면이 별로 변하지 않았다는 뜻이다. 지표의 가장 어린 지역은 약 20억 년 전 운석이 칼리스토를 유난히 집중적으로 강타한 곳이다. 이것이 칼리스토를 가히 목성계의 산증인이라 부를 수 있는 이유이다(그림 8.2). 칼리스토의 표면은 가장 오래되고 또 가장 충돌구가 많은 얼음 지각이며 태양계 초창기부터 저 충돌구들을 수집해 왔다. 이 표면이야말로 지난 40억 년 동안 목성 주위를 지나친 모든 것의 목격자이다.

보이저호와 갈릴레오호가 찍은 칼리스토 표면 이미지에는 얼음 화산이 다시 표면 위로 올라온 증거나 지각 활동의 명확한 표시가 없다. 이는 가니메데에서 특히 그런 증거가 풍부하다는 것을 볼 때 의아한 일이다. 칼리스토의 표면은 충돌구, 어두운 물질로 된 평원, 얼음 지역, 각양각색의 언덕과 봉우리로 특징지어진다. 과거든 현재든 칼리스토에서 지각 활동의 흔적이 부족하다는 것은 내부의 가열이 없다는 뜻으로도 해석할 수 있다. 칼리스토 내부에 열이 있었다면 바깥의 얼음 지각은 표면이 파괴되고 얼음이 재충전되며 오래된 충돌구가 지워졌을 것이다. 칼리스토는 라플라스 공명의 일부가 아니므로 우리가 아는 한 이오, 유로파, 가니메데와 비슷한 조석 가열을 경험한 적이 없다.

칼리스토의 조성은 전반적으로 가니메데와 비슷하다. 물로 된

그림 8.2 가까이에서 본 칼리스토. 태양이 왼쪽에서 비치면서 절벽의 커다란 그림자가 오른쪽으로 드리운다. 이 이미지는 가로 길이가 33km이다. 테두리가 밝게 도드라진 충돌구는 크고 작은 충돌을 나타낸다. 큰 절벽처럼 보이는 지형조차 칼리스토에서 가장 큰 충돌구의 하나인 발할라 다중 고리 충돌구에 의해 생긴 단층이다(사진 출처: NASA/JPL/애리조나 주립대학교).

얼음 지역이 유성의 유입 및 충돌 잔해의 흔적을 품고 있는 어두운 지형과 짝을 지어 나타난다(사진 12). 분광 기술로 규산염, 유기물, 심지어 질소까지 잠정적으로 식별되었다.[5] 그러나 이산화탄소와 이산화황으로 된 얼음과 서리가 널리 분포한다는 점이 가니메데와 다르다. 칼리스토는 심지어 희박하지만 이산화탄소로 구성된 대기도 있다.[6] 황은 이오에서 운반되었다고 치더라도 이산화탄소의 기원은 확실치 않다. 칼리스토가 처음 생성되고 기체가 빠져나가던 시기까지 거슬러가는 아주 원시적인 것일 수도 있고, 소행성이나 혜성과의 충돌에서 축적된 것일 수도 있다. 덧붙여서 소행성과 혜성이 운반한 유기물이 태양의 자외선에 의해 이산화탄소로 분해되었을지도 모른다. 칼리스토는 목성에서 너무 멀리 떨어져 있기 때문에 이오, 유로파, 가니메데가 견뎌야 하는 강렬한 전자 이온 폭격을 당하지 않는다는 사실도 언급해야겠다.

내부로 들어가보면 칼리스토의 중력 데이터나 모델은, 정확히 구별되진 않지만 대략 안쪽으로 600km까지 암석과 금속이 혼합된 핵을 나타낸다. 그 위에는 얼음과 암석이 혼재된 층이 있고, 또 그 위에는 350km 두께의 바깥 얼음층이 있다. 칼리스토의 유도 자기장은 그 바깥 얼음층 안에 100~300km 깊이의 짠 바다가 있어야 가능하다. 바다 자체는 수십 킬로미터에 불과할지도 모른다.

가니메데와 마찬가지로 칼리스토의 바다는 깊고, 그 해저는 얼음 Ⅲ처럼 밀도가 더 높은 얼음이 안정적으로 형성되는 수온과 기압 상태일 가능성이 크다. 그렇다면 아마 이 바다는 지구화학적으로 암석과의 풍부한 상호작용이 불가능할 것이다. 거주 가능성의 관점에서 볼 때 바람직하지 못한 특징이다. 규산염 암석에서 침출되는 물은 생명체에 필요한 원소와 에너지를 제공하는 데 매우 중요하기 때문이다.

칼리스토는 생명의 가능성과 상관없이 매혹적인 세계이다. 그러나 생명체를 찾고자 할 때는 바다가 얼음 사이에 끼어 있고 아주 오래된 두꺼운 얼음껍질 밑에 갇혀 있다는 사실은 설사 생명이 존재한다고 하더라도 그것을 찾아낼 확률이 매우 희박하다는 뜻이다.

나를 비롯한 행성과학계 사람들이 품고 있는 한 가지 간단하지만 훌륭한 질문이 칼리스토에 대한 관심의 이유가 된다. 가니메데와 칼리스토에서 수집한 정보의 가장 큰 차이가 조석 가열인가? 그렇다면 언젠가 칼리스토가 조석 줄다리기로 펌프질을 시작한다면 마침내 가니메데처럼 보일 수 있게 될까? 칼리스토가 심지어 제 자기장을 만들어내기 시작할 수도 있지 않을까?

저런 실험은 분명 인간의 능력 밖이지만, 미래에는 양쪽 천체에 대한 데이터를 충분히 수집하여 컴퓨터 모델로나마 이들의 행동을 적절히 재현해볼 수 있길 바란다. 조석 에너지의 다이얼을 먼 미래로 돌린다면 칼리스토가 가니메데로, 또는 가니메데가 칼리스토로 변형되는 과정을 지켜보게 될지도 모르니까.

트리톤

해왕성의 유일한 대형 위성인 트리톤의 얼음 지각 아래에서 흥미로운 일이 일어나고 있다는 증거는 1980년대 후반으로 거슬러간다. 보이저 2호가 1989년 여름에 해왕성에 근접비행할 때 충돌구가 거의 없는 기이할 정도로 신기한 표면의 사진을 보냈다(사진 13). 트리톤의 표면 일부는 멜론의 일종인 칸탈로프 껍질의 질감과 비교되었다. 행성에서 이런 표면이 발견된 적은 없었다. 저런 얼음 표면을 정확히 기술하는 표현은 하나밖에 없다. "칸탈로프 지형."

보이저호가 찍은 일련의 사진이 이 신선한 표면과 연관 지어 많은 관심과 논쟁에 불을 붙였다. 보이저호의 이미지는 트리톤의 표면에서 분출하는 활발하고 변화무쌍한 물질의 기둥을 드러내 보였다. 미풍이 검은 연기를 피워 올리는 공장의 높은 굴뚝처럼 트리톤의 연기 기둥은 지면 위로 길고 검은 줄기를 드리우며 희박한 질소 대기층으로 서서히 사라졌다.

이것은 얼음위성에서 처음으로 목격된 연기 기둥이었다. 분명 보이저호는 이오의 강렬한 화산 활동을 본 적이 있다. 그러나 조석 가열이 밝혀진 뒤에야 그 활동이 이해가 되었다. 그런데 트리톤에서 활발한 표면이라고? 그건 꽤 흥미로운 사건이었다(참고로 카시니호가 엔셀라두스의 남극 근처에서 물기둥을 발견하기 한참 전이었다).

트리톤의 연기 기둥은 지표 위로 8km가량 올라오는데, 고체 상태의 온실효과라는 과정을 통해 태양의 약한 열기가 쌓여서 생겼을 가능성이 있다.[7] 온실효과는 일반적으로 지구나 금성에서처럼 대기 중의 이산화탄소가 열을 가두면서 일어나는 현상으로 알려져 있다. 그러나 온실효과는 고체에서도 일어난다. 트리톤에서 햇빛은 질소 얼음을 통과한 다음 얼음 안에 묻혀 있는 어두운 유기물질에 닿는다. 이 물질이 햇빛을 흡수하여 데워지면 주변의 얼음이 기체로 승화한다. 압력이 쌓이면서 마침내 위쪽의 얼음이 부서지면 질소 기체와 유기물이 분출된다.

트리톤의 연기 기둥은 이 위성의 독특한 특성을 드러낸다. 연기 기둥을 생성할 정도로 태양 에너지가 쌓이는 이유는 모두 트리톤이 희한한 궤도로 돌기 때문이다. 트리톤은 해왕성의 자전 방향과 반대 방향으로 공전한다(이를 역행 궤도라고 한다). 행성과학자에게 이것은 장난의 시작을 알리는 거대한 붉은 깃발이다. 태초에 항성, 행성, 그리고 위성이 형성된 물질의 원반은 수많은 회오리로 이루어진 거대한 소용돌이였다. 소용돌이 안에 있는 것들은 모두 한 방향으로 회전하고 움직였다. 만약 반대로 움직이는 물체가 있다면, 그것은 그곳에서 만들어진 것이 아닐 가능성이 크다. 다시 말해 트리톤의 역행 궤도는 트리톤이 카이퍼 벨트의 훨씬 바깥에서 형성되었다가 수십억 년 전 해왕성에 붙잡혔을 가능성을 암시한다. 어떻게 그런 일이 일어났는지는 알지 못한다. 그러나 어쩌다 두 천체가 가까워지면서 트리톤이 해왕성 중력의 영향권에 들게 되었을 것이다.

트리톤 궤도의 두 번째 신기한 특징은 트리톤 궤도의 평면이 해왕성의 적도와 공전궤도의 평면에 대해 심하게 기울었다는 점이다. 기울기가 크다는 것은 지구로 따지면 거의 165년에 해당하는 해왕성의 '한 해' 중 절반 동안 일부 지역은 영원한 낮, 일부는 영원한 밤을 보낸다는 뜻이다. 현재 트리톤의 남반구는 햇빛에 절어 있고 북반구는 어둠에 잠겨 있다. 보이저호가 보았던 남반구의 연기 기둥은 천천히 그러나 꾸준하고 집요하게 열을 가한 태양으로부터 저 분출의 동력을 얻었을 것이다.

연기 기둥이 흥미롭기는 하지만 그렇다고 실제로 트리톤의 얼음 지각 밑에 바다가 있다는 뜻은 아니다. 아래로 바다와 연결된 엔셀라두스의 물기둥과 다르게 트리톤의 연기 기둥은 지하 활동의 표식이라기보다는 지표와 대기에서 일어난 과정의 결과에 더 가깝다.

트리톤에서 바다의 증거는 미약하다. 그렇다고 트리톤에 미량의 암모니아가 섞인 액체 바다가 있다는 시나리오를 상상조차 할 수 없는 것은 아니다. 트리톤의 어리고 얼음이 뒤덮인 표면은 분명 얼음 지각 아래 액체층이 있어야만 가능한 격렬한 지면 재포장을 가리킨다. 달 행성 연구소의 파울 솅크와 NASA 에임스 연구센터의 케빈 잔르는 일부 충돌구를 바탕으로 트리톤 표면의 연령이 평균 1000만 년 미만이라고 계산했다.[8] 태양계 기준으로는 눈 깜빡할 사이의 시간이다. 트리톤의 얇은 질소 대기가 일부 충돌구를 침식하는 데 도움이 되었을지도 모르지만 그런 대규모의 표면 재포장이 일어나려면 분명 바다 아래에서 순환하는 얼음의 대류가 필요하다. 덧붙여서 트리톤 표면의 많은 균열과 부드럽고 갈라진 평원은 지각 활동과, 아마도 바다와 연결되었을 얼음화산을 가리킨다.

보이저호가 보낸 이미지가 아니더라도 트리톤의 조성과 역사는 바다 가설을 기각하기 어렵게 만든다. 해왕성에 붙잡히면서 트리톤은 초기의 타원형 궤도가 현재의 원형 궤도로 바뀔 때 엄청난 조석력을 경험했을 것이다. 궤도가 진화하는 기간에 트리톤 내부에서 조석 에너지 소산이 충분한 열을 생산해 광역 바다를 생성하고 유지했을 것이다.

그러나 현재의 트리톤에서는 조석 가열이 거의 일어나지 않는다. 트리톤은 해왕성 주변을 고작 6일에 한 번씩 공전하고 궤도도 원형에 가깝다. 조석이 데워놓은 열기가 식어가고 있다.

하지만 다행히 적어도 우주생물학적 관점에서 보면 트리톤의 조성이 이를 보완하며 지하 바다를 부양하는 역할을 떠맡았을 수도 있다. 밀도가 $2g/cm^3$ 이상인 트리톤은 무거운 원소가 많이 포함된 암석 물질이 충분해서, 방사성 붕괴로 열의 흐름이 느리지만 꾸준하게 생성된다. 상대적으로 높은 트리톤의 밀도는 생명을 양육하고 먹일 수 있는 물과 암석 간의 상호작용에도 좋은 징조이다. 물, 메탄, 그리고 질소 얼음이 트리톤의 표면을 덮고 있다는 사실이 분광 기술로 밝혀졌다. 이 화합물이 내부의 바위와 함께 순환할 수 있다면 트리톤은 충분히 생명이 무르익은 진한 바다 수프의 원천이 될 수 있을 것이다.

명왕성

행성이든 아니든 명왕성은 정말 놀랍다.[9] 2015년 7월 14일에 뉴호라이즌호가 9년 반의 여행 끝에 명왕성에 근접했다. 역사상 그 어떤 우주선보다 빠르게 움직이며 명왕성 지면에서 1만 2,500km 안에 들어왔다. 그 한 번의 근접비행으로 탐사선에 실린 각종 기기가 500억 비트의 데이터를 수집했고, 각각 빛의 속도로 이동하여 지구까지 돌아오는 데 4.5시간이 걸렸다. 평균적으로 명왕성에서 태양까지의 거리는 지구에서 태양까지 거리의 40배만큼 멀다. 태양은 명왕성에서 보면 핀 머리만큼이나 작아 보인다. 명왕성을 적

시는 희미한 햇빛은 해가 중천에 뜬 시간에도 으스스한 황혼의 분위기를 풍긴다. 뉴호라이즌스호의 카메라는 충분한 빛을 얻을 수 있도록 특별히 조정, 보정해야만 선명한 이미지를 찍을 수 있다.

명왕성은 얼음의 천체이다. 그러나 한 종류의 얼음이 아니다. 물 얼음, 메탄 얼음, 일산화탄소 얼음, 질소 얼음이 명왕성 지표의 지질학을 좌지우지하며 산맥이 하늘을 채우고 얼음 평원이 흐르고 심지어 화산 활동이 활발한 경관을 형성한다. 물로 된 얼음이 명왕성의 탄탄한 '기반암' 대부분을 이루고, 그 외의 얼음이 그 위에서 흐르고 분출된다. 한편, 248년이라는 주기로 태양 주위를 천천히 공전하면서 서서히 데워지면, 질소, 메탄, 일산화탄소 얼음의 일부가 승화하면서 명왕성에 아주 희박하고 빈약한 대기를 형성한다.

지표에서는 수 킬로미터 높이의 지질학적 구조물과 비탈이 지형을 가로지르고, 또 어떤 곳에서는 물로 된 얼음이 2~3km로 높이 솟아 산을 이룬다. 명왕성의 표면을 지배하는 커다란 하트 형상의 지형을 명왕성의 발견자 클라이드 톰보의 이름을 따서 "톰보 지역"이라고 부른다. 톰보 지역 안에는 스푸트니크 평원이라는 방대한 얼음 평원이 있다. 질소, 일산화탄소, 메탄 얼음이 풍부한 이 평원은 협곡으로 분리된 퍼즐 모양의 다각형으로 뒤덮여 있다(사진 14).

분명 충돌구가 많은 지형이 예상되었음에도 뉴호라이즌스호가 보낸 명왕성 이미지의 충격적인 첫인상은 충돌구가 없다는 것이었다. 상대적으로 '신선한' 이 표면은 오래전에 죽은 얼음 유물이 태양계 다락방에 처박혀 있을 거라는 예측을 뒤엎고 사실은 명왕성이 왕성하게 활동 중인 세계라고 말한다. 실제로 스푸트니크 평원은 거대한 충돌의 결과 발생한 충돌구가 지면 재포장 과정과 흐르는 얼음에 의해 제거되면서 생겼다.

명왕성에 대한 가장 최근의 모델은 스푸트니크 평원의 얼음 밑에 바다가 있음을 보여준다.[10] 바다의 증거는 유로파에서 기술한 세 가지 쉬운 퍼즐 조각과는 관계가 없다. 그보다는 스푸트니크 평원이 명왕성 표면의 평균 고도보다 평균 3km나 낮은 저지대 평원이라는 관측에서 비롯한다. 다시 말해 스푸트니크 평원은 그냥 평원이 아니라 분지이다. 덧붙여 스푸트니크 평원은 명왕성의 가장 큰 위성인 카론과 정확히 반대편에 위치한다.

행성 관점에서 보면 의심스러운 현상이다. 명왕성과 카론 사이에 강한 조석은 없지만 둘은 서로 공전하고 동기화되어 언제나 같은 면을 바라보게 되었다. 이런 현상이 일어날 때는 행성 또는 위성의 가장 무거운(즉, 가장 덩어리진) 부분이 두 천체를 연결하는 선을 따라 방향을 잡게 된다. 다시 말해 명왕성 내에 더 무겁고 육중한 부분이 있다면 결국에는 명왕성과 카론을 연결하는 선을 따라 재배치될 거라는 말이다. 일반적으로 그 육중한 지역이 카론을 마주 보거나 반대로 등지고 있을 확률은 같다.

스푸트니크 평원의 사례가 신기한 이유는, 원래 이곳은 땅이 푹 파인 분지라 다른 지역보다 덜 무거울 것으로 예상되었기 때문이다. 그럼에도 이 지역이 카론의 정반대에 위치한다는 것은 이 평원이 보기와 달리 대단히 무겁다는 뜻이다. 이 배열을 설명하려면 스푸트니크 평원의 얼음 밑에 이곳을 다른 지역보다 더 무겁게 만드는 무언가가 있어야 한다. UC 산타크루즈의 프랜시스 니모와 동료들이 프로그램을 돌려보았지만 후보에 올랐던 얼음이나 암석으로는 이러한 이상 질량 문제를 해결할 수 없었다(명왕성의 밀도는 대략 1.86g/cm^{3}인데, 그것은 내부에 바위가 거의 없다는 뜻이다). 물로 된 바다—아마도 암모니아가 섞인—가 스푸트니크 평원의 수십 킬로미터 얼음 아래에 존재한다는 것이 가장 좋은 설명이다. 액체 상태의 물은 얼음보다 밀도가 높고 관측치에도 잘 들어맞는다.

분명히 말해 명왕성 내부의 바다를 증명하는 증거는 유로파나 엔셀라두스처럼 탄탄하진 않다. 그럼에도 명왕성 데이터는 강하게 바다를 가리킨다.

태양 에너지도 없고 조석 에너지도 없다면 어떻게 명왕성 내부에 바다가 있을 수 있을까? 내부에서 방사성 붕괴가 일어나 필요한 열의 상당량을 공급할 수 있다. 그러나 명왕성은 크기가 작은 천체이고 바다를 유지할 만큼 방사성 난방을 공급할 암석이 충분하지 않다.

핵심은 얼음의 성질에 있는 것으로 보인다. 명왕성의 표면 온도는 궤도상에서 태양과의 거리에 따라 40~50켈빈(영하 234~223℃) 범위에 있다. 이런 낮은 온도에서는 앞서 언급한 중수 얼음이 형성될 뿐 아니라 물과 결합하여 포접화합물(클라스레이트화합물)clathrate을 형성한다(enclathrate라는 단어는 철장 안에 무언가를 집어넣는다는 뜻이다). 포접화합물은 기본적으로 물 분자로 이루어진 격자 같은 소형 구조물을 말한다. 이 철장은 메탄 같은 분자를 가둔다. 포접화합물은 얼음보다 물질을 단열하는 성능이 훨씬 뛰어나다는 사실이 중요하다. 포접화합물은 세계를 따뜻하게 유지하는 훌륭한 담요다. 그 결과, 제한된 암석에서 방사성 붕괴로 생성된 소량의 열이나마 우주로 잃어버리지 않고 효과적으로 간직할 수 있다. 이론적으로는 명왕성의 바다를 유지하는 것은 바로 이 열이다.

거주 가능성의 관점에서 명왕성은 굉장히 흥미롭다. 비록 열수 활동이나 암석과 물의 순환은 활발하지 않지만, 탄소와 질소 화합물의 재고만 봐도 내 우주생물학적 견지에서 명왕성은 가장 흥미로운 대상이 되고도 남는다. 만약 명왕성이 생명을 품고 있다면 당연히 나는 생명이 어디에나 있다고 주장하겠다. 명왕성 같은 세계는 우주 어디에나 널렸을 것이다. 따라서 명왕성 안에서 생명이 형성된다면 거의 모든 항성이 거주 가능한, 또는 거주 중인 행성이나 위성을 하나 이상 보유한다고 보아도 좋을 것이다.

성간 바다?

마지막으로 외계 바다세계가 항성에서 항성으로, 항성계에서 항성계로 이동하는 길에 우주에서 표류할 실질적 가능성을 이야기해보겠다. 캘리포니아 공과대학의 데이비드 스티븐슨 교수는 1999년에 처음으로 거주 가능한 "떠돌이 행성"을 제안했다.[11] 이 발상은 바다가 있는 얼음 덮인 위성에도 똑같이 적용될 수 있다.

간단히 설명하면, 어떤 항성계든 행성과 위성이 추는 거대한 중력의 춤에서 둘 중 하나가 밖으로 방출될 가능성이 있다. 첫 10억 년 동안 위성과 행성이 서로 주거니 받거니 하며 궤도가 안정을 찾아가는 과정에 중력 줄다리기가 적절하지 못한 방향으로 작용하면 천체를 혼돈의 경로에 올려놓고 마침내 거대한 행성 주위에서 스윙바이를 하다 속도를 높여 원래 소속되었던 항성계를 떠날 수도 있다.

일단 방출되면 그 천체는 아마도 수백만 년에서 수십억 년 동안 우주 깊은 곳을 외롭게 떠도는 나그네가 될 것이다. 그리고 그동안 차갑게 식어 마침내 완전히 얼어붙을 것이다. 그러나 내부에 있는 거대한 암석 덕분에 방사성 원소가 다량으로 존재하는 행성이나 위성이라면 떠돌이 행성이 우주 깊이 여행하는 동안 바다를 유지할 열이 충분할지도 모른다. 마침내 그 천체가 어떤 별의 영향권에 들어서면 궤도가 서서히 안쪽으로 당겨지며 새로운 행성에, 새로운 태양계에 합류하게 될 것이다. 그 시점에 항성에서 나오는 열, 또는 대형 행성 주위를 도는 데서 나오는 조력 에너지가 이 떠돌이 세계를 재점화하여 생물권이 전성기를 되찾을지도 모른다.

거대한 성간 우주선처럼, 이런 떠돌이 세계는 잠재적으로 은하를 가로질러 생물권을 운반할 수 있다. 대형 우주선을 트랙에 유지시키기 위해 고군분투하는 두 발 달린 엔지니어팀 대신, 이 세계는 미생물, 물고기, 오징어, 문어를 끌어안고 자기도 모르게 이 별 저

별 옮겨 다니는지도 모른다. 그중 하나가 우리를 향해 날아오고 있을지 누가 알겠는가.

| 3부 |

거주 가능한 곳에서 거주하는 곳으로

9장

거주 가능한 곳이 되려면

'거주 중인inhabited'이라는 단어를 딱히 좋아해본 적은 없지만, 그것이야말로 내가 하는 일의 핵심이다.

한편으로 우리는 지금 그곳에서 누군가 거주 중일지도 모른다는 희망을 품고 '거주 가능한' 세상을 쫓고 있다. 만약 유로파 같은 세상이 거주 중인 상태라면 그곳에서 생명체를 찾을 가능성이 있다. 거주 중인 세상에는 생명체가 있다.

그러나 'in'이라는 접두사 때문에 혼란스럽다. 파괴할 수 없는indestructible 물체는 파괴될 수 없고, 무능한incapable 사람은 능력이 없고, 무생물inanimate은 살아 있지 않다. 그러나 거주 중인 세상은 거주하는 것이 가능할 뿐 아니라 실제로 생명체가 있다는 뜻이다. 그게 우리가 사용하는 용어이다.

문법 지적은 차치하더라도 중요한 차이점이 있다. '거주 가능한' 세상을 찾는다고 해서 그곳이 바로 거주 중인 세상이 되는 것은 아니라는 점이다. 생명의 기원 자체에는 아직 완전히 파악되지 못한 장애물이 남아 있다. 생명의 기원은 쉬운가, 아니면 어려운가? 생명은 다양한 환경에서 일어나는가, 아니면 생명체를 탄생시키는 아주 특수하고도 유일무이한 조건이 존재할까? 만약 생명의 탄생이 그렇게 어려운 일이라면 한 세계가 얼마나 거주 가능한지는 중요하지 않다. 어차피 생명의 기원에 필요한 조건이 충족되지 못하면 그곳에는 생명체가 있을 수 없다. 다시 말해 충분히 살 만한 세상이지만 아무도 살지 않을 수 있다는 말이다.

외행성계의 바다세계 중에 거주 가능한 후보가 몇 있다. 그러나 거주 가능한 곳을 찾는 것은 목표의 일부일 뿐이다. 우리는 그곳에 생명이 '살고 있는지' 알고 싶어서 그곳이 '살 만한' 곳인지를 먼저 따지는 것이다. 우리는 어디를 봐야 하는지는 물론이고, 우리가 찾는 것이 무엇인지 그리고 그것을 어떻게 알아볼 수 있을지를 알아야 한다. 여기에서 생명의 정의와 시작에 관한 심오한 질문이 출발한다. 바다세계를 탐사하여 생명의 시작에 관한 가설을 시험하고 결국 인간이 어디에서 비롯했는지 이해하는 데 도움을 받을 것이다.

하나만 예를 들어보자. 지구의 생명체는 고대 바닷가의 따뜻한 물웅덩이에서 시작했을 수도 있고 깊은 바다의 열수구에서 시작했을 수도 있다. 어쩌면 양쪽 모두에서일 수도, 전혀 다른 곳에서일 수도 있다.

어떤 경우든 얼음으로 뒤덮인 외계 바다는 중요한 비교 대상이 된다. 만약 이 먼바다에서 생명체를 찾는다면 그것은 열수구 내부에서, 또는 얼음 지각에서 아직 밝혀지지 않은 메커니즘으로 시작했을 것이다. 이들 위성에는 마른 뭍과 대륙이 존재하지 않는다. 따라서 따뜻한 물웅덩이 시나리오는 생명의 기원에 대한 선택사항이 될 수 없다. 생명의 시작이 햇빛에 휩싸인 따뜻한 웅덩이여야 한다면 외행성계의 그 어떤 외계 바다에서도 생명을 찾을 수는 없다. 그러나 저 외계의 바다에서 생명체를 찾아낸다면 열수구가 생명의 기원이라는 가설은 사실이고 그것이 바로 지구에서 생명이 탄생한 과정이었다고 결론지을 수 있지 않겠는가. 외계 바다에 정말 생명체가 있든, 생명의 흔적이라고는 눈곱만큼도 찾을 수 없든간에 그 결과는 지구에서 생명, 궁극적으로 인간이 어떻게 나타나게 되었는지 알게 해줄 것이다.

앞의 몇 장에서 우리는 거주 가능성을 판단할 골디락스 기준과 잠재적으로 거주 가능한 세상이 왜, 어떻게 존재하는지 그 이유와 과정의 과학적 배경을 조사했다. 유로파, 엔셀라두스, 타이탄, 그리고 외행성계의 많은 위성이 생명을 빚고 동력을 주는 데 필요한 물과 필수적인 원소, 에너지를 갖추고 있었다.

그러나 아직 생명의 기원 자체는 건들지 않았다. 태양계에는 넓은 바다가 아주 많이 있을지도 모른다. 그러나 생명의 기원이 절대 쉽게 일어날 수 없는 사건이라면 태양계에는 다른 생명체가 없을지도 모른다. 이 장과 다음 장에서 우리는 우리가 알고 있는 기존의 생명이 기원하는 데 필요한 조건을 살펴보고, 외계 바다에서 생명이 탄생할 수 있을지 판단할 근거가 될 장소를 지구에서 찾아보려고 한다.

기원과 거주 가능성

생명의 기원은 거주 가능성과는 완전히 별개이다. 거주 가능한 세계는 생명체를 부양할 조건을 갖추고 있지만 그렇다고 그것이 생명이 시작하는 조건은 아니다. 반대로 생명이 탄생할 조건을 갖춘 세상이라면 적어도 한동안은 생명체가 거주할 수 있다(행성은 시간이 지나면서 상태가 달라진다. 처음에는 거주 가능한 세상이었더라도 시간이 지나면서 얼마든지 살 수 없는 곳이 될 수 있다).

나는 전반적으로 생명이 기원하는 조건이 거주 가능한 조건보다 더 까다롭다고 본다. 3장에서 다룬 거주 가능성의 핵심 요소에는 물로의 접근, 생명체의 구성 요소가 되어줄 원소로의 접근, 생명체에 연료를 줄 수 있는 에너지로의 접근이 있었다. 생명의 기원은 이 세 가지 핵심 요소를 모두 필요로 하고, 추가로 적어도 두 가지 요소를 더 갖춰야 한다. 생명 창조의 첫 반응을 일으킬 촉매성 표면(예를 들면 광물)과 시간이다.

마지막 변수인 시간은 퍼지요인(오차요소)fudge factor임을 인정한다. 단순한 분자에서 생명이라 당당히 불릴 만큼 조직된 분자 주머니가 되기까지 시간이 얼마나 걸릴까? 아무도 모른다. 조건만 맞으면 불과 몇 분 안에 일어날 수도 있다. 반대로 탐사해야 할 화학적 순열이 많으면 수억 년이 걸릴지도 모를 일이다.

우리 손에 쥐어진 유일한 단서는 지구에 남아 있는 생명의 기록이다. 지구는 46억 6000만 년이 되었고, 고대 미생물의 증거는 34~40억 년 된 암석에서 찾을 수 있다. 그중 가장 오래된 암석에서 발견된 생명체의 증거를 두고 상당한 논쟁이 있지만, 그럼에도 지구에서 생명체는 지구가 형성되고 첫 5억 년에서 10억 년 사이에 발생했다고 결론지을 수 있다.

이것은 실제로 생명의 시작점을 아주 낮춰 잡은 추정치일 가능성이 크다. 암석에서 40억 년 된 생명체의 증거가 발견되었다는 건 그 시기에 이미 생명체가 지구상에 널리 퍼진 상태였다고도 볼 수 있기 때문이다. 생명은 40억 년 전에 시작되지 않았다. 다시 말해 그때는 탄생 시점을 훨씬 지나 생명이 이미 행성 전체에 퍼지면서 번식하고 있었다는 뜻이다.

한편 생명이 지구에서 여러 차례 다른 방식으로 발생했으나 소행성이나 혜성의 충돌로 쓸려갔을 가능성이 있다. 크리스 차이바는 이 과정을 "충돌에 의한 생명의 좌절"이라고 즐겨 부른다. 어쩌면 지구에서 생명의 기원을 제한한 요소는 생명 탄생에 필요한 화학이 아니라 지구가 안정되는 데 필요한 시간이었을지도 모르겠다.

생명이 탄생하기까지 시간이 얼마나 필요한지 모른다면 차라리 시간을 넉넉히 잡는 게 안전하다고 나는 주장한다. 핵심 조건이 오래 충족될수록 생명체가 발판을 마련할 가능성이 더 높아지기 때문이다. 생명체 탐색지로 내가 엔셀라두스보다 유로파를 조금 더 선호하는 이유도 부분적으로는 여기에 있다. 엔셀라두스의 바다가 얼마나 오래됐는지는 아직 모른다. 그러나 유로파의 바다는 태양계 역사의 상당 기간 존재해왔다고 추정된다. 그렇다면 유로파의 바다는 생명체에 안정적인 환경을 더 오래 제공했을 것이다.

생명의 기원에 필요한 다른 핵심 요소는 촉매가 되어줄 표면이다. 촉매는 반응의 일부는 아니면서 화학 반응을 촉진하는 물체이다. 자동차의 촉매 변환기를 생각해보자. 촉매 변환기의 목적은 일산화탄소, 질소산화물, 작은 탄화수소처럼 엔진에서 불완전한 연소의 결과로 발생하는 오염 배출량을 줄이는 것이다. 촉매 변환기는 기본적으로 백금과 팔라듐 같은 금속으로 코팅된 세라믹 벌집이다. 배기가스가 이 벌집을 통과할 때 기체가 금속으로 도금된 벽과 상호작용하면 결합이 약해져서 기체를 물, 이산화탄소, 질소, 산소로 전환하는 반응이 일어난다. 이산화탄소를 배출하는 것도 바람직하지는 않지만 애초에 변환기에 들어간 물질보다는 이 최종 결과물이 훨씬 낫다.

생명의 기원에 관한 일반적인 통념은 생명이 시작하는 데 필요한 반응을 촉진시킨 일종의 촉매 변환기가 자연 안에 있었다는 것이다. 그것은 심해에서 이산화탄소와 반응하여 더 큰 탄소 화합물을 형성한 광물일 수도 있고, 고대 바닷가에 있는 조수 웅덩이의 광물일 수도 있다. 조수 웅덩이에서는 증발과 햇빛의 역할로 작은 화합물이 서로 결합하여 더 큰 분자가 되고 마침내 생명체가 되었는지도 모른다. 촉매는 최종적으로 분자, 대사, 생명의 구조가 되는 형판을 제공한다.

생명이 시작되는 데 촉매 외에 또 어떤 단계가 필요할까?

과학계는 생명의 탄생에 무엇이 필요하고 지구의 어디에서 어떻게 생명이 시작했는지를 활발히 토론한다. 그러나 적어도 핵심적인 속성 몇 가지가 초기에 유입되어야 한다는 것에는 모두가 동의한다. 이 속성에는 구획화, 정보 저장과 복제를 위한 메커니즘, 그리고 초기 대사 방식(생명체에 '동력'을 주는 방법)의 세 가지가 있다. 각각 하나씩 살펴보자.

먼저 생명체는 가장 기초적인 수준에서 구획화가 필요하다. 생명은 구획을 만듦으로써 자신을 무생물과 분리한다. 지구에서 우리는 이 격실을 세포라고 부른다. 세포는 생명의 핵심이며 가장 작은 미생물에서 가장 큰 동물까지 아우르는 모든 생명의 기본 단위이다. 세포는 전형적으로 지질(지방) 분자로 막을 형성하여 자신을 외부 환경과 분리한다.

구획화는 생명의 기원 초기 단계에서 일어나야 한다. 그것이야말로 자신을 환경과 구별하는 근본적인 속성이기 때문이다. 만약 시간을 되돌려 지구에서 생명의 기원을 지켜볼 수 있다면, 결정적인 사건은 단세포 미생물이 바위를 움켜잡고 있는 순간이 아닐까(현미경이 있어야만 볼 수 있다는 사실은 무시하자). 생명의 기원 분야의 거목인 UC 산타크루즈의 데이비드 디머는 저 초기 구획이 거품과 비슷했음을 보였다. 비눗방울 같은 거품은 초기 지구에서 손쉽게 구할 수 있었을 것이다. 부글거리는 온천에서 거품이 이는 바다의 표면까지, 생명을 담은 유용한 용기가 될 거품과 막은 어디에나 있었다. 어떤 식이든 구획화는 생명의 기원으로 가는 경로의 초기에 일어났어야 한다. 만약 과거로 돌아갈 수 있다면 생명체가 궁극적으로 바위 등 무생물과 분리된 상태임을 확인함으로써 초기 생명체를 보게 될 것이다.

다음으로 정보 저장과 복제는 전혀 다른 속성이면서도 서로 밀접하게 연결되어 있다. 생명을 '생명'으로 만드는 것은 어떤 식으로든 자신을 재생산한다는 뜻이다. 포유류는 짝짓기하여 새끼를 낳고 식물은 씨앗을 떨어뜨려서 새로운 식물을 키워낸다. 미생물은 분열하여 새로운 미생물을 만든다. 그리고 이 모든 것의 밑바탕에서 세포가 증식한다. 이렇게 되려면 어떤 형태로든 세포를 재생산하기 위해 복사할 일종의 '건축 설계도'가 있어야 한다. 이 설계도, 또는 청사진이 곧 정보 분자이다.

지구에서 모든 생명체가 가진 청사진이 DNA다. 정보가 저장된 분자를 매개로 하는 복제는 생명의 보편적인 속성일 가능성이 높다. DNA는 아주 전문화된 분자이므로 태초에 생명이 시작했을 때는 그보다 간단한 정보 분자가 사용되었을 것이다. 다시 말해 DNA의 전구체, 즉 원시 형태가 있었다는 뜻이다.

태초에 지구에서 생명의 정보를 저장한 분자는 리보핵산RNA의 형태였을 수도 있고, 심지어 폴리핵산PNA처럼 더 일반적이었을 가능성도 있다. 그것이 무엇이었든 간에 건축가와 현장 감독의 역할을 모두 수행했다. DNA는 설계도를 든 건축가와 같다. 지어야 할 건물에 대한 모든 정보가 거기에 실렸다. 그러나 건축가는 손수 망치를 들지 않는다. 실제로 DNA가 생물에서 비슷한 역할을 한다. 건설 현장의 건축가처럼 DNA는 필수적인 물질이다. 그러나 생명이라는 건축물을 짓는 과정에서 DNA는 실질적인 건설 작업에 참여하지 않고 오직 정보(어떤 단백질을 만들어야 할지 같은)를 보관하기만 한다. 반면에 RNA는 현장 감독의 역할이다. 그는 건축가와 소통하고 설계도를 읽은 다음 모두에게 무엇을 어떻게 지을지 지시한다.

많은 과학자, 특히 소크 연구소의 레슬리 오겔과 제럴드 조이스는 생명이 기원한 핵심적인 단계로 RNA 세계 가설을 주장했는데, 그 근거가 된 것이 바로 정보력과 행동을 모두 갖춘 RNA의 속성이다. 이 모델에서 RNA는 지구에서 초기 생명체를 짓는 건축가이자 현장 감독의 역할을 모두 수행한다. 원래는 한 분자가 두 기능을 모두 갖추고 있다가 생명체가 지속되고 진화가 복잡성을 축적하면서 두 직종이 DNA와 RNA의 두 분자로 나누어졌다고 본다.

어떻게 원시 RNA까지 가게 되었는지도 큰 의문이다. 아마 더 단순한 폴리핵산 가닥(RNA의 뼈대에서 중심이 되는 당이 없는)이 먼저 있었을 것이다. 일단 RNA 세계까지 도달하면 진화와 함께 경주가 시작된다는 것에 많은 학자가 동의한다. 거기까지 가기가 어려울 뿐이다.

어떤 형태의 RNA든 그것을 만들어내려면 기본적인 구성 물질이 필요하다. 더 큰 분자로 결합할 수 있는 핵산, 당, 아미노산이 모두 생명의 '벽돌이자 회반죽'이다. 이런 단위 화합물을 만드는 것은 어렵지 않다. 그것들을 질서 있게 연결하는 게 문제이다.

생명의 기원을 설명하려는 최초의 근대적 시도는 이제 고전이 된 스탠리 밀러와 해럴드 유리의 '원시 수프' 실험이다. 밀러, 유리, 그리고 많은 쟁쟁한 화학자들이 아미노산이나 핵염기 같은 생명의 기본적인 구성 요소를 만드는 것이 그렇게까지 어려운 건 아니라는 걸 보여주었다. 약간의 물, 암모니아, 메탄을 섞고 전기로 점화하거나, 또는 다른 형태의 에너지를 추가하면 얼마든지 이런 화합물의 일부를 만들 수 있다.

이런 종류의 실험은 초기 지구 및 천체물리학과 관련된 다양한 조건에서 반복되었다. 비록 몇 가지 염두에 둘 사항이 있기는 해도 생명을 구성하는 화합물을 만드는 일은 대체로 그리 까다롭지 않다는 것이 전반적인 결론이었다. 특히 운석이나 혜성에서도 이런 화합물(가령 아미노산과 당)이 발견되어 이 결론을 더욱 뒷받침했다.

내가 원시 수프 이론에서 어려움을 겪은 부분은 그것을 하나로 묶을 진정한 '동기'가 없다는 것이다. 자연에서 분자들은 모종의 지구화학적 동인이 있지 않는 한 질서 있는 방식으로 연결되지 않는다. 이것은 크리스 차이바와 내가 "상향성 대 하향성 문제"라고 부른 문제이다. 생물의 기원을 하향식으로 접근하면 RNA 세계 시나리오에 도달할 때까지 시스템을 해체할 수 있다. 그러나 일단

RNA 세계까지 해체하고 나면 더는 성장하고 번식할 분자 시스템이 없다. 결국 하향식 관점에서는 무생물에서 RNA 세계로의 화학적 도약이 어렵다.

반대로 상향식 방식에서는 구성 요소를 만들기는 쉽지만 그것들을 합쳐서 더 크고 기능적인 분자를 만드는 것이 적어도 실험실에서는 아주 어렵다고 입증되었다. 아직 누구도 핵산이나 당을 합성하고 이어서 그것들을 독자 생존할 수 있는 RNA 전구 분자로 합성해내지 못했다. 생명의 기원에 관한 상향식과 하향식 접근 사이에는 큰 간극이 있다. 이 틈을 메울 해답의 일부가 위에서 언급한 세 가지 핵심 요소의 남은 하나에 있다. 동력이 될 에너지 확보하기, 즉 신진대사다.

생명의 회로

자연 환경에서는 각종 화학 반응이 대기 중이다. 자동차에 생기는 녹, 점화되길 기다리는 휘발유, 식초로 변하지 않으려고 안간힘을 쓰는 포도주 등. 생명체는 온갖 반응을 포식하며 살아간다. 그 포식 과정을 전문용어로 유기체의 신진대사라고 부른다. 생명이 기원하는 과정의 핵심에는 분명 대사가 있었다. 대사는 생명체가 주위의 에너지를 활용하게 해주는 일련의 화학 반응이다. 한 행성 또는 위성의 거주 가능성을 생각할 때, 그곳의 대사와 환경에서 추출할 수 있는 에너지의 용어로 그 세계를 특징짓는다. 저장된 에너지는 곧 환경에 존재하는 화학적 불균형의 척도이다.

궁극적으로 생명은 환경에 존재하는 화학적 불균형을 완화한다. 화학적 불균형의 좋은 예가 배터리다. 배터리는 내부의 전해액(일반적으로 산)과 금속 전극 사이의 화학적 불균형이라는 형태로 저장된 에너지를 깔끔하게 포장한 것이다. 배터리의 끝과 끝을 연결하지 않는 한 에너지는 저장된 상태로 남아 있으므로 나중에 쓸 수 있다.

이 세상의 환경은 화학적 불균형으로 가득 차 있다. 어디를 둘러봐도 자연에는 배터리처럼 저장된 화학 에너지가 있고, 일어나길 기다리는 반응이 있다. 가스레인지에 불을 붙여 메탄이 공기 중의 산소와 함께 연소될 때처럼 때로는 그 반응이 극적으로 일어난다. 자동차가 녹슬 듯 반응이 천천히 진행되는 경우도 많지만 여전히 그 효과는 크다.

미생물, 인간 할 것 없이 모든 생명 현상은 환경에 '갇힌' 그 화학 반응을 활용한다. 생명을 추진하는 대사는 환경에서 일어나는 반응을 가속하여 생명이 없을 때보다 더 빠르게 에너지를 방출시킨다. 생명체는 여러모로 지질학과 화학의 과정 위에 자리 잡고 있다. 나는 행성을 화학 에너지가 저장된 초대형 지구화학 배터리로 본다. 생명체는 이 에너지를 다양한 방식으로 끌어내고 사용한다.

배터리 비유를 계속하자면, 생명체에서 일어나는 대사 작용은 배터리 말단에 연결된 전기 회로라고 볼 수 있다. 환경에 존재하는 암석과 화합물은 아직 사용하지 않은 배터리이다. 반응하고 싶어도 적절한 '회로'가 연결되지 않았다. 회로에 연결되지 않은 배터리는 몇 년이고 그 저장된 에너지를 유지할 수 있다. 그러나 그 배터리를 장난감 자동차에 넣고 스위치를 켜면 그때부터 배터리가 빨리 닳는다. 스위치를 올려 회로가 완성되는 순간 배터리의 전자가 회로를 통해 흐른다. 그러면서 자동차의 모터가 작동하고 시간이 지나면 배터리가 방전된다. 장난감 자동차에 넣은 배터리의 에너지는 선반에 두었을 때보다 훨씬 빨리 방출된다. 그 덕분에 자동차가 움직이고 배터리에 저장된 에너지로 유용한 일을 할 수 있다.

생명은 회로를 완성하여 환경의 암석, 공기, 물에 저장된 에너지를 방출시킨다. 생명체의 도움 없이도 이 에너지 역시 결국 배터리처럼 방출되겠지만, 생명체는 그 속도를 높여 신속하게 평형상태에 도달하게 한다.

생물학에서 회로는 생명체가 사용하는 대사 경로이다. 인간과 지구상의 모든 동물에게 대사는 산소 분자를 탄소 화합물(우리가 먹는 탄수화물처럼)과 결합하는 과정이 포함된다. 그것은 기본적으로 모닥불에 장작을 태울 때 일어나는 것과 같은 반응이다(장작은 대부분 셀룰로스로 구성된다. 셀룰로스는 크기가 큰 탄소 화합물로 인체에서는 소화하기 어렵다. 우리가 나무를 먹지 못하는 이유도 그 때문이다). 체내에서 산소로 유기화합물을 태우는 '모닥불'은 보다 철저하게 통제된 '연소' 과정이다.

대사 과정에 사용되는 화합물과 생명의 회로를 지칭하는 전문용어는 산화제와 환원제이다. 산화제는 배터리의 양극에, 환원제는 음극에 해당한다. 배터리 단자와 비슷하게 산화제는 전자를 얻고 싶어 하고 환원제는 전자를 나누고 싶어 한다. 인간에게 산화제는 산소이고, 환원제는 탄수화물, 당, 그 밖에 우리가 먹는 다른 유기 화합물이다.

지구상의 모든 동물에 대해, 생명의 에너지 회로는 자신이 소화한 음식과 산소로 만들어진 '배터리'를 먹고 산다. 인간을 비롯한 동물의 대사는 자동차의 12볼트짜리 배터리와 같다. 산소와 탄화수소 사이의 반응으로 많은 에너지를 사용할 수 있게 된다.

지구는 생명의 회로를 완성할 각종 지구화학 '배터리'를 미생물에게 제공한다. 미생물은 상상을 초월할 정도로 다양한 대사 경로를 통해 환경에서 산화제와 환원제로 기능하는 수많은 화합물을 결합한다. 미생물이 제일 좋아하는 산화제는 황산염, 이산화탄소, 산소, 과산화물, 질산염, 철, 철산화물, 망간산화물 등이고, 환원제는 수소, 메탄, 황화수소, 다양한 유기물과 무기물이다. 미생물은 폭넓은 지구화학적 조건에서 금속과 염분과 강산과 강염을 결합하여 거기에서 나오는 에너지를 활용한다. 당신이 지금 당장 어떤 이름을 대더라도 그걸 먹을 줄 아는 미생물이 있을 것이다. 다시 배터리에 비유해보면 미생물은 우리가 지구에서 탐험해온 거의 모든 지구화학 환경으로부터 크고 작은 '배터리'를 만드는 법을 모색해왔다. 미생물이 사용하는 일부 화학 경로는 초소형 시계 배터리와 유사하다. 에너지가 많이 방출되지 않는 저출력 배터리라는 말이다. 그러나 그 정도만 있어도 미생물이 살아남기에는 충분하다. 생명체가 환경으로 하여금 본업을 수행하는 데 필요한 에너지를 방출하게 하는 것이 바로 이 작디작은 회로이다.

간극 메꾸기

생명의 기원에 접근하는 하향식과 상향식 방법의 간극으로 돌아가보자. 구획화와 복제는 생명이 기원하는 데 중요한 요소이지만, 모두 생명이 '무엇이고 무엇을 하는지'에 답할 뿐, '왜'를 설명하지 않는다. 생명의 '왜'가 바로 대사이다. 생명의 회로를 완성함으로써 생물은 환경의 에너지를 활용한다. 어렵게 말하면 생물학이 실제로 우주가 더 빨리 식는 데 기여한다는 뜻이며 그렇게 우주의 엔트로피를 증가시킨다. 이것이 우주가 생명체를 필요로 하는 이유이다.

이런 의미에서 보면 애초에 생명이 시작된 근원적인 이유가 바로 대사이다. 대사야말로 생명의 기원을 설명하는 상향식 접근과 하향식 접근의 간극을 없애는 열쇠가 될지도 모른다. 애리조나 주립대학교에 재직 중인 동료 에버렛 쇼크가 즐겨 말하듯, 지구화학과 대사 사이의 연결고리는 돈을 받고 먹는 공짜 점심과 같다. 환경에 갇힌 상태의 화학적 불균형은 속박에서 풀려나길 원한다. 즉, 공짜란 말이다. 풀어주는 방법만 알아낸다면 생명체를 만드는 데 유용하게 써먹을 수 있다. 공짜로 먹으면서 돈을 받는다는 말이다.

예를 들어 큰 분자를 만드는 데는 에너지가 필요하다. RNA 전구물질 또는 세포막 같은 생명의 분자를 합성하려면 어떤 형태로든 환경에 화학적 불균형이 필요하다. 지구에서 생명이 시작했을 때처럼, 그 초기 반응이 일어나기 위한 지구화학적 동인은 더 큰 분자를 합성하는 촉매제로 작용한 광물의 표면일 가능성이 있다. 작은 분자가 금속이나 광물에 부착되면 에너지 면에서 다른 분자와 더 쉽게 결합한다. 광물의 이런 촉매적 속성이 화학 산업에서 갖가지 방식으로 응용되며, 생명이 탄생할 무렵 초기 대사 과정에서도 여러 방식으로 제 역할을 했을 수 있다. 몇 가지 솔깃한 가설이 있지만, 생명의 기원을 다루는 학계는 크게 두 진영으로 나누어진다. 양쪽 모두 바다세계 탐사에 영향을 미친다.

첫 번째 진영은 작은 분자로 이루어진 수프가 농축, 탈수되는 것이 더 큰 분자의 합성을 촉진하는 가장 좋은 방법이라고 주장한다. 그 강력한 후보지가 고대 바닷가의 조수 웅덩이다. 조석 현상으로 바닷물이 들어왔다가 나갈 때마다 젖었다 말랐다 반복하는 순환을 상상할 수 있다(수십억 년 전에는 달이 지구와 훨씬 가까웠으므로 이 현상이 훨씬 크고 빠르게 일어났다).

조수 웅덩이가 마르고 물이 대기에서 사라질 때면, 아미노산 같은 분자는 서로 연결하여 작은 사슬(펩타이드)을 형성하려는 성질이 더 강해진다. 이 사슬이 초기 단백질로 기능했을 것이다. 마찬가지로 핵산과 당 역시 건조를 통해 보다 순조롭게 결합했을 수 있다. 조수 웅덩이 안의 암석과 광물이 이 반응을 촉매했을 가능성이 크다. 특히 물이 증발하여 분자가 농축된다면 말이다. 마지막으로 태양의 자외선 또한 이 반응의 일부를 촉매하여 분자를 결합하는 에너지를 제공했을지도 모른다. 만조에 다시 물이 들어오면 순환은 새로워지고 반응에 재료를 더 첨가했을 것이다.

초기에 이처럼 무작위적인 반응을 통해 조립된 유기물질 대부분은 쓸모없는 덩어리에 불과했을 테지만, 마침내 스스로 복제하는 분자가 탄생했다. 그리고 RNA 세계로 향하는 결정적인 디딤돌인 RNA 전구물질이 되었다. 이 성공적인 원시 RNA가 구획(원시 세포)에 통합되자 마침내 세포는 바다로 흘러나가 계속 수를 불렸다. 그곳에서 생명은 고대 바다 수면의 거품으로 자라고 번식했다.

생명의 기원 두 번째 진영은 큰 분자의 합성을 촉진하는 색다른 방법을 제시했다. 지각 활동이 활발한 해저의 화학 반응이 그 '간극'을 닫는다는 주장이다. 1장에서 방문했던 열수구가 흥미로운 심해 화학의 장소이자 어쩌면 생명이 기원한 장소로 모두의 사랑을 받는다. 열수구 시스템은 화학 반응의 가마솥이고 지구가 바다를 낳은 이후로 계속해서 수프를 끓이고 있다.

오늘날 지구의 전형적인 열수구는 그 열수구에서 나오는 화학물질을 먹거나 또는 서로를 잡아먹고 사는 미생물과 거생물이 공존하는 아름답고 기이한 생태계에 둘러싸여 있다. 수십억 년 전 어린 지구에서 열수구는 생명 탄생의 핵심이 되는 풍요로운 장소를 제공했을지도 모른다. 이 초기 굴뚝에서 메탄, 수소, 암모니아, 황화물 같은 화합물이 흘러나왔다. 그리고 굴뚝의 대단히 반응성 높은 광물과 상호작용하여 아미노산, 당, 핵산으로 합성되었다. 굴뚝의 구조는 크고 다공성이며 금속이 풍부한 지구화학 환경으로, 해저에 자리 잡은 대자연 고유의 촉매 변환기와 같다. 뜨거운 유체가 굴뚝으로 흐를 때 굴뚝 속 작은 기포의 공간이 마침내 세포가 될 격실로 기능했을지도 모른다.

이런 환경에서 합성을 제한하는 한 가지 요소는 물이 지나치게 많은 것이다. 열수구는 바다에 있다. 따라서 열수구에서 만들어진 내용물은 대체로 바다에서 빠른 시간에 희석되었을 것이다. 건조 단계가 순환에 포함되는 조수 웅덩이를 생각해보라. 아미노산과 같은 작은 분자를 연결하고 싶을 때 건조는 좋은 것이다. 화합물을 농축함으로써 결합을 격려하기 때문이다. 더 나아가 두 아미노산이 결합할 때 물 분자가 만들어진다. 바닷속처럼 이미 주위에 물이 차고 넘치는 곳에서 이런 반응은 덜 선호된다. 그러므로 물이 너무 많지 않은 곳이 유리하고, 반대로 심해 열수구 굴뚝에서처럼 물에 둘러싸여 있는 것은 불리한 여건일지도 모른다.

이처럼 화합물이 희석될 가능성이 있지만 열수구 굴뚝이 대형 필터로 작용하고 굴뚝 속 작은 기포가 국지적으로 화합물의 농축을 돕는다는 것이 일반적인 주장이다.

이 두 시나리오에는 각각 상당한 장단점이 있다. 사실 두 시나리오가 모두 옳을지도 모른다. 생명의 기원이 한 가지 경로에 구속될 필요는 없다. 그러나 지구 밖 생명체를 탐색할 때는 각기 의미가 다르다. 조수 웅덩이 시나리오는 일단 대륙이 있어야 가능하다. 대륙이 없다면 최소한 주변에 조수 웅덩이가 찰랑거리는 섬이 있어야 한다. 더 나아가 표면에 바다가 있는 행성이 필요하다. 그리고 이 바다는 에너지 넘치는 태양 광선이 투과하여 초기 대사를 추진할 공기와 맞닿아 있어야 한다. 지구나 화성 같은 세상에서나 가능한 일이다. 수십억 년 전 화성에는 해안과 조수 웅덩이가 있었을지도 모른다. 대기를 뚫고 쏟아진 햇빛이 어떤 반응이든 촉매했을 것이다. 만약 조수 웅덩이 이론이 옳다면 지구와 화성 모두에 생명체가 있어야 한다.

그러나 외행성계의 바다세계에는 대륙도 조수 웅덩이도 없다. 얼음 지각이 태양에서 오는 빛을 모두 차단한다. 조수 웅덩이 시나리오는 바다세계에서 통하지 않는다. 그래서 앞에서 말한 방식이 생명이 탄생할 유일한 방법이라면 바다세계에는 생명체가 없어야 한다. 유로파나 엔셀라두스 같은 세계에서는 생명이 자기 바다에서 시작하고 거주할 일이 없다는 말이다.

한편, 어린 바다에 잠긴 열수구 환경은 희석으로 인해 맞닥뜨릴 어려움에도 불구하고 초기 지구, 어린 화성, 심지어 외행성계의 바다세계 내부에서 쉽게 발견되었을 것이다. 오히려 지구의 심해는 어린 행성의 표면에서 발생한 혼돈으로부터 보호되었을지도 모른다. 초기 지구에서는 소행성과 유성이 주기적으로 충돌하며 대혼란을 일으키고 어쩌면 상당량의 바닷물이 끓어올랐을 것이다. 이 시기에는 초기 바다의 가장 깊은 구역이 생물의 유일한 피난처였을지도 모른다. 화성과 바다세계에서도 열수구는 생명의 기원을 보호하는 깊은 피난처 역할을 했을 것이다. 화성은 바다를 잃은 지 오래지만, 유로파나 엔셀라두스 같은 바다세계의 해저에서는 지금도 열수구가 부글거릴지도 모른다.

이 장의 처음으로 돌아가, 생명의 기원에 관한 이 두 가설이 나에게 동기를 주고 흥분시키는 점이 있다면, 인간이 실제로 바다세계를 탐사함으로써 가설을 테스트하기 시작했다는 것이다. 태양계 안에는 다양한 환경의 다양한 세계가 있고 그중 생명의 기원에 적합한 후보가 있을 수 있다.

만약 생명의 탄생 여부가 뜨거운 별 안에서 구워지는 조수 웅덩이에 달려 있다면 태양계, 지구, 화성, 금성까지 모두 지나간 역사 중에 한 번쯤 생명이 있었을 테고, 같은 맥락에서 외행성계의 외계 바다에는 생명이 없을 것이다(다른 세계에서 옮겨왔을 희박한 가능성은 제외하고). 만약 엔셀라두스, 타이탄을 탐사하고도 생명의 기미를 찾지 못한다면 그건 생명이 생겨나려면 대륙이 있어야 한다는 뜻으로 나는 받아들이겠다. 생명의 기원은 마른 바위와 조수 웅덩이, 그리고 항성의 요리가 필요한 과정이라고. 그렇다면 생명체를 수색할 곳은 지구를 닮은 행성이어야 한다.

그러나 열수구 가설이 옳다면 얼음으로 뒤덮인 위성 내부의 깊은 바다에 생명이 들끓을지도 모른다. 유로파, 엔셀라두스, 타이탄에서 생명이 탄생하여 지금까지 생명을 유지했을 것이다. 역사의 어느 시점에 열수구를 품었거나 품고 있는 태양계의 모든 천체는 생명을 품었을 것이다. 금성의 고대 바다에서 명왕성 내부의 기이한 혼합물까지, 생명의 기원이 되는 화학이 흔하다면 생명 자체도 흔하지 않을까.

물론 우리의 보금자리 지구 말고 다른 세상은 생명을 품고 있지 않을 가능성도 얼마든지 있다.

바다세계는 적어도 생명의 기원 가설을 시험할 수 있는 곳이다. 어느 쪽이든—저곳에서 생명을 찾아내든 아니든—우리는 생명이 어디에서 어떻게 기원하고 수십억 년 전 지구에서 무슨 일이 일어났는지를 배우게 될 것이다. 우리가 누구이고 어디에서 왔는지를.

10장

외계 바다에서 생명이 기원한다면

지구상에도 과거의 창이 될 만한 장소가 있다. 지구에서 생명이 탄생했을 환경을 보여주는 창이자, 더 나아가 외계 바다에서 생명의 기원을 보여줄 창이다.

열수구 주변에서 생명이 시작될 수 있다면 대서양 수심 1km 아래의 잃어버린 도시, '로스트 시티'에 즐비한 열수구의 마법 같은 풍경이 그 창일지도 모르겠다. 로스트 시티에는 외행성계의 바다 세계 깊은 곳에 존재할지도 모르는 열수구가 있다(사진 15).

2003년 여름, 로스트 시티로 내려갈 기회가 있었다. 살면서 가장 큰 경외심을 느낀 경험이었다. 로스트 시티는 반짝이는 흰색 탄산염 암석으로 형성된 열수구 탑이 밭을 이루고 있었다. 탑의 일부는 바닥에서부터 30m 높이로 솟아올라 이 아름다운 경관 곳곳에 세워진 고대의 대성당 같은 인상을 풍겼다. 로스트 시티라는 이름까지 완벽하다. 해저 깊이 숨어 있는 잃어버린 고대 문명 같지 않은가.

멀리서 보면 탄산염이 옆으로 흘러내려 마치 굳어진 촛농의 질감이 연상된다. 스페인 건축가 안토니 가우디의 작품, 특히 웅장한 사그라다 파밀리아 대성당이 이 로스트 시티의 첨탑을 가장 닮았다. 이 엄숙한 풍경이 바다 밑바닥에 있다.

이 특별한 날에 나는 딥 로버라는 비교적 최신식 잠수정을 타고 아래로 내려갔다. 2003년 제임스 카메론이 주도한 원정의 일부였다. 한번에 총 4대의 잠수정이 하강했다. 이렇게 동시에 같은 장소에 잠수정 4대가 배치된 적은 없었다. 대담하고 위험한 계획이었다. 러시아제 미르 잠수정 2대는 믿을 만했지만 그렇다고 전혀 문제가 없을 것이라고는 생각할 수 없다. 딥 로버 2대는 특히 로스트 시티의 깊이에서는 제대로 시험된 적이 없었다. 문제의 소지가 많았다.

딥 로버는 기본적으로 두 사람이 앉을 수 있는 유리 구체이다. 사방에 시야가 열려 있어 어느 쪽으로 고개를 돌려도 밖이 보인다. 한두 개의 작은 창문에 의지해야 했던 기존 잠수정과는 비교도 할 수 없는 경험을 제공한다. 딥 로버 안에 있으면 마치 안팎이 뒤집어진 수족관에 온 것 같다. 지상에서 바다로 숨을 쉴 수 있는 환경을 옮겨왔고, 마치 수족관에서 사람이 물고기를 보듯 물고기가 우리를 구경한다.

나와 조종사 팀 캐터슨이 탑승한 딥 로버가 제일 먼저 출발했다. 덕분에 다른 잠수정과 동선을 맞추기 전에 자유롭게 돌아볼 시간이 있었다.

팀과 나는 탄산염 굴뚝이 높이 솟은 전망 좋은 자리를 발견했다. 밸러스트 조정을 끝내고 위쪽에 우리가 잘 도착했다고 알린 후 팀이 나에게 조종대를 맡겼다. 나는 잠수정 로봇 팔로 굴뚝 밑바닥의 돌을 몇 개 집었다. 나머지 팀들이 도착하면 새로운 곳으로 자리를 옮겨 손발을 맞춰가며 작업해야 했으므로 그 전에 서둘러 일했다.

처음 위쪽과 통신했을 때, 카메론과 조종사 폴 맥카프리가 탄 다른 딥 로버에 약간의 문제가 생겼다는 말을 들었다. 그 잠수정은 바로 우리 뒤를 따라 내려올 참이었다.

그 소식을 듣고 나는 팀과 좀 더 여유 있게 시료를 수집하고 주위를 탐험했다. 팀이 조종법을 가르쳐주며 잠수정을 왼쪽으로 돌렸는데 놀랍게도 물속에서 둥둥 떠다니는 거대한 생명체가 나타났다. 눈앞에서 마법이 펼쳐진 것 같았다. 지름이 2m에 달하는 자포동물이었다(해파리도 자포동물문에 속한다). 마치 맥동하는 열기구처럼 불과 몇십 센티미터 앞에서 물결치고 있었다. 얇고 투명한 몸이 우산 형태의 구조를 온전히 보여주었다. 중심에 입과 장이 연결된 배가 보였는데 물이 통과하면서 먹이를 거르는 필터였다. 먹이는 분명 로스트 시티의 열수구 농장이 키워낸 미생물일 것이다. 이 젤리는 마치 물속에 사는 아프리카 누처럼 열수구가 일궈낸 먹이사

슬의 밑바닥에 깔린 먹이를 뜯어 먹고 살았다.[1]

황홀하기 그지없는 생명체를 보고 입을 다물지 못한 채 팀과 나는 다른 잠수정에 연락해 빨리 내려오라고 재촉했다. 카메론의 잠수정에는 조명과 카메라가 있었다. 분명 이 아름다운 생명을 영상에 담고 싶어 할 거라는 생각이 들었다.

그러나 문제가 계속되었다. 누수였다. 잠수정이 샌다는 말이다. 잠수정에 탑승한 사람이 제일 듣고 싶지 않은 말이 아마 잠수정이 샌다는 말일 것이다.

놀랍게도 두 사람은 새는 잠수정을 타고 하강을 강행했다. 상식과는 달리 전혀 터무니없는 계획은 아니었다. 이 특별한 잠수정에 들어가려면 바닥에 설치된 입구로 기어들어간 다음, 마치 거꾸로 세운 포도주병의 코르크 마개처럼 해치를 입구 쪽으로 밀어올려서 닫는다. 카메론과 폴은 아래로 더 깊이 내려가면 높아진 수압이 해치를 안쪽으로 더 꽉 밀어서 새는 것이 멈출 거라고 생각했다. 논리적인 발상이고 의심의 여지는 없었다.

바닥에 도착할 무렵 아직 잠수정은 멀쩡했지만 바닥에는 상당한 물이 고여 있었다. 물이 새는 속도는 줄었고 이미 멈춘 것도 같았지만, 이제는 잠수정의 전자기기들이 합선을 일으킬 일이 걱정이었다. 추진기 하나는 이미 작동을 멈췄고, 다른 기기가 멈추는 것도 시간문제였다.

이 엄청난 압박 속에 카메론은 가까스로 우리를 찾아냈고 그 자포동물을 영상에 담았다. 지금까지도 내가 본 생물 중 가장 외계 생명체를 닮았다. 남은 시간 우리는 웅장한 탑의 주위를 돌며 바다의 대성당을 구경했다. 저 거대한 생명체가 아니었다면 나는 아마 타임머신을 타고 수십억 년 전으로 돌아간 줄로 믿었을 것이다. 로스트 시티가 보여준 천상의 풍경은 나의 상상력을 외계 바다의 심해로 옮겨놓았다. 특히 유로파와 엔셀라두스라면 잠수정 유리 바로 너머의 저것에 견줄 만한 굴뚝의 숲이 사방에 있을지도 모른다고.

로스트 시티를 찾다

로스트 시티는 2000년 12월, 해양학자 데버라 켈리가 주도한 원정에서 발견되었다. 바다와 생물권의 작동 원리에서부터 지구 밖 바다에서 생명이 탄생했을 가능성까지 폭넓게 영향을 미친 대단한 발견이었다. 켈리 연구팀이 발견한 것은 전에 본 적 없는 열수구 분출 시스템이었다.

열수구는 1977년에 처음 발견되었다. 2000년 전까지 발견된 열수구는 모두 내가 "블로토치blow torch"라고 부를 원리 아래 작동한다. 즉, 해저 지각 아래의 열원 때문에 열수구가 생성된다. 냄비 속 물을 데우는 블로토치처럼 해저 지각은 지구의 내부에서 올라온 용융된 암석에 의해 뜨거워졌다. 이 열기가 해저에 활발한 지구화학 환경을 만들었다. 바다 밑바닥에 있는 화산과 온천을 생각해보라.

이 열수구 밖으로 화학물질이 풍부한 유체가 흘러나오는데, 이

것이 미생물을 먹여 살린다. 광합성을 통해 태양에서 에너지를 추출하는 대신, 이 미생물은 화학합성을 통해 화학물질에서 에너지를 뽑아냈다. 이 미생물이 먹이사슬의 밑바닥을 채웠다. 화학합성은 이 깊고 어두운 바닷속에서 생명이 가능하게 한다.

그러나 로스트 시티의 열수구는 블로토치보다는 '핫팩'에 가까웠다. 지구를 뚫고 올라오는 용융된 암석으로 뜨거워진 것이 아니라, 가장 깊은 곳에 있는 가장 무겁고 금속이 풍부한 암석이 해저의 바닷물과 섞이면서 일어나는 화학반응을 통해 열이 발생하는 것이다. 그 화학반응은 발열성이다. 그리고 기체와 광물질을 풍성하게 생성한다. 이런 반응 과정을 사문석화 작용이라고 부르는데, 그 결과로 생성되는 많은 암석이 초록색 뱀의 비늘 같은 형태와 질감을 보이기 때문이다. 이 작용으로 만들어지는 광물의 하나가 리자다이트lizardite인데, 도마뱀의 피부를 닮았기 때문에 이런 이름이 붙었다.

발열 반응을 쉽게 이해하려면 핫팩을 생각하면 된다. 추운 겨울날 핫팩을 사용해봤다면 발열 반응에서 발생한 열을 경험한 것이다. 발열 반응은 다양한 화합물과 광물이 섞일 때 열을 발생한다. 핫팩은 주머니 안의 반응성 높은 철가루가 공기 중의 산소와 결합할 때 열이 나는 원리를 이용한다. 그래서 핫팩의 내용물이 공기가 통하는 부직포에 담겨 비닐에 포장되는 것이다. 비닐 포장이 사용 전까지 핫팩에 산소가 들어가지 않게 막아준다. 포장을 뜯는 순간 산소가 철가루를 산화시키고 결국 일종의 녹이 만들어지는데, 그 부산물로 열이 생성되고 손을 따뜻하게 해준다.

사문석화 작용의 발열 반응에서는 좀 더 극단적이고 별난 방식으로 녹이 슨다. 깊은 땅속 금속이 풍부한 암석은 환원도가 높은 상태인데, 그 말은 유용한 화학 거래에 사용할 여분의 전자가 많다는 뜻이다. 그러나 해저의 깊은 곳에서는 주변이 온통 다 환원된 상태라 거래가 이루어지지 않는다. 여분의 전자를 받아줄 산화제가 없다는 말이다.

그러나 이 깊은 맨틀 암석의 일부가 위로 밀려 올라와 해저에 자리를 차지하면 이 환원된 암석, 예를 들어 감람암 같은 것들은 바닷물과 섞여 반응을 일으킬 수 있다. 감람암에는 감람석, $(Mg, Fe)_2SiO_4$, 휘석, $(Mg, Fe)SiO_3$ 같은 광물이 풍부하다. 이 광물에 있는 철과 마그네슘에는 전자가 득시글거린다. 일반적으로 물은 반응성이 높지 않은 편이지만, 전자를 공유하지 못해 안달 난 광물과 섞였을 때는 얘기가 다르다.

400℃ 이상의 뜨거운 물과 광물질을 토해내면서 공장 굴뚝 같은 검은 연기를 내뿜는 '블로토치' 열수구와 비교했을 때 로스트 시티는 느긋하고 평온하다. 이 탑에서는 광물질이 풍부한 검은 연기 대신 사문석화 작용으로 생성된 중간 온도(70~100℃)의 유체가 탄산염 굴뚝에서 일렁이며 천상의 모습을 창조한다. 그 모습을 바라보고 있으면 처음엔 눈의 초점이 잘 맞지 않는 것 같다. 그러나 자세히 조사해보니 빛이 열수구에서 나오는 따뜻한 액체를 통과하면서 굴절되기 때문이었다.

로스트 시티가 왜 그렇게 중요한가?

먼저, 사문석화 작용이 일어나는 열수구는 어디에나 있을 수 있다. 뜨거운 열수구를 만드는 대규모 판 구조나 내부 가열이 필요하지 않기 때문이다. 이 열수구는 감람암 같은 암석이 물과 접촉하면 언제 어디서나 생성될 수 있다. 이런 반응은 지구의 역사 전반에 걸쳐, 또 화성에서 유로파, 엔셀라두스까지 지구 밖의 많은 세계에서 충분히 일어났을 법하다. 이 시스템은 해저에 균열이 생겨 물이 바위로 스며들기만 하면 되므로 아주 흔하게 일어날 수 있다. 우리는 천체가 판 구조로 이루어지기 위한 조건이 무엇인지 모른다. 그러나 해저의 균열은 외계 바다에서도 얼마든지 가능한 현상이다.

사문석화 작용으로 형성된 열수구가 생명체의 첫 밥상을 차렸을지도 모른다. 사문석화 작용의 부산물에는 수소 분자가 있다. 지구의 바닷물에는 지금이나 지구의 역사 초기에나 이산화탄소가 충분히 녹아 있었고, 이 두 화합물은 일부 미생물이 좋아하는 환원제-산화제 쌍을 형성한다. 그 미생물은 수소와 이산화탄소를 먹고 메탄과 물을 노폐물로 버린다. 이 미생물은 메탄을 생산하므로 메탄생성균이라고 부른다.[2] 앞서 나온 배터리 비유로 돌아가면, 수소는 생화학 배터리의 음극이고 이산화탄소는 양극이다. 이 반응은 아마 생명이 사용하는 가장 작은 '배터리'일 것이다. 생명을 이어가기에 딱 적당한 만큼의 동력을 제공한다.

이 생화학 배터리는 얼마나 작고, 또 생명체는 얼마큼의 전력을 필요로 하는가? 메탄생성균 한 마리에게 필요한 것은 10^{-18}W의 전력이다.[3] 규모를 키워서 생각해보면, 일반적으로 100W짜리 백열전구는 방 하나를 밝힌다. 인간은 보통의 노트북 컴퓨터에 필요한 전력과 비슷한 100~200W의 전력으로 움직인다. 메탄생성균 한 마리가 필요로 하는 전력은 인간이 사용하는 전력의 100경분의 1의 100분의 1인 셈이다.

마지막으로, 로스트 시티의 열수구 시스템이 지닌 속성 중에 매력적인 것이 또 하나 있다. 메탄생성균은 아주 오래된 삶의 방식을 대표하는 생물이다. 수소와 이산화탄소를 먹고 메탄을 만드는 것은 어쩌면 지구에서 가장 오래된 생명의 대사 작용일지도 모른다. 지구에서 시작된 생명의 나무에서 메탄생성균은 맨 밑의 뿌리 가까이, 최초 공통 조상의 속성을 지니고 있다는 말이다. 다시 말해 미생물이 인간처럼 가계를 이어갔다고 했을 때, 이 미생물은 족보에서 가장 오래된 출발점에 뿌리를 박고 있다는 뜻이다. 이 생물을 잘 알게 되면 지구 최초의 생물에 대한 감을 얻을지도 모른다. 이 미생물이 로스트 시티와 같은 장소에서 풍부하게 발견된다는 점을 미루어볼 때 생명의 기원 자체는 메탄생성균을 뒷받침하는 이 열수구와 밀접한 연관이 있다고도 추정할 수 있다.

생명의 상향식 기원

앞 장에서 우리는 생명의 기원에 대한 필요조건, 제약, 이론을 다루었다. 내가 아주 설득력 있다고 생각하는 한 이론에 의하면, 생명은 로스트 시티에서 발견된 것처럼 사문석화 작용이 일어나는 열수구 근처에서 시작되었다.

NASA 제트추진연구소의 마이크 러셀 박사는 이 이론의 창시자 중 한 명인데 그는 '생명'의 문제에 관해 틀을 정확히 잡아야 한다고 생각한다. 러셀은 생명의 기원을 논할 때 무작정 '생명이 무엇인가'를 묻기보다 '생명이 무엇을 하는가'를 물어야 한다고 주장한다.

왜냐고? '생명이 무슨 일을 하는가'라는 질문의 답은 '생명은 회로를 완성하여 배터리를 소모하는 방식으로 화학적 불균형을 완화시킨다'이기 때문이다. 러셀이 보았듯이 생명의 가장 기본적인 '회로'는 수소를 이용해 이산화탄소를 메탄 같은 탄소 화합물로 만드는 것이다. 좀 더 쉽게 말하면, 러셀과 이 분야의 많은 학자들은 생명의 최초 대사, 즉 생명의 첫 끼니가 퍼즐의 가장 중요한 조각이라고 생각한다. 다시 말해 맨 처음 생명이 무엇을 하고 어떻게 했는지를 알아내야 한다는 말이다. 러셀에게 그것은 이산화탄소와 수소를 먹고 메탄을 뱉어내는 것이다.

러셀의 이론은 우주의 에너지에 초점을 둔다는 측면에서 굉장히 흥미로우며 9장에서 논의했던 간극을 닫는다. 흥미롭게도 로스트 시티에서 발견된 열수구 탑은 대사를 이끄는 원천임과 동시에, 화학물질이 풍부한 유체가 흐르고 반응이 제한된 광물의 모암을 제공해왔을지도 모른다. 열수구에 바탕을 둔 생명의 기원 가설 중에 열수구 탑의 다공성 광물이 세포에 해당하는 격실을 제공한다는 주장이 있다.

수십 년 전, 지질학자 그레이엄 케언스 스미스는 열수구의 광물 구조가 건설 현장의 비계처럼 생명의 유기적 구조를 하나로 합치는 역할을 한다고 가정했다. 일단 건물이 완성되면 비계는 더 이상 필요하지 않다. 광물의 표면은 화학 반응을 촉매하고 유기 물질이 들러붙을 장소를 제공한다. 열수구의 기공성 광물이 생명에 필요한 최초의 구조를 제공하고 이후에는 현재의 자기충족적 유기 세포에게 자리를 내주었을 것이다.

사문석화 작용이 일어나는 열수구에서 생명의 출발을 도왔을 또 다른 속성은 그곳에서 분출되는 유체의 온도와 수소 농도 지수pH이다. 400℃의 뜨거운 물을 내뿜는 검은 굴뚝과 달리 이 열수구에서 나오는 약 100℃의 미지근한 온도에서는 화합물이 합성되어도 익어버리지 않는다. 분자의 크기가 클수록 고온에서 쉽게 파괴되므로 이 특징은 중요하다.

로스트 시티에서 열수구 물의 알칼리도는 상당히 높아서 pH가 10~12나 된다. 주변 바닷물의 pH는 낮은 편으로, 현재 지구의 바다는 pH가 7에 가깝다. 그러나 초기 지구에서는 5 정도로 낮았을 것이다. 이것이 중요한 이유는 pH란 곧 유체에 흐르는 자유 양성자 농도의 측정치이기 때문이다.[4] 이 양성자는 H^+의 형태를 취하며 전자를 잃은 수소 원자를 나타낸다. pH 10~12인 유체는 pH 5~7인 유체보다 양성자 수가 훨씬 적다.

결과적으로 열수구의 굴뚝 벽 안쪽에는 바깥에서 안쪽으로 흐르는 양성자 기울기가 형성된다. 바닷물에 과도하게 넘치는 양성자는 양성자 농도가 낮은 열수구 내부로 들어가고 싶어 한다. 열수구 내부의 양성자 농도 기울기야말로 퍼즐의 다른 조각이 될 수도 있다. 생명체와 세포막은 막을 가로지르는 양성자의 흐름을 통해 작용한다. 생물학에서 양성자 농도 기울기는 생명의 회로가 작동하는 방식의 하나이다. 그렇다면 로스트 시티에서 발견된 pH의 차이가 생명의 초기 활동에 대한 단서가 될 수 있을까? 나는 그렇다고 본다.

러셀을 비롯한 많은 동료 과학자들이 실험실에 앉아 지구에서 생명이 시작된 다양한 경로를 시뮬레이션하기 한참 전부터 대자연은 태양계 곳곳에서 나름의 실험을 진행해왔다. 아마도 물이 많았을 어린 금성에서 따뜻하고 습한 화성과 외행성계의 많은 바다세계까지, 생명의 기원은 태양계에서 여러 방식으로 수차례 실험되었을 것이다. 예를 들어 사문석화 작용은 많은 천체에서 아주 흔한 과정이었고 또 지금도 그러할 것이다. 그렇다면 이 작용은 우리 태양계와 그 바깥에서 생명체를 위한 지구화학적 토대를 마련했다고 봐야 한다.

활발한 사문석화 작용의 증거가 예상되는 장소가 엔셀라두스이다. 우리는 6장에서 엔셀라두스가 뿜어내는 물기둥의 화학을 자세히 다루었다. 그 화학은 열수구를 가리킬 뿐 아니라 열수구를 만들어낸 메커니즘이 사문석화 작용이라고 구체적으로 암시한다. 물기둥의 이산화규소, 메탄, 이산화탄소, 수소는 엔셀라두스의 심해에서 온도와 pH가 낮고 사문석화 작용이 일어나는 해저를 가리킨다. 지구의 로스트 시티는 토성계의 지구화학적 사촌인지도 모른다. 지구의 100분의 1밖에 안 되는 낮은 중력을 고려할 때, 엔셀라두스의 해저에도 얼음껍질에 닿을 듯 수 킬로미터나 솟은 거대한 탄산염 굴뚝이 고층빌딩처럼 서 있지 않을까 싶다.

생명의 기원은 거주 가능한 곳에서 거주 중인 곳으로 가는 중요한 첫 단계다. 이 사건은 우주에서 생명의 풍부도와 분포를 제한하는 걸림돌이 될 수 있다. 반대로 생명의 기원은 아직 과학자들이 실험실에서 밝혀내지 못했을 뿐, 명백한 지구화학적 필연성인지도 모른다. 태양계에 존재하는 외계 바다를 탐구하면 이 질문들에 답할 수 있다. 만약 이렇게 외계 바다에서 생명이 시작될 수 있고 또 그리된다면 다음 단계는 생명체를 오래 지속시키고 생물권을 건설하는 일이다.

11장

바다세계의 생물권

앞의 몇 장에서 우리는 생명의 에너지학과 열수구에서 일어난 구체적인 생명의 사례를 보았다. 열수구를 비롯한 지구의 많은 장소에서 메탄생성균이 수소를 환원제로, 이산화탄소를 산화제로 결합하여 메탄을 생산한다. 이 대사 '회로'는 아주 유용하지만 또 제한적이다. 많은 화합물이 열수구에서 방출되는데, 그중 다수가 회로의 음극(환원제)으로 기능한다. 그러나 저 화합물 중에 양극(산화제)으로 기능하는 것은 소수에 불과하다. 열수구는 생명체에 에너지를 제공할 훌륭한 음극 단자이지만 양극 단자로서는 형편없다. 행성 차원에서 더 광범위하게 생각해보면, 금속이 풍부한 행성의 내부는 훌륭한 음극 단자이지만 거기에서 양극 단자를 찾기는 어렵다.

환원제와 결합할 산화제는 얼음으로 덮인 바다세계의 모든 생물권에서 제한 요소로 작용한다. 앞에서 상세히 보았던 것처럼 조석 가열은 열수구를 유지할 활발한 해저를 형성할 수 있다. 카시니호는 엔셀라두스에서 사문석화 작용이 일어나는 해저 화학을 맛보았다. 활발한 해저 활동은 환원제가 풍부하다는 신호다.

생명체에게는 반가운 뉴스가 아닐 수 없다. 그러나 믿을 만한 산화제가 공급되지 않는다면 유로파 생물학은 이 세계의 이야기책에서 짧은 한 챕터에 그치고 말 것이다. 예를 들어 해저에서 오는 이산화탄소가 유일한 산화제라면 생명이 탄생한들 곧 에너지가 제한되어 사그라질 것이다. 바다를 생명으로 채울 '먹이'가 충분하지 않다는 말이다. 더군다나 해저의 지질 활동이 약해져 이산화탄소가 사라지면 생명도 곧 그 뒤를 따른다. 생명에 동력을 주는 에너지가 없다는 것은 생명도 없다는 뜻이다.

지구에서 생명의 스토리는 산화제 이야기이기도 하다. 지구에서 미생물은 약 38억 년 전에 나타났다. 당시는 산화제가 생물 에너지학의 주요 제한 요소였을 가능성이 크다. 30억 년이 넘는 세월 동안 생명은 양질의 양극 단자를 찾지 못해 발이 묶여 있었다. 산화제는 찾기 어려우나 환원제는 찾기 쉽다. 지구가 계속 뿜어내고 있기 때문이다. 대신 산화제는 일개 미생물이 쓸 만큼은 있었지만 그 이상은 아니었다.

당시 대기는 지금처럼 질소가 절대적으로 많았다. 그러나 전체의 21%가 산소인 현재와 달리 그 시대에는 산소가 미량밖에 없었다. 대기와 바다에서 사용할 수 있는 산화제라고는 이산화탄소, 이산화황, 황화염, 그리고 감질나는 양의 산소뿐이었다. 이 중 다수는 태양의 자외선이 대기의 상층부에서 화합물을 폭격할 때 생성된 것이다. 산화제는 지금만큼 풍부하지 않았고, 그저 작은 생명 '회로'에 겨우 전력을 공급할 수준에 그쳤다. 생명에 필요한 회로의 경로가 상당히 제한적이었다.

결국 지구는 산화제 부족난을 외계 우주에 의존하여 해결했다. 지구는 할 수 없지만 태양은 달랐다. 진화는 마침내 광합성이라는 에너지 활용 기술을 만들어냈다.

과학계는 광합성을 하는 미생물(남세균)이 정확히 언제 무대에 등장했는지를 두고 격렬하게 논쟁한다. 그러나 모든 증거는 광합성[1]이 25억 년 전에 대사 경로로 진화했다고 가리킨다.[2]

광합성이라는 혁신이 일어나기 전에 이산화탄소는 그저 흔해 빠진 분자였다. 인기 있는 품목에 속하긴 했지만 정상적인 미생물이라면 이산화탄소를 별 대수롭지 않게 생각했을 것이다. 그러나 진화가 우연히 광합성을 발견하면서 생명의 회로가 통째로 변하기 시작했다.

태양이 제공한 광자의 에너지를 이용하여 남세균은 이산화탄소를 당으로 환원하고 산소 분자를 내뿜게 되었다. 남세균이 바다와 대기에서 이산화탄소를 가져다가 탄소 원자를 추출하고 그것을 다시 생명체가 될 유용한 분자로 바꿀 줄 알게 되었다는 말이다. 탄소 원자는 유기체 구조에 통합되거나 동화되었다. 그 작업에는 많은 에너지—강력한 회로—가 필요하지만 태양이 충분한 에너지를 보장했다.

광합성의 뛰어난 점은 태양의 광자가 이산화탄소와 물에 있는 전자의 에너지를 끌어올려 탄소 원자를 다른 탄소 원자와 결합하게 하고 그 결과 당 분자를 만든다는 데 있다. 실로 기적이나 다름없는 반응 경로이며 다윈의 자연선택이 말하는 시행착오를 증명한다. 남세균이 무대에 오르고 광합성을 시작하자 원시 대기에 산소가 쏟아지기 시작했다.

광합성에 감사해야 하는 진짜 이유는 남세균과 식물이 산소 분자를 내뿜기 때문이다. 광합성을 하는 유기체가 내다 버리는 노폐물이 산소다. 그러나 산소 분자는 최상의 산화제다. 또한 배터리의 전압을 올리는 절대적인 양극 단자이다. 산소에 전자를 주고 싶은 유혹에 감히 저항할 환원제는 없다. 산소는 수소, 메탄, 황화물과 같은 기체는 물론이고 모든 형태와 크기의 금속과 주저하지 않고 반응한다. 철에서 우라늄까지, 산소는 원소와 광물의 전 경관에서 영향력을 발휘한다.

처음에는 광합성이 만든 산소를 사용할 생명체가 없었다. 미생물도 마찬가지였다. 따라서 생산된 산소 대부분이 지구와 바다를 녹슬게 하는 데 쓰였다. 지구의 어린 산성 바다에 용해되어 있던 철이 산소와 결합한 다음 침전되어 해저에 광물로 쌓였다. 남세균은 계속해서 산소를 펌프질해댔고, 대양과 대륙이 녹슬 만큼 녹슬자 그때부터 대기에 산소가 축적되기 시작했다.

대기 중의 산소 농도가 점차 증가했다. 1%, 2%, … 10%, 15%. 이 변화는 약 8억 5000만 년 전부터 가속되었고, 약 6억 년 전 산소는 대기의 15~20%를 차지하기에 이르렀다. 지구 내부의 커다란 음극 단자가 마침내 대기 중의 대규모 양극 단자를 만나 잠재력을 폭발시킬 때가 온 것이다. 산소는 만반의 준비를 마치고—적어도 다윈의 기준에서는—에너지 차원의 혁신을 기다렸다.

그사이 생명은 미세한 돌연변이에 의해 세대에서 세대로 수정을 거듭하며 진화했고 마침내 산소를 사용하는 화학 장치를 발명하게 되었다. 산소로 호흡하는 방법을 알아낸 일부 미생물이 다른 미생물과 몸을 합쳐 미토콘드리아 같은 세포 소기관을 만들었다. 오늘날 모든 생물의 세포에 있는 미토콘드리아는 산소를 능숙하게 사용했던 자유로운 세균에 뿌리를 둔다. 결국 그 재주가 공생을 부추겨 다른 미생물에 통합되었다. 진화는 보통 적자가 생존하는 과정으로 일컬어지지만, 다윈의 자연선택은 공생을 토대로 한 인수합병 스토리이기도 하다.

산소를 사용하는 호기성 생명체가 계속해서 적응하고 변화하면서, 우연히 서로 맞부딪친 두 미생물(어쩌면 다수의 미생물일지도 모른다)이 협정을 맺었다. 산소를 호흡하여 나온 에너지가 더해지자 복잡한 생명의 형태가 가능해졌다. 약 6억 5000만 년 전, 미생물들이 팀을 이루어 최초의 다세포 생물이 되었다. 산소를 에너지원으로 하여 이 팀은 이제 에너지 면에서 아주 유리한 반응을 통해 산소와 유기물을 결합하면서 함께 일했다. 호기성 호흡을 이용한 다세포 생물이 탄생한 것이다.

광합성, 그리고 다세포 생물로의 전환만큼 지구의 외형을 극적으로 변신시킨 진화적 적응은 없다. 이어서 두 번째로 일어난 대전환을 캄브리아기 폭발이라고 부른다. 산소의 가용성이 지구 역사에서 다양하고 기이하고 아름다운 생명체를 수없이 빚어내 생물 대폭발을 일으킨 기간이다. 모두 산소로 호흡했고, 또 산소를 강력한 양극 단자로 삼아 열심히 생화학 회로를 돌렸다.

대기 중의 산소는 지구의 미생물과 거생물(동물)에 매우 중요했다. 또한 산소는 황을 비롯한 다른 원소와 결합하여 미생물이 먹을 수 있는 산화제 메뉴를 추가했다. 심해 열수구에서 미생물이 사용하는 대부분의 산화제는 광합성에 의해 생성된 산소와도 어느 정도 연관성이 있다. 황산염을 사용하는 열수구 미생물은 부분적으로 광합성에 의존하는데, 광합성이 생산한 산소가 바다로 들어가 황산염으로 변환되기 때문이다. 미생물이든 포유류든 생명체로서는 산화제와 환원제가 모두 풍부한 게 좋다.

지난 수억 년 동안, 산소는 대기의 21%를 차지했다. 미생물과 식물이 지나치게 왕성해져 산소의 농도를 높이면, 산불이 거칠게 타올라 산소 생산 능력 대부분을 태워버릴 것이다. 반대로 동물이 세상을 장악해 산소를 너무 많이 소비하면, 산소 수치가 급감하여 동물은 더 이상 살아남지 못할 것이다. 이런 상황에서 식물, 동물, 그리고 대기는 산화제와 환원제의 균형을 조절하는 복잡한 자기 조절적 상호작용을 발전시켰다.

잠깐 다른 이야기를 해보겠다. 일부러 작정하고 하는 일은 아니겠지만 한 행성의 생명 과정은 지질과 대기 상태가 생명체에 적합한 조건이 되도록 자연선택에 영향을 준다. 이것이 바로 가이아 가설의 골자이다. 가이아 이론에 의하면 지구의 식물, 동물, 미생물이 모두 생명의 맥박을 유지하는 생물 교향악단에서 일한다. 1979년에 제임스 러브록이 선구적인 책 『가이아』에서 이 개념을 처음 발표했다. 지구의 거주 가능성에 관한 한, 나는 러브록이 뭔가 알고 있었다고 생각한다. 뒤에서 이 개념을 다시 되짚을 것이다.

산화제의 가용성, 특히 산소는 지구에서 생물권을 건설하는 데 분명 중요했다. 그러나 바다세계 내부의 생물권에는 산소의 양이 제한적이라 문제가 되었을 것이다. 지구는 산화제 부족을 광합성으로 해결했다. 미생물이 태양의 광자를 사용하여 이산화탄소를 산소로 바꾸고 대기에 쌓아두면 크든 작든 다양한 유기체가 알아서 써먹었다. 그러나 얼음으로 뒤덮인 바다세계에서는 광합성이라는 옵션이 불가능하다. 두꺼운 얼음 때문에 빛이 그 아래의 바다까지 뚫고 가지 못한다. 바닷속 광대한 주거지가 활용되지 못하는 것은 산소가 부족해서 대규모 생물권을 뒷받침할 수 없기 때문이다.

유로파에서만큼은 이 문제를 해결할 꽤 설득력 있는 방법이 있다. 산화제 문제를 해결하기 위해 우리는 태양계에서 가장 큰 '구조'로 돌아갈 것이다. 바로 목성의 자기장이다.

위에서 제기된 '생명을 지속할 산화제를 어디에서 찾을 것인가'라는 문제에 답하기 위해 유로파를 구체적인 사례로 들어 유로파와 목성 자기장 간의 상호작용을 살펴보겠다. 지금까지 알려진 바로는 다른 바다세계에서는 이런 상호작용이 일어나지 않는다. 그러나 유로파로 넘어가기 전에 먼저 지구와 목성의 자기장을 살펴보자.

지구의 자기장은 지구에 몸을 의탁한 모든 생물에게 믿을 수 없이 든든한 보호막이다. 외부 침입자를 막기 위해 역장力場을 친 〈스타워즈〉의 우주선처럼, 지구의 자기장은 우주에 돌아다니는 작지만 많은 위험으로부터 우리를 지켜준다.

그중 절대적으로 위험한 것은 태양이 뿜어내는 고에너지 원자와 전자다. 파트너의 다리를 옷자락으로 스치며 회전하는 무용수처럼 태양의 자기장은 끊임없이 변하면서 태양계로 흘러들어와 제 주위를 맴도는 많은 행성을 스친다. 자기장이 흐르면 에너지가 넘치는 입자도 흐르면서 이른바 태양풍을 생성한다. 행성, 위성, 소행성에 대기나 자기장이 없으면 태양풍은 그 천체의 표면을 직접 강타하고 방사선을 조사照射한다.

지구에서는 지구의 자기장이 자기장선을 따라 많은 입자를 재정렬한다. 어떤 입자는 북쪽의 자기극을, 또 어떤 입자는 남쪽 자기극을 향한다. 그 입자들이 자기장선을 따라 흘러 내려가면서 대기의 질소, 산소 원자나 분자와 충돌할 때 초록과 빨강의 어른거리는 아름다운 장막이 생기는데, 그것이 오로라(북극광 또는 남극광)이다. 다행스럽게도 지구의 대기와 자기장은 우주에서 들어오는 최악의 방사선으로부터 우리를 지키고 그것을 아름다운 오로라로 미화한다.

그러나 유로파는 그리 운이 좋지 못하다. 유로파는 고유 자기장이 없다. 그리고 목성 자기장의 영향권에 깊숙이 자리 잡았다. 만약 목성의 자기장이 눈에 보인다면 아마 밤하늘에서 가장 큰 물체일 것이다. 비록 목성의 자기장은 부분적으로나마 제 영역 내의 모든 것을 태양풍과 우주 방사선으로부터 보호하지만, 직접 일으키는 방사선 폭풍도 만만치 않다. 목성의 상층 대기에서 나오는 이온과 전자가 자기장을 따라 우주로 흘러 들어가면서 여러 위성(그리고 무인 탐사선) 표면에 방사선 비를 뿌린다.

게다가 이오는 또 어떤가. 겉으로는 아름답기 그지없으나 이오의 화산은 분출할 때마다 황과 여러 화합물이 뒤범벅된 수프를 토하는데, 이 수프가 이온화되어 목성의 자기장 혼합물에 섞인다. 이 방사선의 실체는 갈릴레오호가 보낸 이미지에서 쉽게 관찰된다. 사진 전체에 흩뿌려진 작고 하얀 픽셀은 각각 촬영 당시 탐지기에 충돌한 방사선을 나타낸다. 이런 점을 고려하면 유로파가 인간이 방문하기에 별로 좋지 못한 장소임은 분명하다. 인간의 약점과 한계에 구속되지 않는 로봇조차 목성의 영역에서는 힘겨워한다.

유로파의 표면은 방사선에 푹 잠겨 있다. 마치 고에너지 전자와 이온을 퍼붓는 우박 폭풍 같아서 얼음은 물론이고 그 자리에 있는 무엇이든 가격한다. 태양풍의 폭발(태양 폭풍이라고도 한다)로 지구의 인공위성과 전자 장비가 망가졌다는 뉴스를 들은 적이 있을 것이다. 이 폭풍이 한창일 때 자신이 하늘 높이 떠 있다고 상상해보자. 유로파의 표면에 서 있는 것이 딱 그런 상태이다. 누구도 유로파의 표면에 머물고 싶지 않을 것이다. 절대 함부로 발을 들여서는 안 되는 곳이다. 물론 경치는 끝내주겠지만 말이다. 머리 위의 목성과 멀리서 아른거리는 얼음 절벽. 그러나 이 스펙터클한 경치를 음미할 시간도 없이 방사선에 노출되어 순식간에 세상에서 사라질 것이다.

이런 천문학적 운명의 신기한 반전이 궁금하지 않은가? 유로파의 표면을 혹독하게 만드는 그 방사선 폭풍이 유로파의 바닷속 생명을 먹여 살리는 일을 할 수 있다면 어떨까? 얼음껍질 밑 바다에 생태계가 있고, 표면을 폭격한 방사선이 유로파에서 저 생명을 지속시킬 화학 순환 주기의 아주 중요한 역할을 할지도 모른다. 바다 세계의 생물권을 짓고 만드는 열쇠가 된다는 말이다.

어떤 일이 일어나길래 호들갑을 떠느냐고? 유로파의 얼음이 방사선을 쬐면 산화제가 형성된다. 그러니까 유로파의 표면에 퍼붓는 방사선이 생화학 배터리의 양극 단자를 만든다는 뜻이다.

물 분자를 생각해보자. 이 분자가 고에너지 전자나 이온에 부딪히면 여러 가지 일이 일어난다. 먼저 수소와 산소가 분리된다. 가장 가능성이 높은 것은 H_2O가 H와 OH, 즉 수소 원자 한 개와 산소-수소 쌍(수산화 라디칼)으로 분해되는 것이다. "라디칼"은 화학에서 불완전한 원자가껍질을 가진 원자, 분자, 이온을 설명할 때 사용하는 용어이다. 라디칼은 바깥 껍질의 빈자리를 채울 다른 전자를 절실히 원한다. 이런 이유로 반응성이 굉장히 높다.

얼음이 방사선에 노출되면 유로파의 표면에서 H와 OH는 때로 근처의 다른 H와 OH와 결합한다(엔셀라두스에서는 훨씬 작은 규모로 일어난다). H_2, 즉 수소는 아주 작고 가벼워서 우주로 흘러나가는 경향이 있다. 반면 H_2O_2, 즉 과산화수소—구급상자에 들어 있는 바로 그 약품—는 그대로 남아 있다. 과산화수소는 얼음에 쌓여 있다가 다시 저 에너지 넘치는 입자의 타깃이 되는데, 과산화수소가 방사선을 쬐면 많은 연쇄 반응이 일어난다. 그중 한 가지는 분자가 쪼개지고 H_2가 탈출하면서 뒤에 산소 O_2를 남기는 것이다. 그 산소가 다시 방사선을 쬐면 오존까지 만들어진다.

이 퍼즐에는 또 다른 조각이 있다. 얼음에 황이나 탄소 같은 화합물이 있으면 방사선이 이것들을 황산염, 이산화탄소, 탄산 같은 산화제로 가공한다. 유로파의 황은 이오의 화산에서 온다. 그리고 적어도 탄소의 일부는 태양풍에서 운반된다.

갈릴레오호가 측정한 결과는 이런 기이한 방사선 화학을 밝히는 데 결정적이었다. 1990년대 후반에 갈릴레오호가 유로파를 스윙바이할 때, 3.5마이크로미터 근처의 적외선 스펙트럼에서 흡수선이 관찰되었다. 밥 칼슨과 갈릴레오호 NIMS 팀은 이 작은 흡수선의 원인을 추적했고, 유로파 표면에 있는 과산화수소 때문임을 발견했다.

그 측정 결과가 발표되고 얼마 후, 사우스웨스트 연구소의 존 스펜서와 네바다 대학교의 웬디 캘빈이 애리조나의 로웰 천문대 망원경을 사용해 유로파의 표면 얼음에서 산소를 관찰했다. 참고로 지상 망원경과 허블 우주 망원경을 사용해 가니메데의 얼음에서 이미 산소와 오존을 모두 발견한 적이 있다. 비록 유로파보다 규모는 작지만 가니메데의 표면에도 방사선이 퍼붓는다. 따라서 그곳에서 산소와 오존이 관찰된 것은 충분히 있을 수 있는 일이다.

유로파의 표면에 과산화수소와 산소가 얼마나 많이 존재할까? 꽤 많은 양이다. 어떤 지역에서는 과산화수소의 양이 물의 0.13% 정도 된다. 유로파의 얼음에 든 물 분자 1만 개당 과산화수소 분자가 13개 있다는 뜻이다. 얼마 되지 않는 것 같지만 이렇게 비교해 보자. 약국에서 판매하는 소독용 과산화수소는 3%짜리이다. 그것을 물 1.5갤런에 희석하면 유로파의 순행 반구(공전 방향쪽으로 향하는 반구—옮긴이)에서 발견되는 과산화수소의 농도가 된다.

한편 스펜서와 캘빈이 관찰한 흡수선은 얼음 속에 약 1%(물과 비교했을 때)의 산소가 갇혀 있다고 말한다. 종합하면, 유로파의 얼음 속에 들어 있는 과산화수소와 산소의 농도는 낮지만 일단 바다로 운반되면 바닷물에 녹아들어 생명의 에너지 화학에서 양의 단자가 될 수 있다. 유로파 표면의 방사선 화학 작용이 얼음 밑 바다로 전달되어 모든 생명체가 유용하게 쓸 산화제를 생산한다는 말이다.

그리하여 얼음으로 뒤덮인 어둠 속 바다에도 산소가 있을 수 있다. 하지만 크고 복잡한 생물을 부양할 정도의 양이 될까? 나는 그렇다고 생각한다. 그러나 그건 유로파 얼음층의 지질 작용에 달려 있으며, 방사선에 노출된 물질이 바다까지 얼마나 효율적으로 내려가느냐가 관건이다.

크리스털 컨베이어 벨트?

유로파의 얼음껍질이 얼마나 두꺼운지를 두고 말들이 많다. 핵심은 간단하다. 유로파의 얼음껍질은 얇은가, 두꺼운가? 유로파를 피자로 생각하면 뉴욕 씬크러스트 피자 대 시카고 딥디쉬 피자의 논쟁이다. 꽤 박진감 넘치는 싸움이다. 중력과 자기계는 놀라운 실력을 발휘해 유로파에서 바다의 존재를 밝혀냈지만, 얼음껍질의 두께까지 알아내지는 못했다. 얼음의 두께, 그리고 얼음과 바다 사이의 순환은 유로파 바닷속에 있을지도 모를 생명체에 아주 큰 영향을 미친다.

먼저, 여기서 말하는 '얇은' 얼음도 실은 굉장히 두껍다는 사실을 미리 말해두겠다. 나는 대략 10km를 기준으로 얇은 얼음과 두꺼운 얼음을 나눈다. 참고로 남극 대륙의 빙하 두께가 최대 4km이다. 지구의 기준에서 유로파의 얼음은 어딜 자르더라도 두껍다.

얼음의 두께가 왜 중요할까? 유로파의 얼음껍질이 얇으면 방사선에 분해되어 생성된 산화제가 아래쪽 바다까지 훨씬 수월하게 내려간다. 얼음껍질은 조석력에 의해 금이 가고 균열이 생겨 쪼개질 수 있다. 그러면 표면 위 물질이 바다에 직접 섞여 들어가 생물학적으로 유용한 화합물을 재충전할 수 있다. 그러나 얼음껍질이 두껍고 바다로의 진입이 여의치 않으면 표면의 산화제가 바다에 도달하는 데 어려움을 겪을 것이다.

유로파의 얼음껍질에 대한 가설과 모델에는 세세한 차이가 있지만 여기에서 모두 다루지는 않겠다. 다만 알아둘 것은 얼음껍질의 지질학이나 동역학에 대한 데이터가 별로 없다는 사실이다. 보이저, 갈릴레오, 카시니, 뉴호라이즌스는 모두 다양하지만 단편적인 스냅샷만 보냈고, 1990년대 후반에서 2000년대 초반까지 운행한 갈릴레오호만 의미 있는 데이터를 보내왔다. 따라서 다른 탐사선이 그곳에 도착할 때까지는 아마 끝없이 이 주제로 논쟁하게 될 것이다.

그렇다면 현재까지 우리가 알고 있다고 믿는 것은 무엇인가?

우리는 유로파의 얼음 표면이 지질학적 관점에서 아주 어리다는 것을 안다. 평균 나이가 1000만 년에서 1억 년 사이로 추정된다. 아주 긴 시간 같지만 지구로 따지면 가장 어린 암석에 해당하는 해저 지각과 비슷하다. 반면 지구의 대륙은 수천만 년에서 수십억 년까지로 훨씬 오래되었다. 유로파 얼음의 평균 나이는 지구에서 공룡이 멸종한 약 6500만 년 전과 비슷하다.

유로파의 표면이 젊다는 것을 어떻게 알까?

앞서 6장에서 어떻게 충돌구로 엔셀라두스 얼음 표면의 나이를 가늠했는지 기억하는가? 엔셀라두스의 북반구는 충돌구로 덮여 있지만 남반구는 사실상 충돌구가 없는 것이나 마찬가지였다. 충돌구는 시간의 흐름을 보여주는 시계다. 충돌구가 많을수록 세월이 많이 흘렀다는 뜻이다. 충돌구가 없다는 것은 원래는 있었으나 누군가 지워버렸다는 뜻이다. 그래서 표면이 어리고 신선하다.

유로파의 표면을 나타낸 고해상도 지도는 없지만, 제한된 이미지만 보더라도 엔셀라두스의 북쪽 지역처럼 많은 충돌구가 보이는 지역은 없었다. 유로파의 표면은 대체로 엔셀라두스의 남반구와 닮았다. NASA 에임스 연구센터의 제프 무어 박사와 록히드 마틴사의 보 비어하우스가 유로파 충돌구의 시간을 측정한 두 과학자다. 이들의 분석 결과는 다음과 같이 요약할 수 있다. 만약 유로파의 표면이 더 오래되었다면 충돌구가 더 많이 보였을 뿐 아니라 크기가 더 큰 충돌구가 보였을 것이다. 과거로 거슬러갈수록 태양계 주위에는 더 큰 물체들이 여기저기 부딪히고 다녔기 때문이다. 충돌구 기록과 충돌구의 부재는 유로파의 얼음 표면이 젊고 어리다고 말한다. 두께가 어떻든 간에 이 얼음은 충돌구를 없애는 방식으로 재활용되고 있었다.

충돌구는 없지만, 대신 얼음의 다른 신기한 특징이 부족한 정보를 보충했다.

1990년대 말 갈릴레오호가 유로파의 첫 이미지를 보내왔을 때, 그 얼음껍질의 형태를 보고 많은 이들이 무척 신이 났었다. 마치 망치로 내리친 수정 구슬처럼 유로파 표면의 사방에 금이 가 있었기 때문이다. 보이저호가 근접비행을 하며 보낸 과거의 이미지에

그림 11.1 유로파의 얼음껍질은 조석의 효과로 표면 전체에 금이 가 있다. 규모가 큰 경우 균열이 수천 킬로미터까지 뻗어 있다(사진 출처: NASA/JPL/애리조나 대학교).

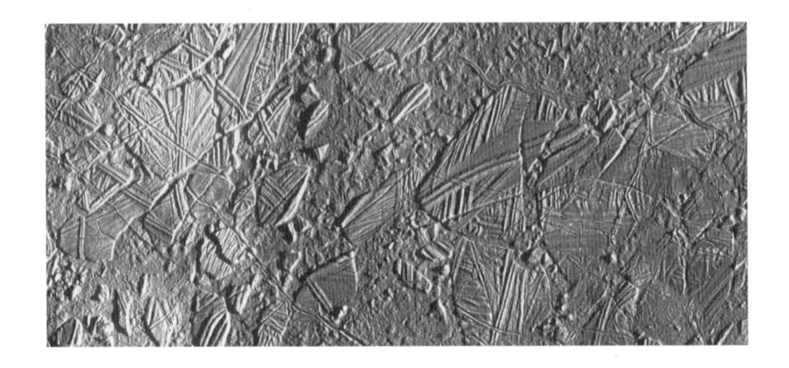

그림 11.2 유로파의 표면 일부는 지구의 빙하 지역과 유사해 보인다. 이 사진에 나타난 것은 바다 위의 빙산처럼 보이는 쪼개진 얼음 덩어리다. 일부는 뒤집혀서 왼쪽으로 그림자를 드리운다(태양은 오른쪽에 있다). 그러나 유로파의 표면은 얼음이 떠다니며 이동하기엔 기온이 너무 낮다(영하 173℃). 그렇다면 아래에서 올라온 따뜻한 얼음이 부서지기 쉬운 표면의 얼음층을 휘젓고 있다고도 해석할 수 있다. 사진 속 지역의 너비는 50km이다(사진 출처: NASA/JPL/애리조나 대학교).

서도 균열이 보였으나 이제 그 범위와 규모가 완전히 파악되었다. 아주 큰 것에서 아주 작은 것까지 천체 전체가 쩍쩍 갈라져 있었다 (그림 11.1).

균열과 더불어 과학자들은 빙산이 갈라져 서로 멀어지는 것처럼 보이는 지역도 찾았다(그림 11.2). 지질학적으로 혼돈이 일어난 장소처럼 보인다고 하여 "카오스 지역"이라는 이름이 붙은 이곳은 지구의 얼음 덮인 지역과 흥미로운 유사점이 있었고 유로파의 바다 위를 상대적으로 얇은 얼음껍질이 둘러싼다는 암시를 던졌다. 그렇지 않고서야 어떻게 빙산이 움직이고 그처럼 인상적인 풍광을 창조하겠는가? 이 얼음은 얇아야만 했다.

행성지질학자 마이크 카가 이끈 연구팀은 유로파 표면의 이 기이한 균열과 얼음 덩어리를 보고 얼음껍질의 두께가 고작 몇 킬로미터에 불과하다고 주장했다. 올라갔다 내려왔다를 반복하는 조석 활동이 얼음을 깨고 해저의 열기를 얼음층까지 올려보내는 바람에 따뜻한 지역이 형성되면서 혼돈의 지형이 만들어졌다는 것이다.

갈릴레오호가 보낸 표면 사진이 더 도착하면서, 조석 현상이 유로파 전역을 가르는 희한한 호弧 모양의 균열을 일으켰다는 새로운 주장이 나왔다.[3] 조석이 균열 과정에 관여했다는 사실은 전에도 제시된 적이 있는데, 이번에 수학과 컴퓨터 모델로 검증된 것이다. 그레그 호파와 릭 그린버그 연구팀이 제시한 이 가설은 조석 현상이 일어날 때 얼음의 응력 패턴이 유로파 표면을 호 또는 파선으로 갈라놓으며 이미지에 나타난 것과 일치하는 균열을 남겼다고 주장했다. 이 가설에 따르면 이런 균열은 얼음껍질의 두께가 수 킬로미터에 지나지 않을 때만 가능하다. 수학 모델과 관찰 증거의 아름다운 조합이었다. 갈릴레오호 탐사 초기, 이미 판결은 내려진 것이나 다름없었다. 파선, 카오스, 균열은 유로파의 얼음껍질이 얇다는 증거다.

그러나 시간이 지나면서 학자들의 눈에 얼음은 계속 두꺼워져 갔다.

얼음을 깨는 것부터가 문제였다. 캘리포니아 공과대학의 데이비드 스티븐슨 같은 과학자는 조석력이 강력하다고는 하나 조석에서 비롯한 응력과 변형률로는 두께가 4km 이상 되는 얼음껍질을 쪼갤 수 없다고 주장했다. 사실 그 자체도 문제는 아니었다. 어쩌면 얼음이 생각보다 얇을지도 모르니까. 그렇더라도 다른 문제가 있었다. 유로파가 그렇게 껍질을 얇게 유지할 만큼 열을 충분히 제공할 수 있을까?

이 열의 흐름과 균형의 문제는 유로파를 비롯한 얼음으로 뒤덮인 모든 바다세계를 이해하는 데 중요하다. 유로파의 얼음이 우주의 차가운 진공으로부터 유로파를 보호한다는 사실을 기억하기 바란다. 이곳에는 대지를 덮어줄 대기가 없다. 두꺼운 얼음껍질은 아래쪽 바다를 우주의 냉기에서 보호하는 두꺼운 겨울 재킷이다. 얇은 얼음껍질은 엄동설한에 우비를 입고 나서는 것에 비유할 수 있다. 우비가 약간의 바람을 막아줄지는 모르지만 금세 한기가 들 것이다. 온기를 유지하려면 제자리에서 뛰기도 하고 몸속에서 열도

내야 한다. 얼음껍질이 얇은 유로파도 마찬가지다. 얇은 얼음껍질로 버티려면 우주로 소실되는 열을 보충할 수 있는 열이 내부에서 생산되어야 한다.

조석 가열이 강력하기는 하지만 얼음껍질을 저렇게 얇게 유지할 만큼 충분한 열을 제공한다는 주장은 과장된 면이 없지 않다. 얼음의 두께를 계산하는 한 가지 방법은 열이 얼음을 통과해 바다에서 위쪽으로 전도되었다는 가정하에 표면 온도를 측정하는 것이다. 다행히 갈릴레오호에 실린 기기 중에는 '광편광계-복사계'가 있었다. 천체에서 발산되는 열에너지를 측정하는 장비다.

갈릴레오호가 측정한 결과 유로파 표면의 기온은 영하 173℃ 정도였다. 한편 유로파 바다의 수온은 0℃에 가까울 것이다. 간단한 물리법칙으로도 알 수 있는 사실이다. 얼음껍질의 압력 아래에 있더라도 얼음껍질과 맞닿은 물의 온도는 빙점인 0℃에 가까워야 한다. 바닷물의 염분이 지구에서와 마찬가지로 물의 어는점을 낮추는 데 일조하지만, 아무리 짠 바다라도 수온이 영하 10℃ 이하로는 떨어지지 않는다. 표면 온도를 재고 바다의 수온을 잰 다음 얼음의 열 방정식에 대입하면, 유로파의 얼음껍질은 두께가 약 6km라는 결론이 나온다.[4] 조석력으로 완전히 쪼개지기엔 너무 두껍다.

하지만 통념과는 반대로, 얼음이 두꺼워지면 오히려 설명이 쉬워진다. 유로파에서 10km보다 두꺼운 얼음은 대류하기 때문이다. 얼음 자체가 라바 램프lava lamp의 방울처럼 아주 천천히 흘러 아래쪽 열기를 표면까지 직접 운반한다. 대류는 인접한 원자와 분자가 미세하게 진동하면서 열이 물질을 통과하여 전달되는 전도와는 다르다.

기체와 액체의 대류는 익숙한 현상이다. 컨벡션 오븐과 레인지 위에 올려놓은 냄비 속 물의 움직임이 대류 현상의 대표적인 예이다. 기체든 액체든 대류는 물질 자체의 움직임에 의해 열이 전달되는 방법이다. 주로 기체나 액체에서 일어나지만 바위나 얼음 같은 고체 물질에서도 일어난다. 너무 느려서 인간에게 덜 지각될 뿐이다. 지구의 맨틀 깊숙한 곳에서 암석은 지각을 향해 천천히 그러나 분명히 대류하고, 움직이면서 핵의 열기를 위쪽으로 천천히 운반한다. 지각에 도착하면 암석은 들고 온 열을 방출한다.

유로파에서는 얼음껍질 안에서 대류가 일어난다고 생각된다. 그리고 얼음의 흐름이 바다에서 물 위로 열기를 운반한다. 이 시나리오에서 두껍고 대류하는 얼음은 맨 위에 차갑고 부서지기 쉬운 얇은 얼음이 덮고 있다. 그 차갑고 부서지기 쉬운 얼음은 두께가 몇 킬로미터에 불과하여 조석의 힘으로 쉽게 금이 간다.

두껍고 대류하는 얼음 모델로 예측할 수 있는 한 가지는 아래에서부터 흐르는 따뜻한 얼음(지질학 용어로는 "다이어피르diapir"라고 부른다)이 유로파 표면의 얼음을 깨뜨리고 올라와서 '수포' 또는 '주근깨'처럼 튀어나온 "렌티큘러lenticula"라는 혼재된 지역을 만든다는 것이다. 이것은 카오스 지역의 또 다른 좋은 설명이 된다. 또한 그림 11.3에서 보인 소소한 특징을 일부 설명한다. 유로파 표면의 카오스 지역과 렌티큘러 지형은 대류하는 다이어피르가 두꺼운 얼음

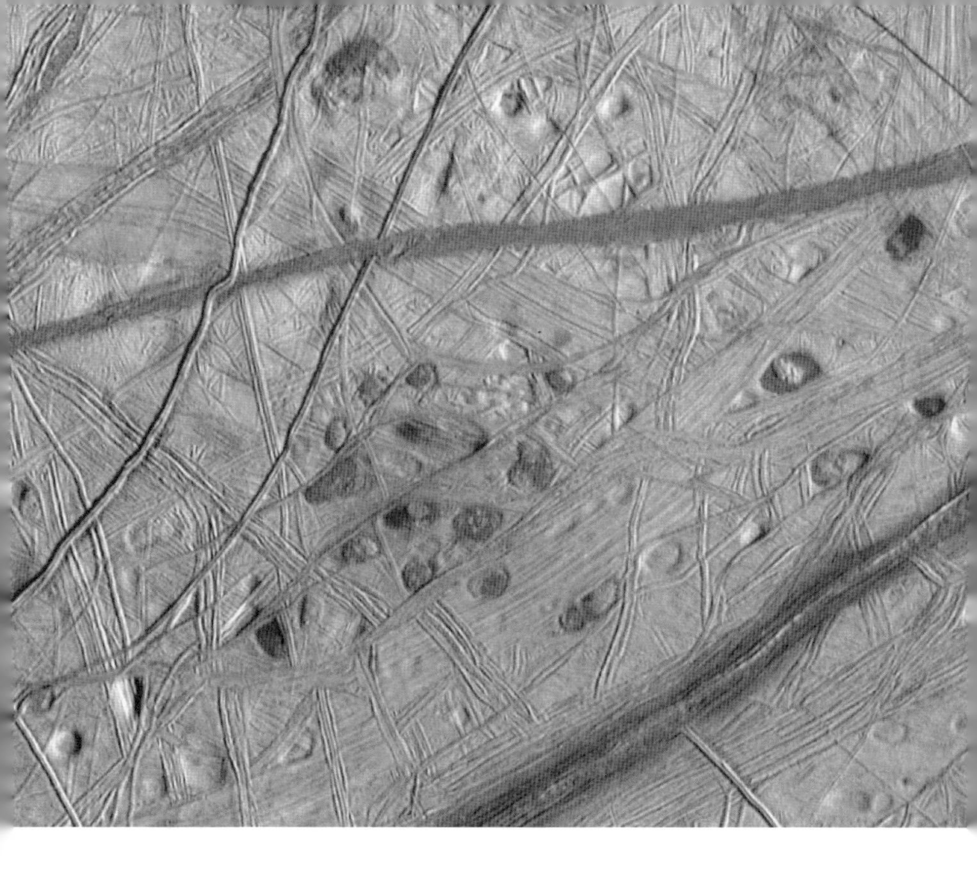

그림 11.3 지각 활동이 유로파 표면 전역에 표시를 남겼다. 이 이미지의 가로 길이는 200km이다. 조석이 얼음을 깨고 이동시키면서 시간이 지나 균열이 층층이 쌓였다. 단층이 생긴 균열은 수직으로 쪼개진 균열이 얼음을 반대 방향으로 움직이면서 원래는 연속적이었던 선이 이동한 것이다. 원형에 가까운 형태—지름 10km—는 '주근깨(렌티큘러)'인데, 따뜻한 얼음이 밑에서부터 올라와 지표의 깨지기 쉬운 얼음을 쪼개놓은 것이 지표에 표현된 것이다. 일부 균열과 주근깨는 더 짙은 색을 띠는데, 바다에서 소금이 용승한다는 뜻이다(사진 출처: NASA/JPL/애리조나 대학교).

껍질을 뚫고 올라와 수면의 깨지기 쉬운 얼음 지각을 갈라놓는다는 증거이다.

과학자들을 대상으로 설문조사를 하면 유로파 얼음껍질은 두껍고 또 대류한다고 주장하는 모델이 제일 많은 표를 받을 것이고 충분히 그럴만하다. 이 모델은 유로파에게 특별히 요구하는 조건이 없었다. 가열과 균열의 문제도 비교적 잘 충족되었다. 다만 파선과 유로파에서 측정된 일부 높은 온도는 여전히 얼음껍질이 얇다고 암시한다.

이처럼 얼음껍질의 두께에 관해 상충하는 관찰과 모델을 어떻게 보정할 수 있을까? 해답은 카오스 지역과 렌티큘러 지형을 가르는 균열이 거의 없다는 신기한 사실에 있을지도 모른다. 보브 파팔라르도 연구팀이 예전부터 주장했듯이, 이 단서는 카오스 지역과 렌티큘러가 이미 균열이 많이 생성된 이후에 형성되었다고 해석할 수 있다.[5] 아마 수백만 년 전에는 조석 가열이 더 심했을 테고, 따라서 유로파의 얼음도 훨씬 얇았을 것이다. 그 상태로 조석 압력이 얇은 껍데기를 깨뜨리면서 파선과 같은 특징을 형성한 것으로 보인다. 이후 시간이 지나면서 조석 가열이 차차 감소하자 얼음이 두꺼워졌고, 마침내 현재까지 지속하는 두껍고 대류하는 얼음껍질이 만들어졌다. 어린 카오스 지역과 렌티큘러 지형은 깨지기 쉬운 얼음층을 통해 표면으로 솟아오른 다이어피르에서 비롯했다.

이 모델은 앞에서 다룬 라플라스 공명의 역사와도 잘 맞아떨어지기 때문에 설득력이 있다. 유로파가 이오, 가니메데와 수천만, 수억 년의 궤도 순환을 거쳐오며 조석 가열의 변화가 일어났다는 뜻이다. 일리가 있는 말이다. 하우케 후스만과 동료 연구자들이 보여주었듯이, 이오, 유로파, 가니메데가 궤도를 돌며 추는 춤은 궤도의 이심성에 변화를 주었고, 그것이 다시 조석 가열의 변화로 이어졌다. 가열의 정도가 달라지면 얼음껍질의 두께도 달라진다.[6]

수백만 년 전에 유로파의 얼음껍질은 얇고 사방에 금이 갔지만, 이후 조석 에너지가 낮아지면서 얼음이 두꺼워지고 다이어피르가 풍부한 대류하는 얼음껍질이 되었다고 볼 수 있을까? 분명 그럴듯한 시나리오이고 많은 증거를 잘 설명한다.

그러나 이 역시 완벽한 모델은 아니다. 카오스 지역과 렌티큘러를 통과하며 생긴 균열이 별로 없기는 해도 전혀 없는 것은 아니므로 이 지형이 형성된 시기가 완벽히 설명되지는 않는다. 또한 카오스 지역과 렌티큘러는 그 지역에서 화학적으로 가장 풍부하고 아마도 가장 염분이 많은 지역으로 보인다. 다이어피르는 소금이 많이 들어 있지 않은 깨끗하고 연성(힘이 가해졌을 때 깨지는 대신 변형하고 늘어나는 성질—옮긴이)인 얼음으로 형성되었을 때 가장 잘 떠오른다(소금이 든 얼음은 깨끗한 얼음보다 무거워서 물에 뜨지 않는다).

그렇다면 얇은 얼음껍질과 두꺼운 얼음껍질 중 어느 것이 정답일까? 제트추진연구소에서 일하는 나의 동료 신시아 필립스가 새로운 균열과 그 밖의 변화를 찾아 보이저호와 갈릴레오호가 임무 중에 찍은 모든 사진을 자세히 관찰했다.[7] 하지만 얼음에서 뚜렷한 변화를 발견하진 못했다. 물론 유로파 표면의 사진은 해상도가 낮고 상대적으로 자료가 많지 않지만 탐색하기에는 충분했다. 현재 우리가 할 수 있는 최선은 컴퓨터 모델을 개선하고 망원경을 사용하여 원격으로 데이터를 수집하는 것이다.

허블 우주 망원경으로 관찰한 최근 결과, 유로파가 표면에서 물기둥을 뿜어낸다는 주장이 제기되었다. 이런 물기둥은 지질 활동과 얼음껍질의 표면 재포장이 현재 진행 중이라는 직접적인 증거로 볼 수 있다. 사우스웨스트 연구소의 로렌츠 로스와 우주망원경과학연구소의 빌 스파크스가 각각 이끄는 연구팀은 서로 보완하는 기술을 사용하여 유로파에 우주를 향해 수백 킬로미터나 되는 높이로 뿜어지는 물기둥이 있다는 아주 흥미로운 증거를 찾았다.[8] 저 물기둥은 얼음껍질 속 물주머니 혹은 바다에 직접 연결되어 있을 것이다. 만약 물기둥이 진짜라면 적어도 그 지역의 얼음껍질은 얇다고 봐도 좋을까? 그렇다면 그곳에서는 표면의 산화제가 아래의 바다로 운반될 수 있을까? 물기둥 현상이 현재도 활발하다면, 설사 얼음껍질이 두껍더라도 산화제가 바다로 효과적으로 순환된다는 좋은 징조라고 생각한다.

물기둥이 아니더라도 나는 유로파의 얼음껍질이 10km 이하로 비교적 얇다고 믿게 되었다. 그 근거는 우리가 계산한 얼음껍질의 열전도율이 틀렸을 가능성 때문이다. 지금까지의 모든 계산과 모델에서는 유로파의 껍질을 고체인 얼음으로 가정했다. 이것은 두 가지 이유로 문제의 소지가 있다.

첫째, 이 얼음은 표면에서 최소 몇 센티미터부터 몇 미터까지는 고체 상태의 얼음이 아닌 눈에 가까운 물질로 덮여 있을 것이다. 눈은 얼음보다 단열이 훨씬 뛰어나기 때문에 이 사실은 중요하다. 이글루를 생각해보자. 이 얼음집이 따뜻한 것은 눈이 아주 효과적인 단열재이기 때문이다. 얼음덩어리로 지은 이글루라면 너무 추워서 차마 '우리집'이라는 말이 나오지 않을 것이다.

유로파의 표면에 열전도율이 낮은 눈으로 덮인 층이 있다면, 얼음껍질에서의 열 전달과 두께를 계산한 기존의 값이 틀릴 수 있다. 눈이라는 단열성 덮개로 덮인 유로파의 얼음껍질은 실제는 5km 미만으로 얇지만 측정치는 100켈빈(영하 173.15°C)이 나올 정도로 차갑게 보일 수 있다는 말이다.

얼어붙은 호수에 비교해보자. 호수가 꽁꽁 언 얼음으로만 덮여 있다면 그 위의 냉기가 아래쪽 물을 얼게 하여 계속해서 얼음이 두꺼워진다. 그러나 눈폭풍이 불어 얼음 위로 30cm의 눈이 쌓이면 그 밑에서 얼음이 어는 속도가 느려진다. 얼음과 물은 열을 차단하는 눈 덕분에 냉기로부터 보호된다. 같은 원리가 유로파에도 적용된다. 그곳에서 눈은 구름이 내리는 게 아니라 물기둥, 그리고 그 밖에도 표면에 신선한 물질을 축적하는 다른 과정에서 생성된다. 이 폭신폭신한 다공성의 눈을 계산에 포함하지 않았기 때문에 결과에 오류가 있을 수 있다고 생각한다.

추가로 살펴볼 문제는 얼음껍질의 화학과 그것이 열 균형과 균열의 역학에 미치는 영향이다. 유로파의 얼음에는 소금, 황산, 과산화수소, 산소, 황 원자 사슬 등 잡다한 화합물이 섞여 있을지도 모른다. 얼음에 이런 화합물이 첨가되면 얼음껍질의 열 전도성과 기계적 강도가 현저히 달라진다. 열전도율은 얼음 안에 정확히 무엇이 들었는지에 따라 순수한 얼음보다 클 수도 작을 수도 있다. 따라서 얼음의 두께에 미치는 순효과가 얇은 얼음껍질일지 두꺼운 얼음껍질일지는 정확히 말하기 어렵다.

그러나 얼음이 짜고 그 안에 물 분자가 아닌 다른 화합물이 들어차 있다면 기계적 강도는 거의 확실히 감소한다. 불순한 화합물이 얼음 알갱이 사이의 작은 틈과 경계를 메워 크고 강한 얼음 결정이 형성되기가 어렵기 때문이다. 얼음껍질이 이 화합물 때문에 더 쉽게 깨진다면, 같은 힘의 조석력으로 더 두꺼운 얼음도 깰 수 있다. 얼음껍질의 실제 두께가 8km라도 소금과 황산이 가득하다면 순수한 물로 만들어진 얼음보다 쉽게 깨진다.

아직까지 얼음껍질 본체의 특성과 화학은 알려지지 않았다. 그러나 유로파 표면의 분광학적 조사를 통해 몇 가지 단서를 얻었다. 이 단서는 얼음 위 산화제가 바다에 들어가고 바다의 물질이 얼음 표면으로 올라오는지 아닌지를 결정할 때 도움이 될 것이다.

바다를 향한 창

위로 올라간 것은 내려오기 마련이다. 그리고 내려간 것은 다시 올라오게 되어 있다.

유로파의 모든 얼음은 과거 어느 시점에 아래의 바닷물에서 왔다. 이 바닷물은 물기둥이 직접 뿜어냈을 수도 있고, 꽁꽁 얼어 있다가 상승하는 다이아피르로 천천히 떠올랐을 수도 있다. 또 여러 균열과 얼음 덩어리를 뚫고 철벅 튀어 올라왔을 수도, 혹은 아직 알려지지 않은 모종의 지질학적 메커니즘에서 나왔을 수도 있다.

마찬가지로 유로파 표면의 이 얼음과 화합물은 언젠가는 다시 바다로 돌아가야 한다. 간단하지만 핵심을 찌르는 이 주장은, 얼음 밑 바다에서 올라온 새로운 물질이 신선한 표면을 생성했다면 반대로 표면의 물질도 결국 바다로 밀려 내려가 재활용되어야 한다는 사실과 유로파 표면의 어린 나이, 표면에서 관찰된 화학 작용에 근거한다.

일정 수준에서 얼음껍질은 표면으로부터 바다 밑으로 물질을 운반하는 컨베이어 벨트 역할을 한다. 해저와 화산에서 새로운 암석이 생성되고 오래된 바위는 덮이고 제거되는 지구의 암석 순환과 비슷하게 유로파에서도 겉면의 얼음을 새롭게 하는 어떤 얼음 순환이 있을 것이다.

방사선 폭격으로 유로파 표면에서 산화제가 생성된다는 이야기로 돌아가면, 얼음의 지질학적 순환은 산화제가 바다까지 갈 수 있는지를 판단하는 핵심이다. 얼음의 순환 과정을 통해 산소, 과산화수소, 황산염, 그 밖의 다른 화합물이 바다로 운반된다면 바다의 화학 작용은 오랜 기간 생명체를 먹여 살릴 것이다.

내가 보기에 얼음이 그 밑의 바다와 순환한다는 가장 강력한 징표는 유로파 표면의 누런 적갈색 물질이다. 분광학 분석에 따르면 이 물질은 소금이다. 이 소금은 바다에서 온 것이 분명하다. 따라서 소금이 있다는 것은 바다의 물질이 표면으로 운반된다는 뜻이다. 즉, 소금은 얼음껍질이 아래쪽 바다로 통하는 창구 구실을 한다는 강력한 증거다.

소금이 바다에서 위로 올라온다는 것은 표면의 물질이 아래로 내려가기도 한다는 뜻으로 봐도 될까? 아마 그럴 것이다.

새로운 물질이 표면에 자리를 잡으면 원래 있던 물질은 얼음 속으로 더 깊이 섞여 들어가 바다로 떠밀려 내려가야 한다. 게다가 표면의 얼음은 일부가 바다로 순환되지 않고는 소금을 계속 축적할 수 없다. 바다로 들어가지 않으면 표면에 소금밖에 남지 않을 테니까.

유로파 표면의 이미지가 심해로 들어가는 얼음의 이야기를 들려줄지도 모르겠다. 달 행성 연구소의 루이즈 프록터와 알래스카 대학의 사이먼 케튼혼은 균열의 흔적이 없는 것으로 보아 얼음이 두꺼운 얼음껍질 깊이 그리고 아마 바다까지 밀려갔다고 짐작되는 장소를 발견했다. 지구의 암석 순환에서는 이런 과정을 "섭입"이라고 부른다. 프록터와 케튼혼은 이 과정의 얼음 버전을 "포섭subsumption"이라는 용어로 설명했다.

위에서 설명한 지질학적, 화학적 증거를 토대로 유로파 표면의 방사선에 의해 생성된 산화제가 바다로 들어간다고 예측하는 것은 타당하다. 따라서 얼음껍질은 생화학 배터리의 양극에 해당한다.

얼음의 화학 작용이 심해 생태계를 먹여 살리는 것이다.

얼음 맨 밑바닥의 황산염 같은 산화제는 유로파 미생물에게 맛있는 먹이가 될 것이다. 이 미생물이 어떻게 생겼고 DNA가 있는지 아닌지 알 수는 없지만 얼음에서 나온 황산염은 해저에서 나온 수소나 메탄과 결합해 외계 생물에게 근사한 점심을 선사할 수 있다.

그곳에 미생물이 아닌 보다 큰 생명체에 동력을 공급할 정도로 화학 에너지가 많을까? 유로파의 바다도 지구에서 생명체가 단순한 단세포에서 복잡한 다세포 생명체로 진화할 때와 비슷한 경험을 했을까? 유로파의 바다에 미생물보다 큰 생명체를 부양할 산소가 충분할까?

몇 년 전, 나와 동료들은 몇 가지 지질학 메커니즘을 가정하고 과연 얼마나 많은 산소가 유로파의 바다로 옮겨지는지 추정했다. 대부분의 시나리오에서 미생물은 충분히 살아남았다. 미생물은 산화제로 황산염을 즐겨 사용한다. 유로파 표면에서 1억 년에 한 번씩 극히 소량의 황산염만 전달되더라도 바다 미생물을 배불리 먹일 수 있다. 그러나 더 큰 생물까지 목숨을 부지하려면 좀 더 효율적인 산소 공급이 필요하다.

현재 유로파의 얼음껍질이 두꺼운 상태라면 위아래로 이동하는 얼음의 대류는 껍질이 얇았던 시기보다 느리고 덜 효율적일 것이다. 표면의 산소가 바다로 내려가는 데 1억 년 정도 걸린다면, 그 정도 양으로도 산소를 사용하는 작은 유기체가 살아남을 확률은 있다. 유로파 바다의 산소 농도는 지구에서 산소가 가장 부족한 바다와 비슷하므로 생존이 어렵다고는 하나 불가능하지는 않다. 단, 다모류 수준의 유기체까지만이고 그보다 큰 생물은 어렵다.

유로파의 얼음껍질이 수천만 년에 한 번씩 얇아진다면 바다의 용존 산소가 지구의 바다에 버금갈 정도로 쉽게 산소를 전달할 수 있다. 그런 경우라면 유로파의 바다가 물고기, 오징어, 문어 수준의 큰 생물을 부양할 만큼 산소를 보유하게 될 것이다.

이론적으로는 유로파의 바다가 다세포 생물을 부양할 수 있다는 것이 답인 듯하다. 유로파 표면이 방사선에 노출된 덕분에 바다가 단세포 미생물과 심지어 그보다 큰 다세포 생물까지 모두 부양할 수 있다는 것은 대단히 중요한 결론이다. 물론 진화가 다세포 생물의 출현을 허용했을지는 알 수 없다. 그러나 적어도 산소의 화학 에너지만 놓고 봤을 때는 충분히 그 방향으로 진화될 수 있다고 판단된다.

가이아의 미운 오리 새끼

가이아는 아름다운 발상이다. 이 가설은 행성의 생물학이 생명체가 살기에 더 적합하도록 지질학이나 대기 같은 행성의 환경적 변수에 적극적으로 영향을 미친다고 말한다. 이 장을 시작할 때 지구의 대기에 관해 이야기하며 가이아 가설을 언급했다. 가이아에 의해 조절된다고 여겨지는 다른 변수로는 지구의 기온이 있다. 바다의 염분도 가능성이 있다.

가이아 가설을 처음 제안한 제임스 러브록은 이 구상을 발전시킬 당시 제트추진연구소에서 근무했다. 놀랄지도 모르지만 러브록은 환경주의 논쟁이 아닌 화성과 금성에 대한 설명으로 『가이아』를 시작한다.

다른 행성을 연구하고 금성과 화성의 대기에 호기심을 가지면서 러브록은 어떻게 지구가 그토록 '완벽한' 대기와 기온을 이토록 오래 유지하게 되었는지 추측하게 되었다. 지구가 거주 가능한 상태를 유지할 수 있었던 '특별한' 성분은 무엇이었을까?

그가 찾은 답은 생명 그 자체였다. 그래서 가이아 가설이 탄생했다. 가이아 가설이 실제로 시험 가능한 과학인지를 두고 지난 수십 년간 많은 논쟁과 연구가 있었다. 어느 쪽이든 나는 가이아 가설이 행성 규모의 생태계를 바라보는 아름다운 사고의 틀이라 생각한다.

가이아의 개념이 지구에 적용된다면, 다른 행성은 어떨까? 다른 세계에서 가이아는 어떤 '모습'으로 보일까? 특히 얼음 덮인 바다 세계에서 생물학적 가이아는 어떤 모습일까?

마지막 질문의 핵심은 다음과 같다. 저 세계를 더 살만하게 만들기 위해 생물은 무엇을 조절하고 싶을까?

유로파와 엔셀라두스 같은 세계에서는 얼음껍질이 그 답일 것이다. 생명은 얼음껍질, 그리고 얼음껍질과 바다의 혼합을 제어하고 싶을 것 같다.

왜냐고? 앞에서 설명했듯이 얼음껍질은 생명체가 먹고 사용할 수 있는 화학 에너지의 원천이기 때문이다. 유로파의 표면을 강타하는 방사선이 표면의 물 분자와 다른 화합물을 쪼개어 과산화수소, 산소, 황산염을 포함한 산화제의 생성을 촉진한다. 그중에서도 특히 산소는 바다 밑의 미생물과 크고 복잡한 유기체에 매우 중요하다.

그러나 분자는 표면에 갇혀 있다. 저 분자들을 바닷속으로 운반할 얼음껍질의 지질 활동이 없다면 그 물질을 고대하는 유기체에게 게임은 끝이다. 따라서 유로파의 생명체는 유로파의 얼음껍질 지질학을 손에 넣길 원할 것이다.

얼음껍질과 지질학적 모델에서 중요한 역할을 하는 한 가지 변수는 얼음 알갱이의 크기다. 알갱이의 크기라니 그게 무슨 말이냐고 묻는다면, 커다란 얼음판을 한번 생각해보자. 자세히 들여다보면 그 안의 얼음 결정의 크기는 제각각이다. 그것이 알갱이의 크기다.

지구에서 빙하와 빙상에 있는 얼음 알갱이는 몇 마이크로미터에서 수 센티미터의 범위이다. 일반적으로 알갱이의 크기가 작을수록 얼음이 수월하게 움직이고 대류한다. 따라서 유로파의 얼음껍질 안의 얼음 알갱이가 작다면 그 밑의 바다와 얼음이 대류하고 순환하는 과정을 촉진할 수 있다. 그렇게 되면 바닷속의 삶은 번창할 것이다.

우리는 지구의 미생물이 체외고분자물질EPS이라고 불리는 물질을 배출한다는 것을 안다. 체외고분자물질은 얼음 알갱이 사이에서 유기 윤활유로 기능하여 생명체가 없을 때보다 얼음 알갱이를 더 작게 유지하는 역할을 한다. 즉, 지구에서 미생물이 하는 일을 미루어보아 유로파 바닷속 외계 유기체가 얼음 알갱이 크기를 조절하고 이것을 토대로 바다와 얼음의 순환까지 조절하여 위쪽으로부터 맛 좋은 산화제를 들여올 수 있다는 말이다.

나는 억겁의 세월 동안 진행된 진화, 목성을 맴도는 유로파의 조석 댄스, 표면의 노랗고 빨갛고 갈색인 물질이 모두 그 아래 바다에 생명이 있다는 뜻이라고 믿는다. 특별한 화합물을 방출하여 얼음 알갱이를 더 작고 쉽게 대류하게 만드는 바닷속 생명력 덕분에 바다의 소금과 다른 물질이 표면까지 효율적으로 용승하고 있다고. 유로파의 얼음껍질은 그 아래 바다로 들어가는 입구일 뿐 아니라 거기에 바닷속 생명체의 지문이 찍혀 있을지도 모른다.

얼음이 바다를 만나는 얼음껍질 밑면에 미생물과 복잡한 유기체가 우글거린다는 생각은 상상만 해도 신이 난다. 이 생물은 위쪽에서 방사선이 제조하고 균열과 대류가 바다까지 배달한 산소와 여러 화합물을 수확하느라 얼음에 구멍을 내기 바쁘다.

거리의 깨진 보도블록의 금이 간 줄에서는 각종 생물이 영양소를 찾기 위해 파고든다. 유로파의 얼음 밑 생물은 보도블록 생물의 역전된 버전이 될 것이다. 유로파에서는 얼음과 물이 만나는 곳에서 얼음 결정 사이의 경계를 따라 다양한 산화제가 농축되어 위를 향하는 광맥을 형성할지도 모른다.

미생물이 저 광맥에 줄지어 차례를 기다리는 동안 촉수 달린 기이한 유로파 문어가 영양소를 찾아 얼음껍질 밑바닥에 붙어다니며 얼음을 파헤치고 미생물과 산소를 먹고 있는지 누가 알겠는가. 얼음 속 화학 에너지를 먹고 사는 외계 생태계의 존재를 말이다.

12장

문어와 망치

다른 방식이 있을 거라는 생각을 미처 하지 못해
'우리가 혼자'일 거라는 상상조차 못 하는 것입니다.

―『은하수를 여행하는 히치하이커를 위한 안내서』, 슬라티바트패스트의 말[1]

더글러스 애덤스의 『은하수를 여행하는 히치하이커를 위한 안내서』 시리즈에서 등장인물인 슬라티바트패스트는 행성 크리킷의 풍광을 내다보면서 위와 같은 생각에 잠긴다. 크리킷 주민들은 밤하늘을 두껍게 가린 구름층 때문에 별을 볼 수 없다. 이 가상 세계의 문명은 하늘 위의 별을 본 적이 없으므로 그 너머에 대한 생각도 없다. 그들은 물을 생각조차 않는다. 우리는 혼자인가?

별을 볼 수 없다면 인간은 어떻게 진보하고 우주에서 자신의 위치를 생각할까? 이런 배경이 탐험을 향한 충동에 어떻게 영향을 주었을까? 밤하늘, 태양, 달이 지평선을 정의해왔다. 지평선이 없다면, 뜨고 지는 해가 없다면, 그래도 지구 끝까지 걷고 항해했을까?

인류가 진화한 지난 수백만 년 동안 밤하늘의 별 대신 머리 위로 단단한 얼음껍질을 보고 살았다면? 하늘이 얼음 천장으로 된 유로파 같은 세계에 살았다면? 그마저도 어둡고 햇빛이 들어오지 않아 그 얼음조차 볼 수 없었다면? 대신 얼음에 금이 가고 갈라지는 소리만 듣고 느껴왔다면? 그 얼음 천장이 영양이 풍부한 끼니를 주고 목숨을 부지하게 해주었다면?

얼음으로 뒤덮인 위성의 바다 안에서 과연 지능이 발달하고 도구를 사용하는 종을 발생시킬 진화적 압력이 있을까? 산소가 충분하다면 생명은 어떻게 미생물에서 다세포 생물을 거쳐 지능이 있고 도구를 사용하는 종으로 진화할까? 어떤 선택압이 기술의 진화로 이어질까?

미리 말해두자면 이 장에서 나는 얼음 덮인 바다세계에서 복잡한 생명과 문명이 출현할 가능성을 마음껏 추측해보려고 한다. 인류가 아는 과학을 넘어 가능의 영역으로 나아가보자는 것이다.

큰 틀에서 이 장은 지능과 기술의 진화에서 우연과 수렴을 탐험한다. 우연에 의한 진화는 환경의 특정한 속성이나 사건에 직접 연관된다. 예를 들어 새의 날개 크기는 대기층의 두께와 지구의 중력에 좌우된다. 식물의 색깔도 태양에서 오는 빛의 색에 따라 달라진다.

수렴적인 적응과 발달은 좀 더 보편적이다. 이 적응은 다른 환경에서도 똑같이 유용하므로 생명 현상이 그쪽으로 수렴한다. 지구에서는 다양한 형태의 눈과 사지, 뼈대가 생명의 나무 곳곳에서 수없이 등장했다. 진화는 이런 식의 적응으로 여러 차례 수렴했다.

우연과 수렴 사이의 경계는 대개 모호하다. 외계 세계, 특히 바다세계의 얼음 밑 심해에 존재할 지능과 기술을 가늠해보는 일이 재밌는 이유도 여기에 있다.

유로파 같은 바다세계는 우주 어디에나 있고 가장 거주할 만한 땅인지도 모른다. 태양계를 기준으로 삼는다면, 바다세계는 바다가 지구보다 10배에서 100배나 많은 물을 제공한다. 이것이 태양계와 그 너머에서 지적 생명체의 출현에 어떤 의미가 있을까? 어느 지적인 생명체가 제 얼음 다락방 너머의 우주를 알지 못한 채 바닷속을 헤엄쳐다니고 있지는 않을까?

말이 안 되는 소리?

지능에 영향을 미치는 기본 조건은 감각이다. 눈에 보이는 것, 소리, 냄새, 맛, 감촉이 세계를 인식하는 신호를 입력한다. 이 감각이 결정의 근거가 될 정보를 제공한다. 이러한 감각 양식은 지구에서 인간의 지능이 진화하는 토대가 되었다.

그렇다면 빙하가 뒤덮은 바닷속 유기체의 감각과 그 목록을 생각해보자. 청각, 후각, 미각, 촉각이 모두 심해에서 장점을 지니며,

지구에서 수차례 독립적으로 진화하면서 보편적이 된 수렴적 적응을 가리킨다.[2]

지구 밖 바다에도 비슷한 환경이 존재한다면, 그곳에서도 이런 감각은 생존에 이로우므로 진화했을 것이다. 소리는 물속에서 잘 퍼지므로 청각은 유용한 감각이다. 화합물은 크든 작든 상대적으로 물속에서 쉽게 흘러다니므로 후각과 미각 또한 유리하다. 마지막으로 촉각은 환경 안에서 움직이는 어떤 유기체에도 필수적인 감각이다. 지구에서 많은 어류의 옆줄은 주위를 둘러싼 물의 진동, 압력 변화, 그 밖의 움직임을 감지하는 데 사용된다. 이 기관은 인간의 피부보다 기능이 뛰어나며 주변의 포식자와 먹잇감이 일으키는 미세한 물결까지 감지한다.

그러므로 진화적 수렴이 감각 측면에서 얼추 유사한 해결책에 도달한다는 예측은 타당하다. 하지만 빙하가 하늘을 덮어 태양이 차단된 바다에 사는 생명체도 눈과 시력이 발달할 수 있을까? 저들은 과연 볼 수 있을까? 아니, 볼 필요가 있을까?

포식자와 먹이를 감지하고 보는 능력은 분명한 장점이다. 활발한 열수구 지대를 보는 능력도 마찬가지다. 열수구는 먹잇감으로 이루어진 생태계를 제공하므로 열수구를 찾는 것은 곧 먹이를 찾는 것과 같다. 그러나 적어도 지구와 지구의 바다에서 시력은 태양으로부터 비롯했다. 시각은 물체에 부딪혔다가 튕겨나간 광자를 수집하여 작동한다. 밤이면 태양이 사라지므로 아무것도 볼 수 없다. 항성이 주는 광원이 없는 바다세계 안에서 시력을 얻을 다른 길이 있을까?

뜨거운 바위가 광원의 첫 후보로 제시되었다. 열수구에서 발견되는 뜨거운 암석, 물, 광물이 바다로 열을 방출하면서 적은 양의 가시광선 광자 다발을 방출한다. 열은 대부분 적외선 광자의 형태를 취하며, 광합성을 유도하기엔 에너지가 낮은 편이다. 그러나 실제로 열수구에서 가시광선의 광자를 사용해 광합성을 하는, 황을 먹는 세균의 일종이 분리되었다.[3] 심지어 열수구 굴뚝 주위를 기어 다니는 게가 열수구에서 나오는 가시광선에 민감하다는 증거도 있다.[4] 폭발이 일어나 뜨겁고 신선한 용암이 해저로 흘러나올 때면 적외선과 가시광선이 모두 풍부하다. 그렇지만 이런 조건은 안정되고 장기적인 환경을 제공하지는 못한다.

비교적 안정된 열수구를 감지할 눈이라면 차라리 적외선에 민감해야 한다. 단, 눈으로 열수구를 찾을 때 가장 큰 문제점은 열수구를 둘러싼 바닷물 때문에 먼 거리에서는 열을 볼 수 없다는 점이다. 차가운 물이 열기를 모조리 덮어버릴 테니까.

인간이 완벽한 열수구 지도를 손에 넣지 못한 이유도 여기에 있다. 바닷물이 열 신호를 가리기 때문이다. 바닷물은 가시광선의 광자도 산란시키므로 시야가 수백 미터로 제한된다.

열수구 같은 적외선 핫스폿을 눈으로 보려면 거리가 최소한 수십, 수백 미터 안에 들어와야 한다. 그마저도 열수구의 특징인 적외선 열 신호를 감지하는 능력이 있어야 할 뿐 아니라 눈이 아주 커야만 볼 수 있을 것이다. 눈이 농구공만 한 문어를 상상해보라.

광자가 워낙 미량이라 그 큰 눈으로도 물체의 색깔이나 세세한 부분까지는 보이지 않고 그저 해저의 열원을 흐릿하게 감지하는 정도에 그칠 것이다. 외계 문어의 눈에 열수구는 바다 밑바닥에 피워놓은 모닥불처럼 보인다. 따뜻한 굴뚝으로 피어오르는 뜨거운 물의 흐릿한 불꽃.

시각의 진화를 자극할 만한 또 하나의 원동력으로 유기체 자체가 발산하는 빛이 있다. 지구의 심해에서 생물발광은 생태계 역학에 큰 역할을 하며 이론적으로는 외계 바다에서도 유용하다.

다만 닭이냐 달걀이냐의 문제가 있다. 지구에서 생물발광을 감지하는 눈은 원래 물 위에서 햇빛을 쉽게 보려고 진화했다. 해양생물이 더 깊고 어두운 곳에서 살아남기 위해 적응하는 과정에서 눈은 점점 더 민감하게 진화했다. 생물발광은 사냥하고 포식자를 피하고 짝짓기하는 데에도 효과적인 전략이 되었다. 하지만 심해 생물에게 눈이 없었어도 생물발광이 유용한 전략으로 진화했을까?

앞서 11장에서 다루었지만, 생물발광의 기원은 흥미롭게도 지구의 대기와 바다에서 산소 농도가 증가한 사건과 연관이 있다. 지구에서 맨 처음 복잡한 생명체가 출현했을 때는 오히려 당시에 과도하게 생산된 산화제가 문제였다. 에너지 관점에서 산소는 유용한 원소지만 아무리 좋은 것도 지나치면 없느니만 못한 법이다. 건강을 지켜준다고 선전하는 저 수많은 '항산화' 식품들을 생각해보라.

지나치게 많은 산소로부터 몸을 보호하기 위한 한 가지 가능한 전략은 산화제를 '태워서' 폭발적인 빛을 내는 효소를 개발하는 것이다.[5] 산화제가 중요한 생체 분자에 해를 끼치지 못하도록 이 효소는 산화제의 에너지를 활용해 빛을 냈다. 이 경우 빛은 강한 배터리 단자가 연결되었을 때 스파크가 이는 것 같은 일종의 부산물이다. 생물발광의 아름다움은 잉여의 산화제를 철저한 제어 아래 연소하는 과정으로 시작되었을 것이다.

유로파의 얼음껍질 바닥에 있는 미생물이 비슷한 생존 전략을 선택해 산소를 처리했다면 그들도 빛을 발산했을 것이다. 생물발광은 지나치게 많은 산소라는 문제의 수렴적인 해결책이 될 수 있다. 빛을 내는 미생물을 먹고 사는 생물은 그 빛을 감지하는 능력에서 이익을 얻고 그것이 시각을 진화시킨 선택압이 되었을지도 모른다.

바다세계를 덮은 얼음껍질의 두께가 시간에 따라 달라지면서, 언젠가 한 줄기 빛이 통과할 정도(500m 미만)로 얼음이 얇아진 시기가 왔을 수도 있다. 지난 장에서 설명했듯이 유로파 얼음껍질의 두께를 생각해보자. 태양계의 역사 초기에, 그리고 어쩌면 주기적으로 유로파의 얼음껍질이 아주 얇아졌을 가능성이 있다. 유로파 역사의 어느 시점, 그리고 목성, 이오, 가니메데와의 조석 줄다리기 중에 조석 가열이 좀 더 세차게 진행된 시기가 있었다면 그때는 얼음껍질이 아주 얇아졌을 것이다. 그 시기에 생명체에서 눈이 진화될 정도로 충분한 빛을 제공받았을 확률— 희박하지만 그럼에도 아예 제쳐놓기엔 너무 아까운— 이 있다. 얼음과 물의 경계에 사는 생물이 이 햇빛을 사용해 앞을 보고 더 나아가 광합성을 하는 경지까지 이르렀을지도 모른다. 시각이 진화할 여건이 갖춰졌다는 말이다.

얼음 덮인 바다에서 생존의 이점을 제공할 완벽한 감각 세트 이야기로 다시 돌아가자. 감각이 진화할 가장 강력한 원동력은 열수구 또는 얼음껍질에서 흘러내린 화학물질을 찾는 능력이다. 인간이 어떻게 배나 탐사 차량을 통해 열수구를 찾는지 생각해보자. 열수구가 뿜어내는 물질의 기둥을 찾는 것은 불을 찾으려고 연기를 살피는 것과 비슷하다. 육지에서는 연기가 있는 곳에 불이 있다. 바다에서는 입자가 가득하고 화학적으로 풍부한 물질 기둥을 찾으면 그 기둥을 추적해 열수구 밭에 이르는 행운을 누릴 수 있다. 중력이 약하고 코리올리 힘이 다르며 바람이 바다를 휘젓지 않는 엔셀라두스와 유로파의 바다에서 상승 운동은 열수구 기둥을 수십 킬로미터 위까지 올려보낼 힘이 있다.[6]

열수구 냄새를 기막히게 잘 맡는 과학자가 있다. 우즈홀 해양연구소에서 일하는 동료 크리스 저먼 박사다. 그는 "연기가 있는 곳에 불이 있다"는 원리로 수십 년간 전 세계에서 열수구를 성공적으로 발견해왔다.

크리스가 사용하는 연구 장비는 한 장소에서 다른 장소로 이동할 때 배 뒤에서 견인된다. 기기에 달린 줄이 물속에서 요요처럼 위아래로 오르락내리락하면서 다양한 수심에서 측정이 이루어진다. 물질 기둥은 열수구 위로 수백 미터 가량 솟아오른 다음 수평으로 펼쳐지는 연기구름마냥 커다란 버섯 모양으로 퍼진다. 기기를 위아래로 예인하면 한 기둥이 차지하는 넓고 평평한 영역과 마주칠 가능성이 커지는데, 이렇게 하면 아래에서 좁은 기둥을 찾아 헤매는 것보다 훨씬 수월하다. 이런 수색 과정을 "토우-요-잉tow-yo-ing" 방식이라고 한다.

이때 물의 염도 변화를 측정하는 전도도, 따뜻한 지점을 감지하기 위한 수온, 물속 입자를 찾기 위한 탁도 등이 측정된다. 이 세 변수의 수치가 점차 증가하는 것이 열수구 기둥의 특징이다. 이 특징을 감지하면 무인 잠수정을 내려보내 근처에서 직접 열수구를 찾는다.

생물학적 관점에서 뜨겁고 화학적으로 풍부한 열수구를 찾는 데 필요한 핵심 감각은 결국 미각, 후각, 촉각, 시각의 조합이다. 메탄, 수소, 황화수소 냄새를 맡는 능력에 더하여 먼 거리에서 열수구 냄새를 추적할 수 있는 심해 사냥개가 되어야 한다.

같은 감각 조합이 얼음껍질 밑바닥의 화학적으로 풍부한 지역을 추적하는 데에도 쓸모가 있다. 얼음에서 흘러내린 소금, 산화제, 황화합물이 해저고드름이라는 짠 기둥을 형성한다. 열수구를 거꾸로 세운 듯한 이 구조물은 뜨거운 물 대신 높은 염도 때문에 빙점이 낮아져서 미처 얼지 않은 대단히 차가운 물을 흘려보낸다. 얼음껍질에 생긴 균열망을 통해 흘러내린 이 물은 마침내 얼음 밑 바다로 들어간다. 차갑고 짠 물을 감지, 추적하는 능력을 갖춘 생물이라면 산소와 기타 유용한 화합물이 있는 얼음껍질 밑바닥을 쉽게 찾아낼 것이다.

그래서 복잡한 바다세계에 사는 유기체의 감각은 청각, 후각, 미각, 촉각에다가 심지어 시각까지 포함될 수 있다. 인간이 호모 에렉투스로 살아온 아름다운 아프리카의 평원에서 호모 사피엔스로 살아가는 칸막이 친 사무실까지 이동하면서 의존한 다섯 가지 주요 감각이 먼 바다세계 안에서도 진화의 유용한 일부가 된다는 말이다. 이 다섯 가지 감각은 경이로운 힘으로 인간의 지능과 도구 사용 능력을 키웠고 바다세계에서도 똑같은 동기를 부여할 것이다.

어두운 바닷속에서는 인간에게는 없는 감각이 활약할 가능성이 있다.

청력이 좋은 예다. 청각과 함께 돌고래와 박쥐가 사용하는 반향 정위도 가능하다. 소리는 물속에서도 잘 전파되기 때문에 음향을 사용하는 것이 진화적으로 가치가 높다. 의사소통과 길 찾기 능력에서 청각이 '초감각'으로 격상될 수 있다.

전기장과 자기장을 감지하는 능력도 고려해야 한다. 우리가 아는 한 인간은 전기와 자기를 능동적으로 감지하지 못하지만 많은 생물에게 그 감지 능력이 있다. 상어, 가오리, 그 밖의 많은 어류가 물속에서 전기장을 감지한다. 이것을 "전기수용"이라고 한다. 많은 양서류, 심지어 오리너구리나 돌고래까지 소수의 포유류도 전기 감지 능력이 있다. 이 동물들은 주변의 물체가 만들어내는 전기장을 '볼' 수 있다. 그 정보는 사냥과 길 찾기에 모두 유용하다.

전기수용은 액체 상태의 환경에서만 적용된다. 염수, 심지어 담수도 전기장이 퍼질 만큼 전도성이 높다. 그러나 공기는 저항이 크기 때문에 육지 생물에게는 생물학적 전기수용이 비현실적이다.

가장 흔한 유형의 전기수용은 수동적이다. 즉, 상어를 비롯한 물고기는 물체를 탐지하기 위해 직접 전기장을 발생시키지 않고 물체 주변에 형성된 약한 장을 감지한다. 물론 드물지만 능동적인 전기수용도 존재한다. 그러려면 전기장을 생성하고 감지하는 별개의 기관이 있어야 한다.

모르미리드과 물고기는 아프리카에 자생하는 민물 어류로 능동 전기수용의 가장 좋은 예다.[7] 모르미리드과는 긴 주둥이 때문에 코끼리고기과라고도 하며, 꼬리 근처에 전기장을 생성해 주위로 흘려보내는 기관이 있다. 전도성이 있는 다른 유기체나 바위 같은 저항성 물질이 전기장에 교란을 일으키는데, 바로 그것을 감지한다. 반향정위와 유사하지만 환경의 지도를 그릴 때 소리 대신 전기를 이용한다.

흥미롭게도 능동 전기수용은 물고기 간의 소통에도 사용된다. 대부분 짝짓기나 영역 수비에 활용된다. 이 물고기의 반응 능력은 정교하기 짝이 없어서 신호를 방해하는 전자기 '소음'이 많을 때는 아예 통신 주파수를 바꿔버린다. 진화생물학자 사이먼 콘웨이 모리스는 이 능력을 항공기가 호출 신호를 보내면서 방해회피반응jamming avoidance response을 통해 주파수를 전환하는 것에 비유했다.[8]

지금까지 알려진 많은 바다세계에서 전기장과 자기장이 전파, 변환된다는 점에서 전자기 감지 능력이 생존에 도움이 된다고 추측할 수 있다. 유로파를 비롯해 유사한 바다세계 안에서 전기수용은 사냥이나 길 찾기에도 사용될 수 있다. 바닷속에서 변화하는 전류는 생물이 자신의 위치를 확인하는 조직적인 패턴을 제공할지도 모른다. 이 생물은 별이나 태양의 위치로 길을 찾을 수 없다는 사실을 기억하자. 어떤 유기체는 전류를 활용해 전력을 생산할지도 모른다. 직접 전기를 포착하거나 전기로 물을 수소와 산소로 분리한 다음 생물 연료 전지를 만들 수 있다.

심해의 바다생물이 이용할 수 있는 감각 체계가 얼음 덮인 바다 세계에서 지적 생명체의 출현을 막지 못한다는 게 내 생각이다. 환경은 복잡하고 변화한다. 다른 감각 못지않게 지능도 생존에 가치가 있다.

그러나 도구와 기술의 발달 경로는 확실치 않다.

물건의 중요성에 대해

왜 어떤 생물은 지능만 발달하고, 또 어떤 생물은 지능과 함께 도구를 만들어 사용하는 능력까지 발달한 걸까? 많은 육지 생물이 재주 많은 손가락과 손을 가졌지만 바다에서는 가장 진보한 팔과 '손가락'도 문어에 한정되었다. 그런데 시간이 지나면 마침내 문어가 도구를 사용하는 날이 올까? 저 놀라운 8개의 팔을 들고도 바다에서 기술의 혁신을 일으키지 못한 것은 참 의아하다. 왜 〈포춘〉이 선정하는 500명의 CEO에 문어는 없는 걸까?

바다 친구들이 도구를 사용하지 않는다는 말은 아니다. 해양생물의 도구 사용 사례는 많다. 바다생물은 돌과 껍데기를 집어드는 방법을 개발했고 그것을 피난처로 사용하거나 포장된 먹이를 여는 데 사용한다. 돌고래는 공기 방울을 이용해 사냥감을 모을 줄 안다. 뿔, 침, 먹물, 생물발광이 모두 대단히 놀라운 적응 형질이지만 엄밀히 말해 유기체의 일부이지 도구는 아니다. 대부분 바다에서 사용되는 도구는 상대적으로 간단하고 유기체와 분리되지 않는다.

다시 말하지만 내가 던지는 질문에는 정답이 없다. 그렇다고 다짜고짜 의식의 진화에 뛰어들겠다는 것은 아니다. 다만 바다세계에서 지적이고 기술적으로 진보한 생명체가 출현할 가능성과 한계에 관한 생각을 나누고 싶은 것뿐이다. 모두 추측에 근거한 발상으로, 이보다 상상의 나래를 펼치기 좋은 주제도 없을 것이다.

도구 사용이 생존에 주는 장점을 상쇄하는 요소로 이동성을 따져보자. 외계 바다는 특히 이동성이 크게 중요하다. 구체적으로 수영과 달리기와 비행을 비교해보자. 어느 방식이든 포식자에 대처하는 진화의 첫 번째 답은 몸을 더 빨리 움직여서 되도록 포식자로부터 멀어지는 것이다. 그러나 지상에 발이 묶여 달리는 것밖에 할 수 없었던 한 생물은 도구에 의지하도록 진화했고 공격하는 법을 배웠다. 도망치는 대신 대들고 싸운 것이다. 이때의 도구는 단순한 도구가 아니다. 도구는 무기가 되었다. 공중과 바다는 3차원 탈출 공간을 제공하지만 육지는 2차원에 그친다. 아마도 이것이 잽싸게 몸을 피하는 것과 무기를 제작하여 맞서는 것의 진화적 차이가 생긴 이유일 것이다.

다시 말하지만 대자연의 생물학이 자연선택의 일환으로 무기를 탐구하지 않았다는 말이 아니다. 오징어의 먹물과 사슴의 뿔, 새의 발톱과 사슴벌레의 뿔까지 생물학은 갖가지 방법으로 이 문제를 해결해왔다.

그러나 어느 순간부터 혁신은 유전자를 넘어서 지적인 차원으로 옮겨갔다. 도구와 무기는 생물학적으로 창조되는 게 아니라 유기체가 손수 만들어내는 것이 되었다. 그때부터 경주가 시작되었다. 호모 하빌리스 같은 포유류가 비생물학적[9] 도구와 무기를 사용하기 시작하면서 현대 기술로 가는 길이 불가피해졌다.

이동성은 먹이를 찾을 때 고려해야 할 중요한 항목이다. 예를 들어 계절이나 식량 변동을 따라잡을 수 없다면 직접 식량 생산을 통제할 수 있어야 한다. 그러려면 농장이 필요하다. 유기체가 무기와 도구로 제 영역을 지킬 수 있어서 도망갈 필요가 없어지면 경작 등의 선택이 가능해진다.

반면에 날거나 헤엄칠 수 있는 생물은 식량을 굳이 재배할 필요가 없다. 장거리를 이동하는 생물은 언제 어디서나 새로운 먹이와 번식지를 찾아 떠날 수 있다. 고래에서 새까지, 이동 능력은 경작법을 알아낸 생물이 받아온 환경의 압박을 제거한다. 몇 주, 몇 달에 걸쳐 장거리를 이동할 수 있다면, 즉 계절의 변화에 보조를 맞출 수 있다면 그저 먹이 뒤를 따라다니며 살면 된다.

바다와 하늘에서는 거리가 별문제가 아니다. 3차원 공간을 휘젓고 다니며 산과 같은 장애물을 쉽게 피할 수 있다. 또한 이동 속도도 빠르다. 고래와 돌고래는 평균 시속 20~40km, 기러기는 거의 시속 70km로 이동한다. 반면 인간은 1시간에 10km가 고작이다. 예외적인 육상 동물이 있다면 세렝게티와 마사이 마라에서 장거리를 이동하며 사는 누다. 그러나 이 동물도 수백 킬로미터밖에 이동하지 못하며 대개 적도를 중심으로 계절의 변화와 함께 비를 쫓아 이동한다.

농업과 경작의 필요는 기술에 필요한 지능 발달에 중요한 원동력이 되므로 중요하다. 농사를 짓기 위해 개발된 도구는 안정성을 위한 도구다. 생활이 안정되면 도구를 보관할 수 있다. 도구가 하나의 재주가 되고, 도구 제작의 재주가 한곳에 머물며 농사를 짓고 사는 능력을 키운다. 피드백 고리가 시작된다. 안정성이 커지면 도구는 더 좋아지고, 도구가 좋아지면 생활이 더 안정된다. 이 무렵 인간은 물건을 손에 넣기 시작했다.

인간은 물건에 집착한다. 물건은 인간의 삶에 크게 이바지했다. 우리는 식량을 기르고 저장하기 위해 물건을 만들었다. 그리고 심지어 하늘 높이 우주로 올라가 행성 전체를 조사하기 위해 인공위성까지 만들었다. 물건은 문명의 핵심이다.

물건 만들기—도구 제작과 기술 개발—는 빠르게 복잡해졌다. 불이 중요해졌다. 초기 인류는 수십만 년 전 또는 이미 150만 년 전에 불을 사용하기 시작했다. 불은 음식을 익히고 도구를 만드는 데 사용되었다. 요리와 훈제는 가치 있는 혁신이었다. 어느 고대

유인원이 꺼져가는 불 근처에 영양의 다리를 두고 잤다가 다음 날 일어나 보니 맛있게 익어 있는 것을 발견했을 것이다. 그 유인원의 이름은 역사에서 사라졌어도 익혀 먹기는 사람들 사이에서 빠른 속도로 퍼져나갔을 것이다. 그렇게 오늘날의 스마트폰처럼 어느새 모두가 음식을 익혀 먹게 되었다.

익혀 먹기와 훈제 덕분에 단백질이 풍부한 식량을 오래 보관하고 소화에 에너지를 덜 쓰는 것이 가능해졌다. 익은 고기는 날고기보다 훨씬 소화하기 쉽기 때문이다. 좀 더 효율적으로 사냥하고 요리하고 먹게 되면서 '자유 시간'이 생겼다. 조상들은 더는 온종일 사냥과 채집에 얽매이지 않아도 되었다. 그렇게 뇌가 성장할 수 있었다.

그 자유 시간에 새로운 재주, 새로운 실험, 새로운 예술, 그리고 많은 혁신이 일어났다. 마침내 인간은 문자, 인쇄기, 망원경, 라디오, 트랜지스터, 로켓, 그리고 인터넷을 발명하기에 이르렀다. 무한한 가능성을 지닌 물건이 수없이 쏟아졌다.

지금까지 일개 육상 포유류가 어떻게 지능을 얻고 발전된 기술을 갖춘 태양계의 탐험가가 되었는지를 크게 압축하고 단순화하여 이야기했다. 빙하가 뒤덮은 바다에 갇힌 생명체가 기술적으로 이에 비견할 능력을 갖출 가능성은 없을까?

얼음 덮인 광활한 바다에서 이동성은 3차원적 활동이다. 따라서 제한 없는 이동 능력으로 인해 싸움과 경작에 필요한 도구를 개발할 압박을 받지 않게 된다면 기술로 가는 여정은 처음부터 막다른 길에 들어선 것이나 마찬가지다. 지능이 발생할 수는 있을지언정 복잡한 도구가 진화하기는 어렵다.

그러나 일단 3차원 이동 능력이 농경과 투쟁과 영토 방어에 필요한 도구 개발을 저해하지 않는다고 가정해보자. 그렇다면 이런 깊고 어두운 바다에서 어떻게 지능이 도구, 경작, 그리고 마침내 기술로까지 발전할 수 있을까? 다시 말하지만 우리는 즐거운 추측의 세계에 있고 오직 인간의 문명만을 참고하고 있다.

사방이 모래인 건조한 사막에서 발견되는 오아시스처럼, 황무지 같은 해저에서 열수구는 충만한 화학 에너지로 생명에 동력을 주는 해저 오아시스가 된다. 그리고 농사의 기반을 제공할 수 있다.

밭에 물을 대기 위해 하천의 경로를 바꾸는 것처럼, 열수구도 화학합성을 하는 미생물 무리를 먹이기 위해 경로가 변경될 수 있다. 이어서 미생물이 물고기와 새우, 그 밖에 외계 바다의 농부들이 먹고 싶어 할 생물의 먹이가 된다. 이 수중 농부가 원래 굴뚝 형태였던 분출구의 모양을 변형해 뜨거운 물과 영양소의 흐름을 통제한다. 열수구의 구조는 성장하는 미생물 덩어리로 유체가 스며드는 커다란 나무가 되어 과실수처럼 열매를 수확할 수 있다. 열수구가 만든 해저의 미생물 과수원이다.

몇 년 전 나는 이것이 마냥 뜬구름 잡는 생각은 아니라는 증거를 보았다. 수심 3.6km의 대서양 바다 밑바닥에서 스네이크 피트 열수구 지역의 굴뚝을 바라보고 있었다(사진 15). 그간 다른 열수구에서 보아온 크고 좁은 굴뚝과 달리, 이곳의 굴뚝들은 폭이 넓었고 옆을 따라 사발 같은 구조물이 있었다. 굴뚝의 광물로 만들어진 이 구조물은 조개껍데기 한쪽처럼 우묵한 것이 굴뚝 본체에서 뻗어나와 오직 닥터 수스(미국의 동화책 작가—옮긴이)만 꿈꿀 수 있는 형체를 보였다.

이 구조가 놀라운 것은 그 그릇 안에 담긴 새끼 새우—수천까지는 아니더라도 수백 마리는 족히 넘는—때문이었다. 제 자손이 무리 지어 있는 각 그릇 주위를 어른 새우가 에워싸고 있었다. 그들은 왜 거기에 있었을까? 열수구가 유용한 화합물을 보내어 사발 속 새우를 먹이고[10] 지켜주었다고밖에는 생각할 수 없다. 굴뚝은 새우 개체군의 유아원이 되었다.

어떻게 그런 일이 일어났을까? 당연히 굴뚝이 이 그릇을 일부러 만든 것은 아니다. 내가 그때까지 보았던 다른 굴뚝은 모두 이 닥터 수스의 혼합물이 아닌 진짜 굴뚝처럼 생겼다. 그렇다고 새우가 직접 지은 것도 아닐 것이다. 그러나 어떤 생물학적, 지질학적 상호작용의 기이한 우연으로 이 유아원이 만들어졌다.

암컷 새우가 이 굴뚝 주변에서 처음 산란하면서 작은 틈바구니로 알을 떨어뜨렸다. 그러다가 새우 유생이 작은 피난처를 찾아 생장하게 되었는데, 그러면서 굴뚝 틈에서 나온 물과 광물의 흐름에 영향을 미쳤다. 헤엄치는 새끼 새우 무리 아래로 광물이 침전하면서 이 둥근 사발이 만들어졌다. 과정이야 어떻든, 생명 현상, 즉 새우가 분명히 이 희한한 굴뚝 형태에 영향을 준 것이다. 이처럼 새우 떼가 열수구의 형태를 결정할 수 있다면 먼 세계에서도 생물이 같은 일을 할 수 있을 거라는 상상이 지나친 비약은 아닐 것이다.

안타깝지만 열수구가 경작의 토대를 마련한다고 하더라도 지질학은 여전히 한계를 강요한다. 지구의 해저를 본보기로 삼는다면, 뜨거운 검은 굴뚝은 장기간 농사를 지속하기에 안정적이지 못하다. 뜨거운 열수구는 대개 수년에서 수십 년 동안 지속하다가 폭발하여 새로운 현무암으로 경관을 포장한다. 넓게 퍼진 해저의 능선을 따라 지구의 맨틀에서 올라온 열기가 수십 년, 수백 년, 수천 년 동안 지속하다가 사라진다. 한 열수구 시스템이 식으면 다른 것이 데워진다. 폭발이 일어나 열수구 밭이 재포장되면 그곳에 살던 모든 생물이 죽는다. 그러나 새로운 열수구에서 생명 현상이 시작되려면 강인한 몇 놈만 있으면 된다. 미생물은 바닷물 어디에나 떠다니고 폭발이 끝나자마자 새로운 굴뚝에 모여든다. 이어서 관벌레 유생, 홍합, 새우가 새로운 터전에 자리 잡으며 더 큰 생태계가 새로 태어난다. 몇 년 안에 그곳은 생명체가 넘쳐나 생태계의 번영을 이끈다.[11]

만약 지능이 높은 생물이 뜨거운 열수구 주변에서 경작을 시도한다면 이들에게는 긴급 대책이 필요하다. 심해 폭발로 튀김이 되기 전에 장사를 접고 새로운 장소를 물색해야 한다. 고대 이탈리아 베수비오산 근처에 살았던 사람들처럼 기회를 놓치기 전에 서둘러 떠나야 한다.

하지만 뜨거운 검은 굴뚝, 즉 블랙스모커가 유일한 경작지는 아니다. 10장에서 설명했듯이, 사문석화 작용이 일어나는 열수구는 검은 굴뚝보다 흐름이 느리고 온도가 낮고 더 안정적인 열수구 사촌이다. 이 열수구에 동력을 주는 발열성 화학 작용은 수천 년에 걸쳐 조금씩 진행된다. 예를 들어 로스트 시티의 열수구는 적어도 3만 년이 되었다.[12] 인간이 농사를 시작한 시기보다도 8,000년이나 더 긴 셈이다. 그렇다면 깊은 바닷속에서 농업과 문명이 일어났다는 희망을 조금은 품어도 좋으리라.

로스트 시티나 스네이크 피트 같은 열수구가 외계 바다에 존재한다면, 태양계와 그 너머에 사는 외계 문어들은 농사를 지을 땅으로서 심해 열수구의 잠재력을 깨달았을까? 또 문명의 먹이사슬을 먹여 살릴 미생물 배양을 시도했을까? 나는 그렇다고 생각한다. 얼음껍질의 밑바닥에 거꾸로 세워진 비슷한 세계를 상상해보자. 얼음에서 나오는 해저고드름이 수직으로 길게 늘어져 물고기를 먹일 산화제와 황화합물을 얼음 양식장으로 보낸다. 화학 에너지를 실어 나르는 두 시스템—해저의 열수구와 얼음껍질 밑 해저고드름—은 바다세계판 농업과 경작일지도 모른다.

익혀 먹기는 어떤가? 앞에서 나는 익혀 먹기가 초기 인류에게 얼마나 중요했는지 설명했다. 익힌 음식은 소화가 쉽고 소화계에서 뇌와 신경계로 경로를 변경할 수 있는 에너지를 방출한다. 게다가 익히거나 훈제한 고기는 날고기보다 보관 기간이 길어서 추운 겨울과 긴 가뭄을 이겨낼 안정적인 식량원이 된다.

바다에서는 밖에서 불을 피울 수 없지만 그래도 익혀 먹기의 가능성을 따져볼 필요는 있다. 열수구, 그리고 바다 밑 신선한 용암류에 의해 가열된 바위가 요리에 사용될 수 있다. 열수구 입구에 생선을 매달아놓으면 뜨겁게 가열된 물로 익힐 수 있다. 지금까지 열수구 주변에서 '요리하는' 모습을 보인 생물은 없지만 그건 익힌 음식에서 식이상의 이점을 얻지 못하기 때문은 아니다.

익혀 먹기의 가장 큰 난관은 열을 제어할 수 없다는 점이다. 마침내 초기 인류는 어쩌다 발생하는 벼락이나 산불을 기다리는 대신 스스로 불을 피울 줄 알게 되었다. 하지만 어떻게든 심해 생물에게 안정적인 뜨거운 열수구를 안겨준다 하더라도, 이들이 바다에서 스스로 익혀 먹기를 시작하는 경로는 도저히 모르겠다. 대략 50만 년 전 한 혈거인이 나뭇가지를 서로 문질러서, 또는 돌을 서로 부딪쳐서 불꽃을 얻는 방법을 알아냈다. 그 혁신에서 불의 안정성이 시작되었다. 우주에서 가장 똑똑한 문어도 그런 식으로 불을 피우기 시작하는 행운을 경험하지는 못할 것이다. 익혀 먹기에 필요한 열은 심해에서 큰 두뇌의 발달을 제한하는 주요 요인이 될 것이다.

이것은 난관의 시작에 불과하다. 감각과 감각 지각이 지능으로 이어질 수는 있지만 지능이 기술로 도약하는 데는 어려움이 있다.

농경과 요리는 분명 중요한 요인이지만 농경과 요리를 한다고 해서 바로 발전된 기술 문명이 되는 것은 아니다.

점점 성능 좋은 도구를 개발하면서 인류는 기원전 수천 년 전에 석기 시대를 마감하고 기원전 수백 년 전까지 청동기 시대를 이어오다가 철기 시대로 발전했다.

금속을 다루는 기술의 출현은 보다 복잡한 도구로의 비약적 발전을 이루는 중심 요소였다. 심해의 농업 사회는 돌과 돌을 다듬어 얻을 수 있는 도구가 있어야 한다. 신선한 용암류 근처에서는 칼이나 절단 도구로 사용될 날카롭고 유리 같은 돌을 더 쉽게 구할 수 있다. 바다의 점성 있는 수중 환경에서는 도끼나 망치를 휘두르는 게 어렵지만, 해양생물학에서도 상어의 꼬리나 오징어의 부리처럼 사냥에 망치질이나 채찍질이 사용되는 예가 많이 있다. 심해에서 이런 도구로 '석기 시대'가 시작되는 것도 이론적으로는 가능해 보인다.

그러나 금속 세공? 과연 금속을 제련하는 불과 용광로 없이 문명이 청동기 시대나 철기 시대로 진행될 수 있을까? 해저에서 일어날 금속 세공은 어떤 모습일까? 이는 바다세계에서 기술이 발전하는 데 심각한 걸림돌이다. 나는 인간의 예밖에 알지 못하므로 다른 해결책을 생각해내지 못할지도 모른다. 그러나 편견을 가진 채 일단 앞으로 나아갈 방법을 상상해보겠다.

인류의 청동기 시대는 구리와 주석이 풍부한 암석이 화덕에서 우연히 섞이면서 시작되었다(청동은 구리와 주석의 합금이다). 950℃

이상으로 가열되면 암석이 청동으로 흘러나온다. 불이 식었을 때 이 강하면서도 연성이 있는 금속을 발견한 운 좋은 사람들은 그 효용성에 쾌재를 불렀을 것이다.

심해라고 해서 그런 야금의 행운이 무조건 불가능한 것은 아닐지도 모른다. 검은 연기를 내뿜는 뜨거운 열수구는 중금속으로 가득 차 있고 또 강렬한 열원 가까이 있다. 우리가 지상에서 보는 많은 광산은 한때 바다에서 열수가 활발하던 지역이었다. 열수구에서 흘러나온 퇴적물과 굴뚝은 인간이 깊이 파고 들어가 채굴한 소중한 광맥의 전구체이다.

호기심 많은 문어가 우연히 용암류 근처에서 구리와 주석이 풍부한 돌을 떨어뜨리고 그것이 바다 밑바닥에서 청동으로 제련되는 상황이 가능할까? 물론 불가능해 보인다. 하지만 털 달린 포유류가 비행기를 하늘에 띄운다는 생각도 과거에는 있을 수 없는 일이었다.

해저에서 금속 공예가 시작되는 원동력은 열수 침전물과 용암류의 열기일 것이다. 그러나 금속 가공을 지속하려면 열원을 더 잘 제어해야 한다. 아무리 머리 좋은 문어라도 용암류 근처에서 목숨을 걸고 지내고 싶지는 않을 테니까. 물속에서 열원을 조절할 다른 방법은 없을까?

용접 토치와 고온의 화학 반응은 물속에서도 작용한다. 아크 용접기로 물속에서 배의 선체를 용접하고 구조물을 고치는 훌륭한 기술이 이미 발달했다. 아크 용접은 전기를 사용해 금속을 녹이는 고온을 생성한다.

하지만 이것은 한 어려움을 다른 어려움으로 덮는 것뿐이다. 인간은 전기를 발견하기 훨씬 전부터 금속으로 작업했다. 만약 바다에서 야금술과 금속 세공이 이루어지기 위해 열원으로 전기가 필요하다면 야금학을 통해 이루어지는 기술 발전은 아마 시작도 못 하고 끝날 것이다.

기술의 진화에서 한 단계 도약하려면 인류가 경험한 진보의 과정에서 전기가 필수인지 물을 수 있다. 문명은 전기, 궁극적으로 계산력computation에 이르기 위해 청동과 강철이 꼭 필요할까? 가장 필수적인 전자 구성 요소인 트랜지스터로 가기 위해 무엇이 필요할까? 외계 바다 깊은 곳의 선진 문명에서 발달할 트랜지스터는 어떤 형태일까? 바다에서도 계산력이 가능할까?

이런 질문을 포함해 얼음 밑 바다세계에서 일어날 법한 진화의 문제들은 생각하는 재미가 있다. 심해에서 기술이 진전될 수 있는 한계는 뚜렷하지만 나는 생명의 작용이 해결책 일부를 제공할 수 있다고 본다. 다만 인간의 편견과 인간 자신이 걸어온 기술 발전의 경로 때문에 헤매고 있을 뿐. 다른 방법이 있을 것이다.

기술 모방

나는 조건만 맞는다면 진화가 지능의 형태까지, 그리고 어떤 해저에서는 외계 바다의 얼음-물 경계를 따라 경작의 형태까지 진행

될 수 있다고 생각한다. 그러나 더 진보된 기술과 인류가 거쳐온 것 같은 기술 발달의 전망은 불분명하다. 불, 그리고 금속이나 세라믹, 플라스틱의 공정은 물속 환경에서는 불가능하다.

그러나 우리가 생각하는 기술은 '자연스러운' 것도, 생물학적인 것도 아니다. 그도 그럴 것이 우리가 문명 안에서 보는 대부분은 인간이 머리를 써서 두 손으로 직접 창조한 것이기 때문이다.

하지만 우리가 '기술'이라 간주하는 것이 생물학적으로 진화할 수 있다면 어떨까? 인간은 생물학을 간단히 일단락 짓고 외부 환경에서 불과 전기를 활용하여 기술로 도약했다는 점에서 변칙적인 존재이다. 하지만 만약 생체 내에서 전기와 계산력이 지구의 생명체에서 보아왔던 것보다 훨씬 복잡해질 수 있다면 어떨까?

오늘날 공학 설계에서 생물이 제시한 구체적인 해결책을 보고 착안하거나 따라 하는 것을 "생체 모방"이라고 부른다.[13] 가장 능력 있고 혁신적인 공학자들이 영감을 얻고 싶을 때 생물학에 눈을 돌린다. 연체동물은 차가운 바닷물에 녹아 있는 기체와 떠다니는 물질만 가지고서 복잡한 껍데기를 만든다. 나무가 피워내는 수천 개의 잎은 각각 인간이 만든 대규모 태양 전지판보다 태양 에너지를 더 효율적으로 활용한다. 인간이 세라믹 물질과 태양 전지판을 만들려면 공장에서 복잡한 공정을 거쳐야 한다. 그러나 생명체는 지구 곳곳의 다양한 조건에서 같은 일을 더 잘 해낸다. 생명 현상은 수많은 도전 과제 앞에서 뛰어난 해결책을 모색해왔다.

나는 생체 모방의 역행이 가능하다고 본다. 우리가 지금까지 개발한 많은 기술이 우주 어딘가의 생물학적 시스템과 유사점이 있을 것이다. 나는 이것을 "기술 모방"이라고 부르고 싶다. 우리가 오로지 기술 혁신을 통해서 발견할 수 있었던 것을 생명체가 역모방했다는 개념이다. 우리는 생명 현상과 기술의 경계에 서서 대자연을 과소평가하는지도 모른다.

컴퓨터를 생각해보자. 계산력, 그리고 높은 정확도로 장기간 정보를 저장하는 능력은 명백한 생존 가치가 있다. 컴퓨터는 지구의 기후변화를 추적하고 미래 예측을 가능하게 한다. 유기체로 하여금 미래를 예측하게 하는 것은 무엇이든 생존 가치가 있다. 계산력은 기술 모방에도 한몫할 것이다.

인간의 뇌는 복잡한 계산을 하고 데이터를 빠르게 처리할 수 있다. 그러나 기억은 점차 퇴색하고 정확도가 낮아진다. 우리는 시속 160km로 자동차를 몰 수 있지만 일주일 뒤의 날씨는 예측하지 못한다. 반면 컴퓨터는 인간의 뇌가 처리할 수 없는 많은 유용한 일을 할 수 있음이 증명되었다. 지난 50년간 인간은 자신의 뇌가 지닌 생물학적 단점을 기술 혁신으로 보완해왔다. 동굴 벽화로 시작해 인터넷에 이르게 된 과정이다.

'기술 모방'의 구체적인 후보로 외장 하드 드라이브를 들어보자. 생물학적 과정이 자연선택을 거쳐 플래시 드라이브를 사용하는 데이터 저장과 유사한 기술에 도달할 수 있을까? 플래시 드라이브 또는 USB 드라이브는 플래시 메모리를 사용해 전원을 끄거나 드라이브를 분리한 후에도 정보가 저장된다. 이런 종류의 메모리는 전원이 차단되어도 사라지지 않는다는 뜻에서 "비휘발성 메모리"라고 불린다. EPROM(이피롬)이라는 말을 들어봤다면 그것이 바로 이런 종류의 기능을 나타내는 또 다른 이름이다.

분명 우리 뇌는 일정 수준의 비휘발성 메모리가 있다. 겉질은 평생 기억을 저장할 수 있으며, 잠이 들어도 우리에게 일어난 일들이 전부 사라지지는 않는다. 그러나 잠자는 동안에도 뇌는 소량의 전력을 사용한다. 컴퓨터와 마찬가지로 뇌 일부만이라도 전원이 없는 상태로 정보를 저장할 수 있다면 유기체는 진화적인 이점을 가질 것이다. 따라서 이론적으로는 진화가 유사한 체계에 도달하는 것이 가능하다.

플래시 드라이브 안에는 미세한 트랜지스터가 방대하게 배열되어 있다. 트랜지스터는 계산력에 필요한 가장 기초적인 요소로, 원자 수준의 단위와 같고 다양한 방식으로 조합되어 온갖 일을 가능하게 한다. 비휘발성 기억을 이해하려면, 트랜지스터는 반도체로 만들어졌으며 반도체는 전도성을 미세하게 조정하기 위해 실리콘층에 소량의 원소를 추가한 상태라는 것만 알면 된다.

가장 간단한 버전의 트랜지스터는 도개교처럼 작동한다. 이 비유에서는 저출력의 소형 자동차가 밧줄을 잡아당겨 도개교를 내리는 역할을 한다. 다리가 내려오면 차들이 이동한다. 도개교에는 스프링 장치가 있어서 평상시에 열린 상태를 유지하므로 밧줄을 잡아당기는 힘, 즉 장력이 없으면 다리가 올라가 통행이 정지된다.

이 소형차는 반도체 3개가 샌드위치처럼 겹쳐져 전류가 흐르는 데 사용되는 트랜지스터 내의 작은 전류와 같다. 정보는 0 또는 1의 형태로 저장되며 각각 도개교의 위, 아래 상태에 상응한다.

이 간단한 형태의 트랜지스터에 전력이 끊기면 소형차의 밧줄이 끊어졌을 때처럼 도개교가 자동으로 위로 올라간다. 차량이 통과할 수 없고 전류가 흐를 수 없으며 정보가 저장될 수 없다. 이런 상황에서는 모든 트랜지스터가 0을 읽기 때문이다.

전원이 없이도 정보를 저장하는 트랜지스터를 만들기 위해 전기공학자는 3겹짜리 트랜지스터 샌드위치 중간층에 작은 반도체 조각을 추가한다. 추가된 작은 반도체는 전원이 차단되면 분리된다. 따라서 전원이 끊기는 순간 흐르고 있던 전류의 전하를 그대로 유지한다. 마치 도개교에 달린 또 다른 밧줄에 두 번째 소형차가 연결된 것과 같다. 그 밧줄의 장력은 전원이 사라지기 전 도개교의 상태를 유지하는 래칫에 연결되어 있다. 전원이 끊어져도 두 번째 밧줄의 장력은 살아 있다. 그리고 하드 드라이브에 다시 전원이 들어오면 도개교는 밧줄의 장력에 따라 위아래로 움직인다. 이것이 전원이 꺼져도 데이터—0과 1—가 저장되는 방식이다.

기본 트랜지스터에 일어난 이런 혁신을 플로팅게이트 트랜지스터라고 부른다. 이것은 특수한 종류의 '금속 산화막 반도체 전계효과 트랜지스터', 즉 금속 게이트, 산화 절연체, 반도체가 있는 트랜지스터이다. "플로팅게이트"는 장시간 전력이 없어도 충전 상태, 즉 밧줄의 장력을 저장할 수 있는 추가 반도체를 말한다.

생명체 안에서 플래시 메모리로 이어지는 적응이 일어나려면 신경계에 반도체 화학이 내재되어 있어야 한다. 어떤 뉴런이 극도로 작고 도핑된 실리콘 알갱이를 키워내 플로팅게이트 트랜지스터의 기능을 창조할지도 모른다. 아마 그런 뉴런은 미생물에 기원을 두고 있으며 나중에 공생을 통해 신경계에 통합될 것이다. 환경에서 미생물이 만들어내는 복잡한 광물에는 흥미로운 예가 많다.[14] 유로파 같은 세계에서 그런 미생물은 바닷속에서 전기장과 자기장으로부터 에너지를 추출하는 것으로 시작할 것이다. 그러다가 지구에서 더 큰 세포와 융합하여 미토콘드리아, 엽록체, 리보솜이 된 미생물처럼, 이 전자기적 재주를 갖춘 미생물도 좀 더 복잡한 생물학적 시스템에 통합될지 모른다.

생체 트랜지스터와 플래시 메모리를 신경계에 통합하면, 환경 정보를 저장하고 미래의 환경을 예측하도록 계산하는 능력이 길러질 것이다. 이는 지능이 있는 유기체의 장기적인 진화에 큰 생존 가치가 있다. 거듭 말하지만 어디까지나 내 추측이다. 그러나 한 번쯤 생각해봄 직한 주제가 아닌가.

결론적으로 바다세계의 얼음 밑 바다에서 야금술이 필요한 첨단 기술은 불가능할지 모른다. 그러나 그것이 문명과 기술 발전의 유일한 길은 아니다. 기술 모방은 유사한 능력에 도달하기 위해 다른 경로를 제공할 수 있다.

아마도 지능과 기술이 발전한 유기체가 존재한다면, 열수구 위로 돔을 형성하는 크고 반짝이는 전복 껍데기를 키워 거기에서 나오는 화학물질을 포획하고 해저에서 흘러나오는 에너지를 통제할 것이다. 얼음껍질을 통과하는 전자와 양성자의 흐름이 있고, 거기에서 안정적인 전기와 생물발광의 원료를 공급받을지도 모른다.

이 바이오돔 안에는 군집을 먹여 살리는 열수구 농장이 있을 것이다. 그러나 위쪽의 얼음껍질에 연결된 일종의 컨베이어 벨트가 필요하다. 돔에서부터 얼음까지 위쪽으로 생물의 행렬이 이어진다. 이 생물들은 열수구 유체를 동력으로 삼아 얼음껍질까지 떠올라 고농도의 산소와 황산염을 채굴한 다음 저 아래 농장에서 사용할 수 있게 내려보낸다.

가이아 개념으로 돌아가면, 그 얼음껍질 안에는 얼음 알갱이의 크기는 물론이고 표면에서 방사선에 분해되어 생산된 영양소가 바다로 운반되는 속도를 책임진 미생물이 있을 것이다.

생명 현상이 얼음껍질의 순환은 물론이고 열수구 핫스폿의 위치까지 조절할 수 있다. 돔을 설치할 안정된 장소를 갖추는 것이 대단히 유리하기 때문이다. 암석 깊이 뿌리를 내리는 것이 일인 유기체가 있다면, 물이 암석 깊이 더 많이 스며들어 사문석화 작용이 일어나고 신선한 물질과 함께 화학 작용이 지속되는 열수구의 수명을 늘릴 것이다. 어쩌면 발달한 계산력이 그런 유기체의 신경계에 존재하여 조석에 의해 융기하는 위성의 행동까지 예측하는 모델을 개발할지도 모른다.

하지만 기술적으로 발달한 종이 진화했다고 하더라도 그 세계에 사는 생물한테는 경이감을 키울 밤하늘이 없다. 이 생물은 얼음천장 밖을 감지하지도, 끝내 그 위의 별을 발견하지도 못할지 모른다. 태양이나 별을 본 적이 없는데 제 행성을 벗어나 탐사할 충동을 키울 수 있을까?

이것이 그들의 철학, 예술, 음악, 그리고 삶의 의미에 어떤 의미가 있을지 생각해보자.

수 세기 동안 지구의 신들은 별 사이에 살았다. 지구의 종교와 신화는 밤하늘과의 연관성에 깊은 뿌리를 두고 있다. 베들레헴의 별에서 매일의 별자리까지, 밤하늘은 문화와 문명의 배경이 되어왔다. 천국은 위에, 지옥은 아래에 있다.

유로파, 엔셀라두스, 타이탄, 심지어 은하 어딘가에 있을 얼음 덮인 행성의 바다 안에 지적인 생명체가 있다고 상상해보자. 그 얼음은 너무 두꺼워서 빛이 바다에 조금도 닿을 수 없다. 호기심을 자극하는 별도, 신화에 영감을 줄 별도 없다. 다만 빙하가 리듬에 맞춰 금이 가고 삐걱거리며 나는 소리가 있다. 이 삐걱대고 갈라지는 화음이 신화의 밑바탕이 될지 누가 알겠는가. 그렇다면 그들의 신화는 별빛이 아니라 소리, 얼음껍질이 깨지는 소리에서 시작될 것이다. 유로파 같은 세계에서 얼음이 조석에 의해 휘고 갈라지며 내는 소리가 바다 전역에 퍼지면, 그 안에 서식하는 지능 있는 생물이 이 소리와 패턴의 규칙성에 당혹감을 느낄 것이다. 하지만 그 생물은 이 소리가 거대 행성인 목성과 연관되어 있고 그 주위를 유로파가 3.55일마다 공전하며 잡아당기고 있다는 것을 알지 못한다.

또한 목성이 뜨겁게 불타는 플라스마로 된 빛나는 구체 주위를 12년마다 한 번씩 돌고 있다는 사실도 알지 못한다. 그 구체, 즉 태양이 우리은하의 수십억 개 별 중 하나이며 우리은하는 우리 우주의 수십억 개 은하 중 하나라는 것도 모른다. 그 구체 옆에 표면의 상당 부분이 소량의 물로 뒤덮인 작은 바위 덩어리가 있다는 것도 모른다. 그리고 그 바위 덩어리에서 호기심 많고 상상력 있고 혁신할 수 있고 미개척지를 탐사하려는 충동이 있고 우주에 자신이 혼자인지 아닌지 알고 싶은 오랜 열망에 사로잡힌 생물이 진화했다는 것도 끝내 모를 것이다.

늦은 밤 밤하늘을 바라보면서 나는 지구 너머 이 외계 바다 안에 실제로 생물학적으로나 기술적으로 발전한 문명이 있다고 즐겨 상상하곤 한다. 태양계 안에서도 바다세계가 이렇게 풍부한 것을 보면, 그런 세계가 우주 전체에 흔할 것 같다. 이 먼 세계의 얼음껍질 밑에 정말로 지적인 생명체가 있다면, 그중 일부가 용케 얼음을 뚫는 법을 찾아 그 너머에 있는 경이로움을 볼 수 있기만을 희망한다.

13장

생명의 주기율표

지난 몇 장에 걸쳐 생명의 작동 원리와 지구 밖 바다세계에서 생명이 기원하는 데 필요한 과학을 살펴보았다. 그러나 실제로 생명체가 발견되었을 때 그것이 생물학과 우주에서 인간의 위치를 생각하는 사고의 틀을 어떻게 바꾸게 될지는 언급하지 않았다. '그러니 이제 어쩌라고?'의 단계 말이다. 평소에 자주 받는 질문이기도 하거니와, 태양계 탐사는 많은 시간과 비용이 들어가는 과제이므로 이 문제를 짚어보는 것이 아주 중요하다고 본다.

우선, 지구 밖에서 생명체를 발견하든 또는 반대로 우주에는 우리밖에 없다고 확인하게 되든, 일상에 단기적인 영향을 미치지는 않을 것이다. 당장 아침에 커피를 타는 방식이 달라지지도, 통근 시간이 단축되지도 않을 거라는 말이다. 또한 암을 치료하지도, 기후변화를 멈추지도 못할 것이다.

그러나 적어도 생물학에서는 혁명이 예상된다. 생물학은 생명의 과학이며 우리 자신의 현상이다. 그런데 아직 우리는 그것이 보편적인 현상인지 알지 못한다. 앞에서도 언급했지만, 지구의 생물학이 지구 밖에서도 적용되는지는 전혀 알 수 없다. 다른 과학 분야는 지구 밖을 살핀 것이 그 분야의 범위와 배경 원리를 파악하는 데 크게 도움을 주었다. 별과 행성을 관찰한 결과가 코페르니쿠스 혁명을 일으켰고 물리학이라는 분야를 영원히 바꾸어 놓았다. 3장에서 다룬 것처럼 화학은 태양에서 오는 빛을 연구함으로써 발전한 측면이 있다. 지질학과 지질학의 원리는 운석, 달 탐사에서 가져온 암석, 그리고 수성, 금성, 달, 화성, 소행성의 무인 탐사로 크게 쇄신되었다. 생물학은 아직 그런 도약을 경험하지 못했다. 하지만 생명 현상의 과학도 틀림없이 외계 탐사를 통해 비슷한 이해의 확장을 경험할 것이다.

화학은 생물학의 유용한 지침이 된다. 드미트리 멘델레예프가 주기율표를 처음 개발하기 수십 년 전, 산소 등 일부 원소가 분리되고 특징이 밝혀졌지만 '원소'의 진정한 의미는 여전히 모호했다. 원소가 더 많이 발견되면서 그 관계가 서서히 드러났다. 특정 원소에서 관찰된 행동이 원자 번호나 질량 같은 양적 특징과 연관되었다. 다른 원소와의 친화력 등 행동의 유사성에 따라 원소를 정리하다 보니 주기율표의 행과 열이 만들어졌다. 거기에서부터 원자가valence — 바깥 전자껍질의 '완성도' — 의 중요성과 한 열의 원소가 다른 열의 원소와 결합하는 선호도가 파악되었다.

화학은 초창기에 원소의 특징을 밝혀낸 이후로 먼 길을 걸어왔고, 이제는 원소 간 연관성의 틀을 완전히 갖추었다. 원소의 지도인 주기율표는 화학이라는 과학을 연구하는 레시피 역할을 한다.

언젠가 우리가 생명의 주기율표를 작성하는 날이 오지 않을까? 우주에서 발견한 각양각색 생명체를 잇고 연결하는 틀 말이다. 물, 탄소, DNA, RNA, ATP, 단백질에 기초한 지구의 생명체는 생명의 지도를 그린 우주 퀼트의 한 조각에 불과하며, 그 퀼트를 통해 다양한 조건의 행성에서 발생한 생화학적 진화의 우연적이고 수렴적인 특성을 보게 될지도 모른다. 그렇게 생명의 기본 원리를 이해하고 '생명이란 무엇인가'라는 시대를 초월한 질문에 대답하기 시작할 것이다.

그러나 원소의 주기율표는 환원주의적 접근법에서 탄생했다. 사물을 더는 분해할 수 없을 때까지 쪼개는 것이다. 주기율표 탄생의 바탕이 되었던 물질의 원자론이 이것을 가능하게 했다.

생물학은 환원주의적 방식으로 접근할 수 없다. 생명체를 앞에 놓고 '기본' 구성 요소가 나타날 때까지 분해하려고 든다면 그것은 곧 연구 대상을 부숴버리겠다는 심산이다. 생명체의 가장 작은 '단위'는 세포다. 세포를 가져다가 조각낸 다음 원래대로 이어붙이면 설사 세포처럼 보이게 만드는 데 성공하더라도 그것은 죽은 세포다. '생명'은 오래전에 사라진 껍데기뿐이다.

그렇다고 '생명'에 어떤 마법이 깃들었다고 말하는 것은 아니다.

차라리 생명은 '사물'보다는 과정에 가깝다. 미생물학자 린 마굴리스의 말처럼 생명은 명사이면서 동사일지도 모른다. 그렇다면 생물학이란 단지 '생명하고 있는' 물질을 다루는 학문인 셈이다.

우주에서 나타날 수 있는 생명의 다양성을 받아들일 생각의 틀을 짜기 위해 지금부터 우리가 알고 있는 기존의 생명체를 구성하는 주요 요소를 한 가지씩 다뤄보겠다. 각 요소는 지구의 생명체에 필요한 물질이면서, 어딘가에 있을 '기이한 생명체'에 쓰일 화학물질로 변형될 수 있다.

적합한 용매

가장 기본적인 수준에서 모든 생명체는 액체를 필요로 한다. 화합물을 녹이고 반응을 수용하는 용매 말이다. 지구에서 그 액체는 물이다. 물은 지구상의 전체 생물을 위한 용매다. 지구에서 태어난 모든 생명체를 위한 물질의 상태는 액체인 물이 지배한다.

지구 밖 생명체가 기체, 고체, 심지어 플라스마(별의 물질)로 이루어졌을 가능성도 배제할 수 없다. 그러나 지금까지 이 책에서 다뤄온 생명의 핵심은 액체에 기반을 둔 생명체를 전적으로 선호한다. 고체 상태에서는 분자가 돌아다니기 힘들므로 반응이 잘 일어나지 못한다. 반면 기체 상태에서는 분자가 과도하게 돌아다니면서 서로 자주 만나지 못해 반응이 일어나지 못한다. 액체에서는 화학 현상이 생명체의 필요를 충족시키는 적당한 수준에서 균형을 이룬다. 생명체는 용매가 필요하다.

이 점을 염두에 두고 이제 생명체에 적합한 물 아닌 다른 액체가 있는지 찾아보자. 태양계에는 많은 액체가 존재한다. 지구만 봐도 황산이나 염산 같은 산, 다양한 형태의 알코올, 암모니아, 액체로 존재할 수 있는 크고 작은 유기화합물이 있다. 다음번에 마트의 청소용품 판매대에 가면 선반에 진열된 다양한 화학물질들을 확인해 보길 바란다. 모두 생명의 용매로 선택될 수 있는 것들이다. 황산은 금성에 풍부하고 아마 유로파의 얼음껍질 협곡이나 바다 안에도 있을 것이다. 암모니아는 목성의 구름에서 비로 내리고, 트리톤, 명왕성, 그 밖의 카이퍼 벨트 천체들의 얼음 표면에서도 발견된다.

액체 용매를 분류하는 한 가지 방법은 용매를 구성하는 분자의 극성이다. 이미 7장에서 타이탄의 액체 메탄, 에탄 호수에 있을지도 모를 '기이한 생명체' 이야기에서 언급한 바 있다. 물 분자는 산소 말단에서 약한 음전하를, 수소 말단에서 약한 양전하를 띤다. 즉, 분자 한 개가 양극과 음극을 지니고 있으므로 액체인 물은 극성이다. 이 성질은 바깥 전자껍질을 채우기 위해 산소 원자가 수소 원자로부터 전자 한 개를 '빌려오는' 것에서 비롯한다. 만약 전자가 한 분자의 모든 원자에 골고루 공유되면 그 분자는 비극성이다.

극성 성질 덕분에 물은 다른 극성 분자—단백질을 구성하는 아미노산 같은—를 녹이는 훌륭한 유체가 된다. 생명의 용매로서 물은 극성 분자를 조립하고 필요할 때 분해하는 일을 돕는다. 탄소를 기반으로 하는 기존의 생명체는 오로지 물이라는 극성 용매 안에서 움직이고 섞이고 결합하는 극성 탄소 분자의 원리에 따라 움직인다. 아미노산이 서로 연결되어 단백질을 형성하는 것은 하나의 예일 뿐이다.

앞에서 보았듯이 메탄과 에탄 분자는 극성을 띤 말단이 없으므로 이 화합물의 액체 형태는 비극성이다. 비슷한 것은 비슷한 것을 녹인다. 따라서 비극성 액체는 비극성 화합물을 잘 녹인다. 아세틸렌(에타인)과 에틸렌(에텐) 화합물이 그 예인데, 둘 다 타이탄의 호수에 녹아 있다. 산소, 질소, 황 등이 없이 오로지 수소와 탄소만으로 이루어진 탄화수소는 대부분 비극성이다.

물에 녹지 않는 액체를 생각해보면 쉽게 비극성 화합물을 이해할 수 있다. 기름과 물은 섞이지 않는다. 기름 성분의 화합물은 물에 녹지 않고 떠다닌다. 이런 분자에는 다양한 형태의 포화 지방과 불포화 지방이 포함된다. 우리가 알고 있는 모든 생물의 세포는 결국 짠물이 담긴 주머니다. 주머니를 이루는 막의 일부는 비극성의 소수성 말단을 지닌 지질 분자로서 세포들이 서로 달라붙게 한다. 타이탄을 비롯한 많은 천체에서 생명체는 메탄이나 에탄 같은 비극성 액체가 극성 분자의 막으로 둘러싸인 세포로 기능할 수 있다.

극성, 비극성의 구분 외에도 생명체에 쓰일 용매의 다른 특성을 살펴보자. 극성인 성질에서 비롯한 물 분자의 한 가지 유용한 특성은 물 분자끼리 결합하는 친화력이다. 일상에서 물컵의 표면장력이나 유리창의 빗방울 형태로 쉽게 확인할 수 있다.

모든 극성 용매에 이런 특성이 있는 것은 아니다. 예를 들어 암모니아도 생명체를 위한 훌륭한 용매의 자질이 있지만 지구의 기준에서는 흡족하지 않다. 암모니아 분자는 3개의 수소결합 주개donor와 1개의 받개acceptor로 이루어졌다. 물은 주개와 받개가 각각 2개씩 있다.[1] 그 결과 물 분자는 아주 미세한 사슬로 된 울타리처럼 자기들끼리 서로 잘 연결되지만, 암모니아는 극성임에도 기름 같은 비극성 유기화합물과 잘 분리되지 않는다. 이런 속성은 구획화와 효과적인 막을 형성하는 데 바람직하지 않다. pH 값이 높은 염기성 용매인 암모니아는 기름 분자에서 양성자를 떼어내 음전하를 띠게 하는데, 그렇게 되면 기름 분자가 물 분자와 결합할 수 있다. 암모니아와 물이 함께 기름 분자와 결합하므로 표면을 청소하는 데는 좋다. 그러나 암모니아 혼자서는 다른 화합물과 지나치게 잘 반응한다.

그러나 암모니아는 태양계의 외행성계에 아주 풍부한 물질이다. 8장에서 보았듯이, 트리톤과 명왕성은 표면 아래에 암모니아가 풍부한 바다가 있을지도 모른다. 암모니아에 기반한 생소한 생화학이 일개 지구인의 편견이나 미흡한 상상력과 상관없이 저 세계를 쥐락펴락하고 있을지도 모른다.

마지막으로 액체 수소처럼 별나지만 아주 풍부한 액체도 아예 배제할 수는 없다는 점을 말해두겠다. 특히 액체 수소는 목성과 같은 가스 행성의 깊은 곳에서 발견되는데, 스티븐 베너 박사 연구팀은 온도가 너무 뜨겁지 않다면(500켈빈을 넘지 않는다면) 액체 수소 안에서도 흥미로운 탄소 화학이 일어날 수 있다는 연구 결과를 발표했다.[2] 안타깝지만 이 현상이 생명으로까지 이어졌는지는 당분간 무인 탐사의 범위 밖에 머무를 것이다.

탄소 원소와 다양한 용매의 관계는 굉장히 흥미롭다. 탄소가 형성하는 놀라운 화합물에는 극성인 것도, 극성이 아닌 것도 있다. 탄소는 세포 안에서 잘 용해되는 화합물을 만드는 동시에 모든 내용물이 한곳에 모여 있게 하는 막의 분자를 만들기도 한다.

탄소가 생명체를 이루는 그토록 유용한 원소인 이유가 여기에 있다. 그럼 우주에서 생화학적 다양성의 다음 요소를 살펴보자.

최고의 건축 자재

생명의 생화학을 분류하는 용매 다음으로 중요한 요소는 기본 건축 자재, 즉 생명체를 빚는 데 필요한 주요 원소이다. 지구에서는 모든 생명체가 탄소를 사용한다.

탄소는 주기율표에서 명실상부 최고의 팀플레이어다. 바깥 전자껍질에 전자 4개가 있지만 껍질을 채우려면 총 8개가 필요하다. 그래서 탄소는 다른 원소가 전자를 빌려주는 한, 기꺼이 제 바깥 전자 4개도 공유한다.

예를 들어 메탄 분자를 만들 때 탄소 원자 하나가 수소 원자 4개와 팀을 이루는데, 각각 전자를 하나씩 탄소와 공유하고 그 대가로 탄소 전자 하나에 대한 공동 소유권을 받는다. 반면에 이산화탄소 분자를 만들 때는 산소 원자 2개가 각각 제 전자 2개를 공유하는 대가로 탄소에게서 전자 2개를 할당받는다.

탄소는 주기율표의 많은 원소와 협업하고 결합한다. 다양한 원소와 형성하는 공유결합 덕분에 탄소는 안정적이면서도 분해가 어렵지 않은 크고 복잡한 분자를 만드는 데 이상적이다. 이 사실은 대단히 중요하다. 생명체는 자신을 복제하고 재구성하기 위해 안정적이지만 과도하게 안정적이지는 않은 분자가 필요하기 때문이다. 원자 간의 결합은 생명체를 하나로 뭉치게 할 정도로 강해야 하지만, 너무 견고해서 복제나 번식 과정 중에 분리되지 못할 정도가 되면 안 된다.

주기율표에서 같은 열의 원소는 비슷한 성질을 공유하므로 탄소보다 한 칸 아래에 있는 원소도 탄소와 유사한 면이 있다고 예상할 수 있다. 특히 다른 원소와 결합하는 친화력의 수준이 유사해야 한다. 탄소 밑에는 규소가 있다. 만약 탄소가 생명의 뼈대 역할을 한다면 규소도 마찬가지여야 한다. 주기율표의 위치로 판단하건대, 규소에 기반한 생명체도 어느 정도 탄소의 생화학적 발자취를 따를 것이다.

실제로 규소는 다른 원소와 아주 잘 결합한다. 너무 잘 결합해서 실제로 우리가 서 있는 땅의 대부분을 차지할 정도다. 규소가 산소와 결합하면 보통 규산염이 만들어지는데, 규산염은 철, 마그네슘 등의 원소와 결합하여 암석이나 발밑의 지각을 형성한다. 규산염 암석은 암석 행성을 이루는 물질이다. 규소의 화학, 즉 광물의 화학이 곧 행성지질학의 화학이다. 많은 광물의 결정이 규소와 산소가 결합하여 형성된 사면체 형태이다. 지금까지 규소와 탄소의 화학을 연구한 결과를 보면, 지질 현상은 강하고 단단한 규산염 광물 구조로 이어졌고 생명 현상은 잘 접혀서 변형 가능한 단백질을 만드는 탄소 구조로 이어졌다.

그렇다고 규소가 생명의 관점에서 쓸 만한 구조를 형성하지 않는 것은 아니다. 암석의 규소 결정은 원소가 연결되어 긴 사슬과 판을 형성할 수 있지만, 규소-산소 결합이 깨지는 온도나 압력이 너무 높아서 생명체에는 별로 쓸모가 없다. 규소 결정은 단단한 고체이거나 녹아서 뜨거워진 액체로 존재한다.

규소를 토대로 한 생명체가 형성되는 데에 일부 제한이 있을지는 모르지만, 우주에서 생명체를 분류하는 틀로서 광물의 분류 방식을 고려해보는 것도 유용하다. 광물이란 매우 질서 있는 원자 배열과 정해진(그러나 고정되지는 않은) 화학 조성을 가진, 자연적으로 발생한 무기 고체 물질로 정의된다.[3] 아주 명쾌한 정의는 아니지만 대체로 맞는 말이긴 하다. 많은 광물이 큰 규모의 완전한 결정에서만 나타나는 경도와 광택 같은 특성을 가진다. 광물을 구성 원소로 쪼개면 더는 원래의 성질을 띠지 않는다.

대략 3,800가지의 광물이 존재하는데, 주기율표의 118개 원소보다 훨씬 많다. 광물학자는 광물을 크게 12개의 분류군으로 나누고 물리적, 화학적 특성에 따라 각각 과, 군, 종으로 구분한다. 종 안에서도 변종이 나뉘진다. 규산염은 가장 큰 광물 분류군을 차지한다. 광물계에서 규소는 생물계의 탄소와 맞먹는다. 언젠가 우주 생명체의 생화학적 다양성이 지구화학이나 광물의 다양성과 유사한 분류 패턴을 따른다는 것이 밝혀질지도 모른다.

최상의 건축 자재라는 주제로 돌아오자. 생명체의 핵심 원소가 될 또 한 가지 조건은 다른 물질 상태로의 전환이다. 한 원소가 체내에서 사용된 다음 밖으로 내보내질 때 상태가 변할 수 있다면 그 원소가 유기체로 들어오고 나가는 일이 수월할 것이다. 이산화탄소가 좋은 예다. 많은 미생물이 기체 상태의 이산화탄소(대기 중에 있거나 물속에 녹아 있는 상태로)를 섭취하고 거기에서 탄소를 추출하여 세포 구조에 필요한 고체 물질을 제조해 생명을 유지한다. 식물도 광합성 중에 같은 과정을 거친다.

한편 또 다른 미생물과 인간을 포함한 유기체는 탄소가 풍부한 재료를 소비하고 이산화탄소로 전환한 다음, 기체화된 '노폐물'로서 제거한다. 생명체에 관한 한, 탄소가 형성하는 다양한 분자는 고체, 기체, 물에 잘 녹는 화합물을 모두 포함한다. 이런 다재다능함은 생명체에 매우 유용하며, 특히 미생물처럼 움직일 수 없는 유기체나 환경에 의존해 먹이를 들여오고 노폐물을 처리해야 하는 유기체에 유용하다.

규소는 이런 기준에 미치지 못한다. 규소는 대체로 아주 안정적인 고체 상태이고, 고온과 적당한 압력에서는 액체가 되기도 하지만(화산의 용암류가 이를 증명한다. 용암류는 주로 규소, 철, 마그네슘으로 구성된 암석이 용융된 것이다), 기체 상태의 규소는 없다. 이산화탄소와 유사한 이산화규소는 고체이다. 사실 우리에게 아주 익숙한 고체, 즉 유리이다. 굳이 찾자면 이산화규소의 가까운 친척인 규산이 물에서 용해된 형태로 존재한다. 지구의 바다에 용해된 이산화규소는 미세한 규조류가 복잡한 껍데기를 만드는 데 쓰이지만 그게 전부이다.

행성과 위성의 다양한 온도와 압력 조건에서 규소는 고체 광물에 갇혀 있거나 뜨거운 마그마 안에서 이동하며 흐른다. 액체 마그마에 생명체가 존재하지 않는다고 단언할 수는 없지만, 적어도 지구에서는 지금까지 용암 밖으로 기어 나온 것은 없었다. 그리고 과연 그럴 생명체가 있을지도 심히 의심스럽다.

탄소의 전천후 특성의 일부는 다양한 탄소-탄소 결합이 가능하기 때문이다. 규소는 보통 산소와 결합하는 것을 좋아하지만, 자기 자신과 결합하여 폴리실란이라는 길고 사슬 같은 구조체를 형성하기도 한다.[4] 이 분자는 탄소가 생명체 안에서 만드는 아주 중요한 여러 사슬을 모방하는 데 가장 근접하다. 보통 폴리실란은 실험실에서 합성되지만 자연적으로도 만들어질 수 있다는 가정이 전혀 터무니없지만은 않다. 다만 규소-규소 결합은 같은 조건의 탄소-탄소 결합보다 30% 정도 약하고 따라서 폴리실란은 덜 안정적이고 분해가 빠르다.

흥미롭게도 아주 차가운 액체 환경,[5] 특히 액체 질소(영하 196℃)에서는 규소의 화학적 특성이 선호된다는 주장이 있다. 명왕성이나 차갑고 먼 카이퍼 벨트에 존재할 수 있는 환경이다. 규소는 바깥 껍질의 전자 배열 때문에 결합 에너지가 낮고 탄소보다 반응성은 더 높다. 따라서 원래 반응 속도가 느린 아주 낮은 온도라는 조건에서는 구조물을 짓기에 더 나은 원소가 될 수 있다.

주기율표에 규소 외에 탄소와 같은 집합에 속하는 원소가 몇 가지 더 있지만 그중에 탄소만큼 능력이 출중한 원소는 없다. 게르마늄, 주석, 납이 모두 그 자체로 훌륭한 원소이지만 탄소만큼 자신과 잘 결합하지는 못한다. 규소와 마찬가지로 이것은 생명이라는 중합체를 형성하는 데 큰 제한 요소이다. 여러 온도 및 압력 조건에서 따져보아도 다른 원소는 탄소만큼 안정적인 팀플레이어가 아니다.

이 모든 화학에 대한 반전으로, 최근 몇 년 동안 과학자와 공학자는 생물학을 사용해 난제를 해결하고 새로운 화합물을 만드는 데 능숙해졌다. 캘리포니아 공과대학의 노벨상 수상자인 프랜시스 아널드가 이끄는 연구실이 대표적이다. 아널드 연구팀은 대자연이 아직 유기체에서 만들어내지 못한 효소를 얻는 데 성공했다. 미생물과 유도 진화directed evolution를 이용하여 아널드 연구팀은 표준 산업 공정보다 15배나 더 효율적으로 이런 결합을 만들 수 있었다. 이들의 연구는 제조업을 포함해 수많은 산업에 적용할 수 있지만 그 외에도 어느 먼 세계에서 진화했을 탄소-규소 화학을 보여주는지도 모른다. 만약 지구의 생명체가 이 결합을 사용할 줄 안다면 다른 곳의 생명체도 알아내지 않았겠는가.

건축가와 현장 감독

용매와 필수 원소 다음으로 생명의 다양성을 가늠할 요소는 정보를 저장하고 검색하는 분자 기계다.

지구에서는 DNA와 RNA가 전 생명체에 이 기능을 제공한다. 앞에서 나는 생명의 생화학을 건물을 짓는 건설 현장에 비유했다. 세포의 DNA가 건축 설계도라면, RNA는 공사를 진행하고 확인하는 현장 감독이다.

DNA 분자는 꼬인 나선형 계단 구조를 이루는 네 종류의 분자를 사용해 유전 정보를 저장한다. 그 분자는 각각 구아닌G, 시토신C, 아데닌A, 티민T의 네 염기로 구성된 뉴클레오타이드이다. 컴퓨터의 0과 1처럼 DNA에서는 이 염기의 패턴이 생명체에 필요한 모든 것을 결정한다. 미생물에서 포유류까지 모두 같은 시스템으로 암호화되었다.

한편 RNA는 DNA를 읽고 베낀 다음 잘 번역하여 단백질이나 막 같은 구조물을 짓는 데 사용한다. 현장 감독은 설계도를 읽고 어떻게 그대로 건물을 지을지 알아낸다. 감독은 목수, 석공, 전기 기사, 배관공과 팀을 이루어 일한다. 각 팀은 메인 설계도에서 자기가 맡은 부분을 찾아 만들고 설치한다. 생명체 안에서도 팀은 메인 설계도인 DNA에서 일부를 가져와 지시대로 단백질을 만든다.

DNA-RNA 패러다임이 지구에서 아주 잘 작동해왔기 때문에 다른 대안이 존재했었는지는 알 수 없다. 그러나 다른 생화학적 대안이 존재했더라도 시간이 지나면서 'RNA 세계'의 성공에 밀려났다(10장 참조). 자연은 아마 태양계에서 여러 차례 이 실험을 시도했을 것이다. 따라서 바다세계를 연구한다면 DNA와 RNA 생화학을 이끈 우연의 원동력과 수렴적인 원동력 사이의 관계를 파악하는 데 도움이 될 것이다.

DNA와 RNA를 대체할 체계를 떠올리기는 쉽지 않지만, 이 분자를 정보 이론의 관점에서 짜맞춰보는 것은 유용하다. 컴퓨터는 비트의 2진법을 바탕으로 정보를 저장하고 조작한다. 컴퓨터로 하는 모든 일은 트랜지스터에 저장된 0과 1로 귀결된다.

이와 비슷하게 DNA는 네 종류의 뉴클레오타이드를 가지고 모든 일을 한다. 0과 1 대신에 구아닌, 시토신, 아데닌, 티민으로 암호를 작성하는 것이다. 컴퓨터로 치면 2개가 아닌 4개의 코딩 옵션을 가지는 셈이다. 다시 말해 컴퓨터는 2진법을, 생물학은 4진법을 사용한다.

단순화를 지향한다는 측면에서 진화와 자연선택이 2진법이 아닌 4진법 시스템에 정착했다는 게 의아할 수도 있다. 한 쌍의 염기만으로도 DNA는 4진법 시스템이 할 수 있는 모든 정보를 암호화하면서 2개의 염기를 추가하는 복잡성을 피할 수 있다. 그러나 2진법 DNA의 단점은 암호를 실은 정보 분자의 크기에 있다. 분명 정보 분자 자체는 더 간단해진다. 대신 길이가 길어진다. 결합당 저장할 수 있는 정보의 양이 줄기 때문이다. 얼마나 더 길어질까? 저장될 수 있는 전체 정보의 양은 대략 변이를 이루는 경우의 수와 같다. 트랜지스터 8개가 장착된 컴퓨터 칩은 2^8인 256개의 변이가 가능하다. 같은 조건에서 뉴클레오타이드 8개로 이루어진 DNA는 4^8인 6만 5,536개의 변이가 있다. 예를 들면, 앞의 경우는 8비트로 최대 256개의 색상을 인코딩할 수 있지만, 뒤의 경우는 같은 8개로 6만 5,000개 이상의 색상을 인코딩한다는 뜻이다.

실질적인 예로 단백질에 들어가는 아미노산의 개수를 생각해 보자. 아미노산 정보는 DNA 안에 암호화되어 있다. 생명체는 총 22가지 아미노산을 사용한다. 만약 DNA가 2진법을 쓴다면 22개 아미노산 중 하나를 암호화하는 데 5개의 분자가 필요하다. 분자 4개로는 가능한 경우의 수가 2^4인 16이므로 전체 아미노산 수인 22보다 작다. 반면 분자 5개는 2^5이어서 경우의 수가 총 32개가 되므로 22개 아미노산을 모두 암호화하기에 충분하다. 그러나 현재의 4진법 DNA 시스템으로는 모든 아미노산 정보를 저장하는 데 필요한 것은 분자 3개뿐이다. 4^3은 64이므로 아미노산 22개의 정보를 저장하고도 남는다.

4진법 시스템이 복잡하긴 하지만 작은 분자에 더 많은 정보를 저장한다는 장점이 있다. 이는 DNA를 읽고 복제하는 데 매우 큰 이점을 제공한다. 분자가 길어질수록 실수가 일어날 확률이 높다. 진화에서는 실수가 치러야 할 대가가 크다. 궁극적으로 자연선택은 유기체의 충실도와 적합도를 최적화하는 방향으로 작용하기 때문이다. 4개의 염기를 운용하느라 추가된 에너지 비용이 DNA 분자의 크기가 줄고 더 효율적으로 복제되는 이점으로 상쇄된다.

수십억 년 전, RNA 세계 이전의 시대에 생명체는 2진법을 사용했을 가능성이 있다. 그 정보 분자는 현재의 더 복잡한 4진법 시스템의 원시 형태일 수도 있다.

현재의 4진법이 끝이 아닐 수도 있다. 다른 세계의 생명체는 여덟 가지 분자를 사용한 8진법 시스템, 더 나아가 10진법 시스템이 발달했을 수도 있다. 복잡한 시스템을 유지하는 진화적 비용이 생존의 유리함으로 상쇄되는 한 가능성은 무한하다.

응용분자진화재단에서 일하는 동료 스티브 베너가 이끄는 뛰어난 팀이 최근에 8진법 DNA 시스템을 구성하여 이를 증명했다.[6] 연구팀은 기존 4개의 염기에 4개를 추가했다. 새로운 염기의 긴 화학명은 굳이 적지 않겠다. 연구팀은 추가된 염기를 간단히 P, Z, B, S라고 불렀다. 이 새로운 형태의 DNA에서 이중나선의 가로대는 G와 C, A와 T, P와 Z, B와 S의 결합으로 만들어진다. 이것은 꽤나 놀라운 발전이다. 8진법 DNA가 암호화하는 정보의 밀도는 4진법 DNA를 가볍게 눌렀다. 8개짜리 염기서열을 기준으로 6만 5,536개 대신 1677만 7,216개의 경우의 수가 존재하기 때문이다. 베너 연구팀은 이 DNA를 "하치모지 DNA"라고 명명했다. 하치는 일본어로 8, 모지는 글자라는 뜻이다.

하치모지 DNA가 합성된 것은 최근이고 아직 이 발견이 무엇을 가져올지는 알지 못하지만, 적어도 현재의 DNA와 RNA 패러다임에 대한 대안이 가능하다는 강력한 증거가 되었다. 지구의 기온과 압력 등 환경 조건은 현재의 시스템에 유리하다. 그러나 큰 분자에게 안정성을 제공하는 얼음 덮인 바다세계의 차가운 환경에서는 분자의 크기가 커지는 단순한 2진법 시스템이 지속될 수도 있다. 유로파의 심해처럼 수압이 높은 곳에서 DNA 같은 분자의 화학적 안정성은 감소할 것이다.[7]

바다세계의 조건이 하치모지 DNA 같은 높은 진법을 허용할지는 알 수 없지만, 진화는 언제나 견고하고도 인색한 쪽을 선택한다. 생명 현상을 주도하는 건축가와 현장 감독은 언제나 제 일을 가장 잘 수행할 수 있는 분자가 되어야 한다. 다윈은 다른 방안을 원치 않을 것이다. 다른 행성 환경에서 견고함과 인색함의 조합이 다양한 정보 암호화 전략을 이끌 것이다.

벽돌과 회반죽

뛰어난 건축가와 현장 감독이라도 좋은 건축 자재가 갖춰지지 않으면 제대로 일을 할 수 없다. 마찬가지로 DNA와 RNA에는 정보와 노하우가 있지만 실제로 생명체를 만들려면 벽돌과 회반죽이 필요하다.

아미노산, 핵산, 당, 지방산은 지구상의 모든 생명체가 사용하는 기본 벽돌이다. 회반죽은 이 작은 분자들을 하나로 연결하는 결합이다. 아미노산 사슬이 단백질이 되고, 핵산 사슬이 DNA와 RNA가 되고, 당의 사슬이 다당류가 되고,[8] 지방산의 사슬이 세포와 세포막의 지질이 된다(피탄 분자를 사용하는 고세균을 빼면). 이 작은 분자들은 모두 단위체monomer로서 서로 연결하여 생명체의 중합체가 된다. '머mer'는 원래 그리스어로 '메로스meros'에서 왔는데, '부분'이라는 뜻이다. 생명체는 복잡하고 커다란 특정 분자의 구성을 가능하게 하는 작은 '부분'이 모여서 체계적으로 만들어진다.

어떤 세계라도 생명체는 상대적으로 작은 단위체가 결합하여 유기체에 필요한 큰 중합체가 되는 방식으로 기능할 것이다. 지구의 단백질이 좋은 예다. 단백질은 다양하고 능력 있는 분자이지만, 비교적 단순한 분자들로 이루어진 작은 집합에서 시작한다. 자연에는 수백 가지 아미노산이 존재하지만 우리가 아는 생명체는 그중에서 고작 22개만을 사용한다. 이 22가지 아미노산에서 단백질이 만들어지는데, 크기는 10여 개짜리에서 수만 개짜리까지 다양하다.

아미노산에서 단백질을 구성하는 정보는 세포 구조물에서 다른 분자의 합성을 돕는 효소까지 생명체에 필요한 모든 기능을 생산하는 대단히 강력한 화학 코드이다. 일례로 불과 아미노산 100개로 만들어진 단백질 분자의 경우의 수가 22^{100}이다. 자연선택이 고를 선택의 폭이 이보다 넓을 수는 없다. 아미노산은 어떤 단백질도 만들어내는 다용도 벽돌이다. 핵산, 당, 지방산도 모두 생명체를 짓는 훌륭한 벽돌임이 증명되었다.

생명의 주기율표를 확장할 다른 단위체를 찾으려 했으나 마땅한 것이 없어 당황했다. 그러나 지구인인 나는 강한 편견이 있다. 내가 넘어서려는 것은 바로 이 기존의 벽돌이다.

다른 단위체와 중합체도 분명 존재한다. 그중에는 현대인의 주변에 널린 것도 있다. 바로 플라스틱이다. 플라스틱은 단순한 단위체가 결합되어 만들어진 중합체의 좋은 예다. 플라스틱에서 가장 흔한 단위체는 에틸렌이다. 에틸렌은 탄소 2개에 수소 4개가 결합한 분자이다. 아무 플라스틱 물병이나 뒤집어 바닥을 보면, 중합체의 종류를 표시한 LDPE, HDPE, PETE 같은 약어가 보일 것이다. 각각 저밀도 폴리에틸렌, 고밀도 폴리에틸렌, 폴리에틸렌 테레프탈레이트를 나타낸다. 플라스틱은 크고 작은 물건을 만들 때 분명 아주 유용한 물질이다.

단, 생체의 건축 재료로 보았을 때 플라스틱의 문제는 플라스틱이 현대 사회에 야기한 문제와 크게 다르지 않다. 플라스틱은 재활용이 어렵다. 그러나 생물을 이루는 중합체는 살아 있는 유기체의 세포 안에서 만들어졌다가 파괴되기를 끊임없이 반복해야 한다. 생명의 과정은 단위체를 재활용하여 번성한다. 그 중합체라면 조립과 분해가 수월해야 한다.

플라스틱은 이런 특징을 공유하지 않는다. 일단 플라스틱 중합체가 생성되면 재활용하기가 쉽지도, 효율적이지도 않다. 기껏해야 높은 등급의 플라스틱을 낮은 등급으로 바꾸는 정도인데, 이 역시 용감하고 고귀한 노력이지만 생명체가 요구하는 좋은 단위체와는 거리가 멀다.

기존 생명체의 단위체를 확실하게 대체할 물질이 없다면, 벽돌과 회반죽을 최상의 품질로 만드는 특성을 일부 포기해볼 수는 있다. 이번에도 베너 연구팀이 유용한 영감을 제공한다. 지구에서 생명체가 사용하는 단위체 대부분은 분자의 한쪽 말단이 양전하를, 다른 쪽 말단이 음전하를 띠는 쌍극자이다. 이는 기본적으로 물이라는 극성 용매 안에서의 유용성과 관련이 있다. 그러나 쌍극자 단위체를 사용하는 또 다른 강력한 이점이 있다. 각 단위체를 막대자석으로 보면, 단위체끼리 연결될 때 사슬상에서 분자의 양극과 음극이 만난다. 아미노산의 쌍극성은 부분적으로 각 아미노산에서 탄소, 질소, 산소 사이에 형성되는 결합에서 온다. 쌍극성 결합은 단위체로 이루어진 중합체가 갖가지 형태로 쉽게 접히고 꼬이게 한다. 아미노산이 만드는 단백질이 좋은 예다. 효소든 구조물이든, 생명체에 필요한 쓸모를 주는 것은 단백질의 배열과 구조이다.

베너 연구팀은, 제한적이지만 가능한 대안으로 설폰아마이드와 포스폰아마이드를 제안했다. 이 두 단위체는 기존 아미노산 사슬에서 탄소 원자 몇 개를 대체한 것으로, 탄소가 황으로 대체되어 설폰아마이드 사슬이, 인으로 대체되어 포스폰아마이드 사슬이 된다. 다음 절에서 보겠지만 인은 가용성이 떨어진다는 문제가 있다. 그러나 황과 설폰아마이드는, 특히 유로파 표면에 황이 풍부하다는 점에서 흥미롭다. 이오의 화산이 분출한 황의 일부가 유로파까지 건너간다는 것을 기억하자. 이어서 유로파의 표면을 폭격하는 방사성 입자가 일련의 황 화합물을 생산한다. 유로파에 생명체가 있다면 아마 단백질에 해당하는 화합물로 설폰아마이드의 희미한 유황 냄새를 풍길 것이다.

'벽돌과 회반죽' 수준의 생화학에서 크고 작은 많은 변이가 우주 전체에서 생명 다양성을 추진할지도 모른다. 우리가 예상치 못한 전혀 다른 단위체이든, 지구에서 사용하는 것과 동일한 것이든 아미노산과 당이 조금 변형된 채 모든 생명체를 하나로 엮는 분류 체계를 확장할 것이다.

생물학의 배터리

벽돌과 회반죽과 함께, 생명체는 각 세포에 전원을 공급할 화학 배터리가 필요하다. 앞서 9장에서 살펴본 생명의 회로를 떠올리자. 환경의 화학 불균형, 또는 화학 퍼텐셜은 생명체가 살아가는 데 필요한 에너지를 이용할 수 있는 환경에서의 배터리와 유사하다. 그러나 대개는 생명체가 그 에너지를 직접 이용할 수 없다. 그리고 세포 내에서 그 에너지의 흐름을 조절해야 한다. 이러한 조건에 따르기 위해 지구, 그리고 잠재적으로 다른 곳에서 생명체는 에너지의 흐름을 제어하는 특정한 화합물을 사용한다.

지구의 모든 세포 안에서는 아데노신 3인산ATP과 아데노신 2인산ADP의 합성과 분해가 에너지를 저장하고 방출하는 메커니즘으로 기능한다. 간단히 말해 ATP가 ADP로 변하는 반응은 ATP 분자 말단에서 인산기(인 원자 하나에 산소 원자 3개가 결합한)를 잃는 과정이다. 인산 결합이 깨지면서 ATP 분자당 5×10^{-20}줄에 해당하는 미량의 에너지가 방출된다. 굳이 비교하자면 AA 배터리 하나에 저장된 에너지의 10억분의 1의 10억분의 1의 100만분의 1만큼이나 작은 에너지다. 그러나 이 반응은 대단히 유용하여, 생물학의 '인하우스' 배터리로서 기능한다. ATP가 없다면 환경에서 환원제와 산화제의 '제어된 연소'도 있을 수 없다.

지구에서는 모든 생명체가 ATP를 사용하지만, 우주의 모든 생명체가 ATP를 사용해야 하는 것은 아니다. 사실 인산염을 피해야 할 이유는 많다. 생명체의 필수 원소인 탄소, 수소, 질소, 산소, 인, 황 중에서도 인은 가장 찾기가 어렵다. 지구에서 인은 주로 암석에서 발견되며 잘 추출되지 않는다. 탄소, 질소, 황은 모두 공기 중에 있거나 다양한 분자 형태로 물에 녹아서 쉽게 사용할 수 있다. 그러나 물에서 발견되는 인은 미량의 인산이 유일하다. 그 외에 기체나 액체 상태의 인은 거의 없다.

그러나 인은 DNA와 RNA의 뼈대를 형성하는 중심 원소이며, ATP에서 에너지를 저장하는 '배터리 결합'이다. 이것은 생물학자와 화학자의 오랜 수수께끼였다. 그 해답은 1987년 하버드 대학교 교수 프랭크 웨스트하이머가 쓴 훌륭한 논문에 잘 요약되었다.[9]

웨스트하이머는 인이 3가에 음전하를 띠기 때문에, 4개의 산소 원자와 결합할 때 특히 생명의 기능에 적합하다는 결론을 내렸다. 3가라는 말은 인산 이온이 다른 화합물과 결합할 때 3가지 결합을 제공할 수 있다는 뜻이다. 이 특성은 DNA의 이중나선 같은 긴 구조물을 만들 때 매력적이다. 또한 인산염이 결합하여 ATP가 될 때

에너지를 잘 저장할 수 있다는 뜻이기도 하다. 또한 인산염의 음전하 덕분에 물과 상호작용하면서도 다른 화합물 대신에 물과 결합하고 반응하는 것에 상대적으로 안정적일 수 있다. 다시 말해 인산염은 세포의 물속에서 다른 형태로 변하거나 세포막을 통과해 이동하지 않고 안정적으로 떠다니는 믿음직한 이온이라는 뜻이다.

인산염의 대체물은 분명 존재하고 웨스트하이머가 제시한 조건도 많이 충족하지만, 그는 모두 문제점이 있다고 주장했다. 시트르산은 구연산이라고도 하며 오렌지즙에 많이 들어 있는데, 인산염처럼 많은 결합을 형성할 수 있지만 인산염에 비해 물속에서 안정성이 떨어진다. 규소나 비소의 산acid도 마찬가지다. 그러므로 그래서는 안 되는 순간에 제멋대로 분해될 수 있다. 자연선택의 관점에서는 전혀 바람직하지 않은 속성이다.

바다세계의 높은 압력에서는 이런 안정성 문제로 다른 대안물보다 인산염을 선호할 것이다. 그래서 희소성에도 불구하고 인산염은 보편적으로 사랑받는 생화학 물질이 될 운명이다. 생명 현상의 배터리라는 측면에서 진화는 인산염의 효용성으로 수렴할지도 모르지만, 이것도 역시 지구에서 인산염 생화학의 성공 때문에 가지는 편견일 수 있다. 나는 다른 대안이 존재하길 바란다. 대자연은 지구에 얽매인 내 머리보다 훨씬 똑똑할 테니.

생명의 나무

이 장에서 설명된 생명의 요소들은 생물학과 진화가 선택할 수 있는 목록의 시작에 불과하다. 시간을 앞으로 돌려 수십 년, 수백 년, 또는 수천 년 미래로 간다면 우주에 존재하는 다양한 생명체의 정보를 정리하고 있지 않을까 싶다(지구 밖에 정말로 다른 생명이 존재한다면 말이다!). 주기율표처럼 하나의 표로, 또는 지구에서 생물을 계통수로 정리하듯 한 그루의 나무로 정리할 수 있을까? '생명의 주기율표' 대신 우주에서 가능한 모든 순열을 아우르는 '생명의 큰 나무'로 말이다.

나무의 문제점은 적어도 지구에서는 그 나무가 모든 유기체를 맨 아래에 자리 잡은 하나의 보편적인 공통 조상에 연결하고, 그 시조가 생명의 기원 자체의 뿌리를 나타낸다는 데 있다. 즉 나무는 모두 하나로 연결된 기원을 암시한다. 그러나 생명체 수색의 목표 중에는 지구 밖에 별개의 독립적인 기원이 존재하는지를 보는 것도 포함된다. 분리된 기원을 하나의 '큰 나무'로 표현하는 것이 가능할까? 그림 13.1에서 나름대로 시도해보았다. 여기에서 나무줄기는 기원이 아닌 공통된 화학 요소를 보여준다. 이 나무는 용매로 시작해 지구판 생명의 나무까지 내려간다. 지구의 나무가 속한 가지에 도달할 무렵이면 화학적 차이는 유전자 수준에 이른다. 그리고 그것들이 공통 조상으로 거슬러가긴 하지만, 가지가 갈라지는 모든 지점에서 필요하지는 않다. 실제로 정보 분자 수준에서 갈라지는 가지(가령 DNA)가 아마도 공통의 기원을 연결하려는 측면에서 할 수 있는 최선일 것이다. 유전적 역사를 운반하는 것이 그 분자이기 때문이다.

표의 내용을 보면 2차원으로는 나타낼 수 없다는 게 금세 분명해진다. 앞에서 논의했던 요소들은 각각 축과 차원을 할당받아야

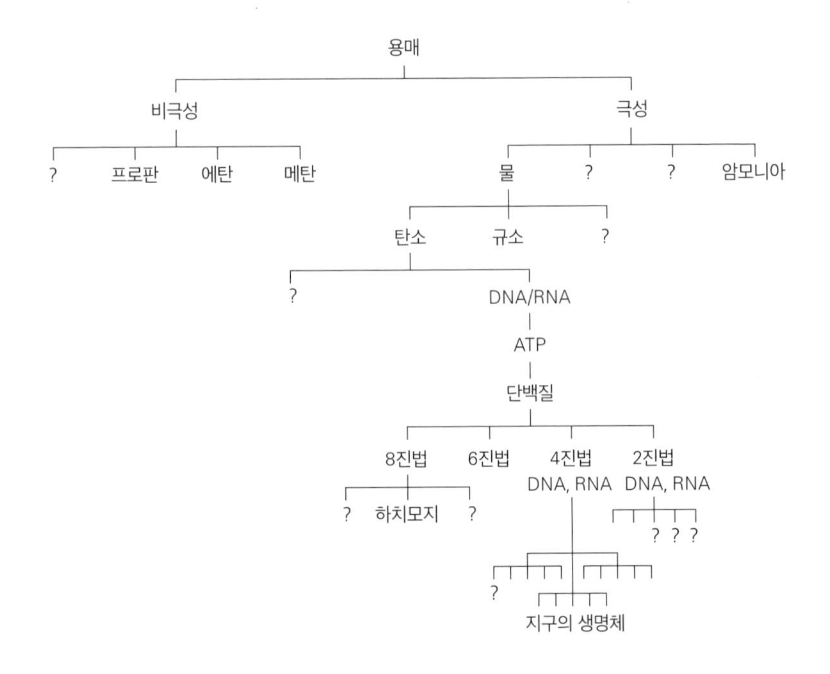

그림 13.1 생명의 다양성을 정리하는 도구인 생명의 큰 나무. 생명체에 사용된 다양한 화학을 나무의 가지로 연결해보려는 나만의 시도이다. 나무줄기는 생명에 필요한 용매로 시작하며, 가장 끝에 있는 잔가지는 생명의 정보를 암호화하는 유전자 분자 수준의 차이를 나타낸다.

한다. 2차원 도표 대신 다차원 '초입방체hyper-cube'가 필요하다. 그림 13.2는 도표를 3차원으로 제한했을 때의 결과이다. 용매, 필수 원소, 정보 분자가 3개의 축을 하나씩 맡는다. 지구의 생명체는 물, 탄소, DNA가 교차하는 지점에 있을 것이다. 실제로는 이 정육면체 밖으로 더 많은 차원이 추가되어야 다양한 단위체와 배터리까지 포함할 수 있다.

생명의 다양성을 설명하기 위해 표, 나무 등 어떤 정리 체제를 사용하든, 생명은 이미 존재하는 것 아닐까? 우리는 우주의 시각에서 아주 어린 지구에 살고 있다. 불과 46억 년밖에 되지 않은 이 땅에서 지각을 지니고 산 지가 고작 수백만 년이다. 한편 우주는 137억 년을 존재해왔다. 어떤 문명이든 왔다가 가기에 충분하고도 남을 긴 시간이다. 아서 클라크, 칼 세이건, 아이작 아시모프는 아마도 전 우주 문명의 정보가 포함된 은하 대백과사전이 있으리라 가정하고 싶을 것이다(현대인들은 은하계 위키피디아라고 부르겠지만). 어떻든 간에 우주 어딘가에 지적이고 과학적이며 제 행성과 가까운 별을 탐사한 문명이 있다면 역시 생명 이야기를 하나로 엮어보려는 도전을 받아들였을 것이다. 그들은 어떻게 정리했을까? 그 행성의 학교 교실 벽에 생명의 주기율표나 생명의 큰 나무가 그려진 포스터가 붙어 있는 것은 아닐까? 누가 알겠는가. 지구의 생명체도 그 포스터에서 한 자리를 차지할지.

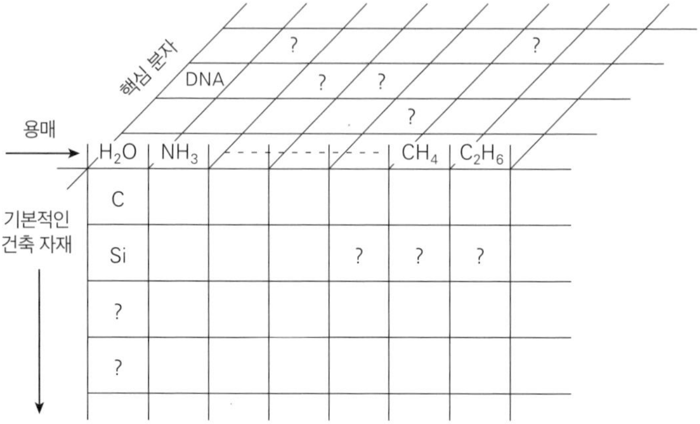

그림 13.2 생명의 주기율표. 우주에 존재할 다양한 생명체의 관계를 정리하는 다른 방법. 생물학과 연관된 요소까지 포함하려면 2차원을 넘어서는 다차원적 접근이 필요하다. 위의 그림은 3차원으로 대략 구성해본 결과이다. 변수를 용매, 필수 원소, 정보 분자로 한정했다. 지구의 생명체는 물, 탄소, DNA가 교차하는 지점에 자리한다. 생명의 단위체나 에너지 분자까지 포함하려면 차원을 확장해야 한다.

| 4부 |

다음 단계

14장

생명의 흔적을 찾아서

태양계, 또는 그 너머의 세계에 생명이 존재하거나 존재했었다고 해서 꼭 눈에 띈다는 법은 없다. 생명의 흔적은 아주 뚜렷할 수도, 아주 모호할 수도 있다.

다음 예를 생각해보자. 내가 제일 좋아하는 돌은 대리석이다. 누구라도 박물관에서 대리석 조각상이나 근사한 건물의 대리석 계단, 또는 전체가 대리석으로 된 기념비 등을 본 적이 있을 것이다. 참 아름다운 돌이다.

전문가의 눈에 대리석은 지구에 한때 생명이 존재했다는 징표이기도 하다. 대리석은 석회암이 고온, 고압 상태에서 변성되어 생성된다. 석회암은 수많은 세월 동안 고대 해저에 퇴적물이 쌓이면서 만들어진다. 석회암을 구성하는 퇴적물은 유공충이라는 유기체의 미세한 탄산염 껍질이다. 대리석은 이 작은 생물체의 껍데기가 익고 압착되어 생겨났다. 독자도 앞으로 대리석을 볼 때면 과거에 살았던 생명의 흔적임을 되새기게 될 것이다. 다른 세계에서 생명의 흔적을 찾을 때 겪을 어려움이 바로 이것이다. 가령 화성에서 대리석을 발견했다고 해보자. 그렇다고 화성에 생물이 살았었다고 바로 결론지을 수 있겠는가? 이 장에서는 다른 천체에서 생명체를 수색하는 어려움과 그 과제에 수반되는 조건들을 살펴본다.

먼저 지구 너머에서 생명체를 발견하려면 적어도 다음 세 가지 사건이 일어났어야 한다. 생명의 씨앗이 뿌려져 생명이 기원하고, 그 이후 생명체가 그곳에서 성공적으로 수를 불려 한동안 지속하고, 마지막으로 그 생명체가 존재했거나 존재함을 알리는 증거가 남아 있어야 한다. 생명체가 살았던 곳이라고 해서 그 생명체를 발견하거나 탐지할 방법이 확실한 것은 아니다. 지구만 보더라도 지각 활동이 암석을 재활용하면서 수십억 년 전에 존재했던 미생물의 화석 증거 대부분을 지워버렸다.

무엇을 강력한 또는 충분한 생명의 징표로 '간주'할 것인지 결정하기는 쉽지 않다. 이런 생명의 흔적을 생명지표라고도 부르는데, 우주생물학과 행성과학계에서는 많은 논쟁과 토론을 불러오는 주제이다. 다른 천체에서 생명체를 찾았다고 확증하기 위해 필요한 증거는 무엇인가? 지구 아닌 다른 곳에서 보게 될 생명지표에는 무엇이 있을까? 그 지표를 보았다 한들 생명체를 발견했다고 단언할 수 있는가? 한마디로, 우리는 지구 밖에서 어떻게 생명의 흔적을 찾을까?

분명히 더 바람직한 유형의 증거는 있다. 유로파나 엔셀라두스의 얼음 밑 바다나 타이탄의 메탄 바다로 날아간 로봇 착륙선이 그곳에서 생명체가 헤엄치는 모습을 보게 된다면 그 자리에서 흡족하게 결론을 내릴 수 있다. 유유자적 돌아다니는 대형 유기체가 눈에 띈다면 그걸로 임무는 종료된다. 지구 밖에도 생명체는 있다.

그러나 로봇이 직접 바다에 들어가고 생명체가 궤도선이나 착륙선에 포착되기 전, 적어도 한동안은 감지하기 어려운 증거에 의지해야 한다. 그러나 이 증거들을 조합하면 우리가 보는 것이 생물학적 과정을 거쳐 생성되었는지 판단할 또렷한 그림을 그려볼 수 있다.

조성, 형태, 환경이 모든 생명지표의 큰 틀을 이루는 가장 중요한 세 가지 증거이다. 조성은 그것이 무엇으로 만들어졌는지 알려주고(가령 탄소), 형태, 즉 구조는 그것이 어떻게 생겼는지 말해주며(가령 작은 세포), 환경은 그것이 어디에서 왔는지 가르쳐준다(가령 바다). 이 세 범주를 만족하는 측정치를 조합하면 생명지표, 더 나아가 생명체 자체를 감지하는 강력한 틀을 손에 넣게 된다. 그러나 이 3대 요소에도 다양한 측정 유형이 있고 각각 장단점이 있다.

가장 큰 한계는 원하는 만큼 연구 장비를 들고 갈 수 없다는 점이다. 현실적으로 불가능한 일이다. 무인 탐사선에 생명체를 수색하는 데 필요한 기구를 모두 싣고 우주로 데려갈 만큼 큰 로켓은 없다. 따라서 탐사선을 설계할 때는 실험을 현명하게 계획하고, 우주선에 실을 만큼 작지만 야무지게 일할 장비를 골라야 한다.

NASA는 태양계 탐사 초기에 유일하게 한 번 생명체 탐사 과제에 도전한 적이 있다. 이 임무는 생명체 탐색의 밑거름이 되었고 이 임무를 통해 외계 바다에서 생명의 흔적을 탐색할 때 적용할 수 있는 많은 교훈을 얻었다.

처음이자 마지막 시도

우주 탐사 역사상 생명체의 흔적을 찾는 것이 주요 목표였던 적이 딱 한 번 있었다(두 대의 탐사선이 같은 임무를 수행했으므로 엄밀히 말하면 두 번이다). 결과적으로는 처음이자 마지막 임무가 되었다.

1976년 7월 20일과 9월 3일, 쌍둥이 화성 착륙선 바이킹이 생명체의 증거를 찾아 화성 표면에 내려앉았다. 굉장히 놀랍고 대단한 성과였다. NASA가 출범한 지 고작 18년 되는 해였고, 행성에 최초로 근접비행을 시도한 것이 불과 14년 전이었다. 열두 명의 인간을 무사히 달에 안착시키고 또다시 집까지 데려온 아폴로 계획에 경외심을 느끼듯, 바이킹 착륙선이 대표하는 로봇 공학의 놀라운 성과 역시 같은 마음으로 돌아봐야 한다. 두 바이킹은 화성에 착륙하여 땅을 파고 토양을 분석해 미생물을 포함한 생명체를 찾아다녔다. 착륙선에 실린 장비는 훌륭하게 작동했고, 로봇이 지구에 데이터를 보내는 데 필요한 카메라, 로봇 팔, 그 밖의 많은 하위 시스템도 모두 제 할 일을 잘 해냈다.

그 1년 전인 1975년 봄에 마이크로소프트라는 작은 회사가 막 세워졌고, 착륙선이 내려앉기 고작 몇 달 전인 1976년 4월 1일에는 애플이라는 또 하나의 소규모 IT 기업이 설립되었다. 그 정도로 옛날 옛적에 이루어낸 성과라는 말이다. 화성 표면에 바이킹 두 대를 착륙시켰을 때 인류의 기술은 아직 초기 단계였다.

그건 생명지표에 관해서도 마찬가지였다. 생물학과 지구의 생물에 대해서도 배워야 할 것이 많았다. 탐험가들이 해저에서 열수구를 발견한 것은 1977년이다. 지구에서 가장 춥고 건조한 장소인 남극의 남극횡단산지 바위 속에서 미생물을 발견한 것도 그즈음이다. DNA 구조가 밝혀진 것도 불과 20년 전인 1953년이었다. 무엇보다 바이킹 착륙선이 화성의 땅을 밟고 1년 후에야 지구에서 생명의 나무를 차지하는 세 번째 굵직한 나뭇가지가 발견되었다. 칼 워즈와 조지 폭스는 1977년에 고세균을 주제로 논문을 냈고, 이로써 지구에서 진정한 생명의 나무가 그려지기 시작했다.[1]

오늘날 흔히 볼 수 있는 분자, 유전 기술은 바이킹 임무 당시에는 이용할 수 없었다. 워즈와 폭스가 고세균을 발견할 때 사용한 기술은 지구에서 생명체의 지도를 그리는 표준 방법이자 인간 게놈 지도를 제작하는 토대가 되었다. 그 방법인 중합효소 연쇄 반응PCR에 대한 특허는 바이킹 착륙선이 임무를 마치고도 한참 후인 1983년에야 출원되었다.

그렇다면 바이킹 착륙선은 정확히 무엇을 했고 무엇을 발견했을까? 이미 알고 있겠지만 이 착륙선은 확실한 생명의 흔적을 탐지하지 못했다. 발견했다면 모두가 그 소식을 알고 있고 적어도 1970년대 후반 이후 제작된 모든 과학 교과서에 그 내용이 실렸을 테니까.

화성에 착륙한 두 착륙선은 로봇 팔을 이용해 토양 시료를 퍼내고 기기에 넣었다. 착륙선이 시도한 생물학 조사는 다음 세 가지다. 기체 교환 실험, 열분해 방출 실험, 표지 분자 방출 실험.

기체 교환 실험은 화성 미생물의 먹이가 될 만한 유기물과 기타 영양소를 토양과 섞는 것이다. 만약 이 '수프'를 먹는 미생물이 있다면 그 과정에서 발생한 새로운 기체가 방출될 것이다. 그래서 '기체 교환'이라는 이름이 붙었다. 방출된 기체에서 특별히 수소, 산소, 질소, 이산화탄소, 메탄의 여부가 조사된다. 모두 화성의 미생물이 내뿜을지도 모르는 것들이다. 그러나 생명체가 개입한 기체 교환의 증거는 나오지 않았다.

열분해 방출 실험은 토양 시료를 일산화탄소CO와 이산화탄소 CO_2에 노출시킨다. 두 기체는 지구에서 방사성 탄소인 탄소-14를 이용해 따로 합성한 것이다. 토양 안에 유기체가 있다면 햇빛과 물에 노출되었을 때 저 두 기체를 들이마시고 그 안의 탄소-14를 추출하여 세포 구성물을 만들 것이다. 그렇게 세포에 통합된 방사성 탄소는 다음 단계에서 감지될 수 있다. 그러나 미생물이 대사를 마치고도 남을 시간을 기다려도 토양 분석에서 방사성 탄소는 검출되지 않았다. 방사성 동위원소를 포함해 표지가 된 CO와 CO_2로 숨을 쉰 미생물은 없었다.

마지막으로 표지 분자 방출 실험은 가스 교환 실험과 비슷한 원리로 작동한다. 어느 면에서는 열분해 방출 실험을 거꾸로 하는 과정이라고도 볼 수 있다. 이 실험에서는 방사성 동위원소인 탄소-14를 포함한 표지 유기물을 토양과 배양한다. 만약 토양 속 미생물이 이 유기물을 먹는다면 그것이 내뱉은 CO_2에는 탄소-14가 들어 있을 것이다. 따라서 탄소-14를 포함한 CO_2가 검출된다면 생물학적 활동이 일어나고 있다는 아주 강력한 지표가 될 것이다. 약간의 흥미로운 결과가 보이긴 했지만, 미생물이 활동한다고 예상되는 수치에는 미치지 못한다는 게 학계의 대체적인 견해였다.

이 세 가지 실험은 당시의 최신 미생물학 기술을 동원한 것이었다. 화성의 표면에서 이 실험을 구현했다는 것 자체가 놀라운 성과였다. 다만 이제 와서 돌이켜 보았을 때 유일한 문제는 세 실험이 모두 현재 살아 있는 생명체를 표적으로 했다는 점이다. 즉, 토양 시료에 살아 숨 쉬는 생명체가 들어 있어야만 결과가 양성으로 나오는 실험이었다. 잘 통제된 지구의 실험실에서도 무리한 요구였다. 부엌에서 음식이 상하는 일은 다반사지만, 실제로 미생물을 배양한다는 것은 꽤 어려운 일이다.

살아 있는 생명체를 찾는 것의 대안은, 살았든 죽었든 상관없이 생명의 기본적인 화학 과정을 찾는 것이다. 바이킹 착륙선에 실린 중요한 장비 중에 기체 크로마토그래피 질량분석기GCMS가 있었는데, 이 기계가 그 일을 수행했다. 그리고 생명체의 가능성을 단호하게 부정했다. 기본적으로 GCMS는 다양한 화합물을 분류, 감지하는 자석 시스템과 연결된 비싼 오븐이다. 인간의 코가 갓 구운

피자 냄새를 맡듯이 GCMS는 시료가 구워질 때 나오는 분자를 감지한다.

두 바이킹 착륙선에서 GCMS는 유기화합물(다탄소 화합물 제외[2]) 분자를 찾아 10억 개 분자 중 한 개만 있어도 검출할 수 있는 수준으로 시료를 뒤졌지만 아무것도 발견하지 못했다. 건초더미에서 바늘을 찾아내는 실력으로 유기물을 찾아봤는데도 실패했다는 뜻이다. 이런 기술로도 유기물을 찾지 못했다면 화성에 탄소 기반 생명체는 없다는 결론을 내릴 수밖에 없다. 위의 세 가지 실험 중에 일부 해석이 모호한 결과도 GCMS 결과로 일축되었다. 탄소가 없으면 생명체도 없다.

토양에 유기물이 있었지만 GCMS가 검출하지 못했을 가능성이 제기되었다. 토양의 화학적 특성과 오븐에서 가열하는 과정이 유기물을 이산화탄소 형태로 바꾸어 감추었다는 것이다.

사실 바이킹의 GCMS는 다량의 CO_2를 검출했다. 화성의 대기에는 CO_2가 풍부하므로 당연한 결과였다. 그러나 CO_2가 생성되는 방식은 여러 가지이다. 예를 들어 유기화합물을 염소산염이나 표백제처럼 산화성이 아주 높은 화합물과 섞으면 GCMS 안에서 가열될 때 유기물이 산화제와 반응하여 CO_2로 변환되고, 그 결과 CO_2 말고는 다른 유기물이 검출되지 않게 된다.

과연 그런 일이 화성의 바이킹 실험에서 일어났을까? 물론 영향을 미쳤을 수도 있지만, 그렇더라도 토양에 소량의 유기물은 남아 있어야 했다. 토양에 유기물이 풍부했다면 산화제와 반응이 일어났다고 해도 전부 소비하거나 완전히 숨기지는 못했을 것이다.

결국 생물학에 초점을 둔 네 가지 실험에서는 어느 것도 화성의 토양에서 강한 생명지표를 감지하지 못했다. 그렇다면 이것이 화성에 생명체가 없다는 증거일까? 나는 그렇다고 생각하지 않는다. 과거에 단 한 번도 화성에 생명체가 있었던 적이 없다면 그것이 더 놀라울 것 같다. 바위 어딘가에 고대 생명체의 커다란 유기 분자가 숨어 있을 것이다. 혹은 지하나 빙하, 빙상 아래의 액체 물주머니에 지금도 생물이 살아 있을지 모른다. 화성에서 할 일은 아직 많이 남아 있고 신기술과 첨단 기기가 임무를 크게 개선하리라고 본다.

안타까운 일이지만 바이킹 임무 이후로 화성 탐사에 긴 공백이 있었다. 누군가는 바이킹 임무에서 생명을 찾지 못한 탓이라고 말하지만 그건 잘못된 생각이다. 물론 결과가 달랐더라면 미래의 화성 탐사를 부추기고 심지어 화성에 인간을 내려보내는 시도까지 했을 것이다. 그러나 정치적 현실은 이미 정해져 있었다. 리처드 닉슨은 아폴로 계획을 중단시켰고, 달에 인간을 데려간 마지막 비행은 1972년이었다. 국내 총생산의 4%까지 갔던 NASA 예산은 1% 미만으로 곤두박질쳤다. 1970년대 초의 결정으로 NASA는 허리띠를 졸라맨 채 1980년대를 보내야 했다. 화성 탐사 활동의 부재를 바이킹 임무의 '실패'로 돌리는 것은 역사를 허투루 읽은 것이며 형편없는 과학이다.

바이킹 임무와 데이터는 훌륭했다. 화성은 죽었다(적어도 표면은 그렇게 보인다). 그 결과는 여전히 유효하고 이후의 후속 임무로도 입증되었다. 패스파인더, 스피릿, 오퍼튜니티, 피닉스, 큐리오시티가 임무 중에 풍부한 생명의 징표를 찾았다면 바이킹 임무가 '실패'했다고 말해도 타당할 것이다.

최근에서야 화성 유기물의 냄새를 제대로 맡기 시작했다. 2012년 3월에 착륙한 큐리오시티 로버의 GCMS 덕분이다.[3] 큐리오시티 로버는 앞으로 몇 년 더 화성 게일 크레이터의 마운트 샤프를 오르내릴 것이다. 그러다가 우연히 과거 생명의 증거를 담고 있는 바위를 만나게 될지도 모른다. 2021년 초에 새로운 탐사 차량이 화성 표면에서 큐리오시티에 합류할 예정이다(화성 탐사차 퍼서비어런스가 2021년 2월에 착륙에 성공했다—옮긴이). 이 로버가 생명체의 흔적이 남은 흥미로운 바위를 찾아서 싣고는 다시 로켓을 타고 지구로 돌아와 최고의 장비를 갖춘 최고의 실험실에서 연구하게 해줄지도 모른다.

안타까운 일이지만 유로파, 엔셀라두스, 타이탄, 그 밖의 다른 바다세계에서 수집한 시료를 지구로 가져오는 일은 없을 것이다. 저 천체들은 너무 멀리 있어서 시료를 가지고 돌아오려면 일이 너무 복잡해진다. 한 가지 예외라면 엔셀라두스에서 착륙하지 않고 물질 기둥을 관통하면서 시료를 수집하고 다시 지구로 돌아올 수는 있겠다. 언젠가 그런 날이 오길 간절히 바라지만, 복귀를 시도할 만큼 충분한 시료를 확보하기는 어려울 것이다.

적어도 가까운 미래에는 비교적 작은 장비를 실은 간단한 착륙선을 보내 그 세계의 표면에서 할 수 있는 일을 도모하는 것이 바다세계에서 생명지표를 찾는 전략이 되리라고 본다. 그 과제를 위해 바이킹의 체험에서 얻을 교훈이 많다.

쓸모 있는 교훈

바다세계를 탐사하고자 한다면 화성에서 생명체를 탐색한 경험으로부터 배울 것이 있고 또 배워야 한다. 바이킹 임무 이후 화성 과학계는 화성 표면을 연구하고 현재 어떤 지역이 거주 가능하며 과거에는 어떤 지역이 거주 가능했는지를 파악하는 전략을 고심해 왔다. 또한 생명지표로 사용함과 동시에 생명체의 흔적이 없더라도 유용한 정보를 제공할 수 있는 측정 틀을 개발했다.

이 마지막 부분이 바이킹 경험[4]으로부터 가장 뼈저리게 배운 교훈의 하나이다. 생명지표를 찾는 데 유용하면서 동시에 화성이라는 행성을 이해하는 데도 쓸모 있는 '이중사용 측정'을 개발하는 것이다. 탐사 임무는 생명체의 징후가 없는 곳에서도 훌륭하게 과학을 수행할 수 있어야 한다. GCMS 측정이 좋은 예다. GCMS는 유기물을 감지하고 특징을 분석하지만 동시에 토양의 다른 염분이나 광물도 식별할 수 있다. 앞에서 설명한 기체 교환 및 방출 실험은 이런 면에서 문제가 있었다. 생명 활동의 여부 외에 다른 과학적 가치를 제공하지 못했기 때문이다.

바이킹 시절 이후에 개발된 화성의 잠재적 생명지표의 틀은 다른 세계에서도 생명지표로 사용될 유용한 견본이다. 그 틀은 견고하고 중복적이며 상호 보완적인 측정이어야 한다는 것이 핵심이다. 견고하다는 것은 우리가 그 실험을 잘 이해하고 있다는 뜻으로, 이미 지구에서 실제로 시도된 적 있는 진짜 기술을 말한다.

중복 측정은 생명지표를 탐지할 때 양성이든 음성이든 결과에 확신을 얻기 위해 두 가지 이상의 기법을 사용하는 것을 말한다. 한 기술이 실패하거나 그 값이 모호할 때 다른 기술로 보완할 수 있어야 한다. 예를 들어 바이킹 착륙선에서 유기물을 분석한 GCMS 결과는 이견의 여지가 없었지만, 유기물을 검출하는 다른 기기로 재확인했다면 좋았을 것이다. 그랬다면 ppb(십억분율) 수준에서도 유기물이 탐지되지 않은 결과에 확신을 더했을 것이다.

실제로 어느 면에서 바이킹 착륙선은 중복성이 있었다. 동일한 착륙선 두 대가 실험을 수행했으므로 모든 실험이 화성의 서로 다른 지역에서 진행된 중복 실험이었다. 기술의 중복성을 충족하지는 못했지만 적어도 두 착륙선 사이의 교차 비교가 가능했다.

마지막으로 상호 보완적인 측정은 생명체를 탐지하는 모든 틀에서 가장 중요한 측면이다. 예를 들어 화학 측정의 결과를 현미경 이미지와 결합한다면, 조성과 형태라는 두 가지 독립적인 특징에서 생명체의 증거를 확보한 셈이 된다. 독립적이고 보완적인 증거가 많을수록 좋다.

이 장을 시작하면서 언급했던 조성, 형태, 환경이라는 3대 생명지표(또는 측정의 종류)로 돌아가보자. 이 세 가지를 합치면 다음의 질문에 대답할 수 있다. 그 화학 현상이 생명을 암시할까? 그 모양과 구조가 생명을 암시할까? 시료가 수집된 장소에 생명체가 살았거나 또는 지금도 살고 있을까?

외계 바다의 탐사에서는 마지막 항목인 환경부터 거꾸로 살펴보겠다.

언젠가 이 얼음 덮인 외계 바다에 착륙한다면, (일단 그곳의 놀라운 경관을 사진으로 찍은 다음) 제일 먼저 할 일은 표면의 화학적 특성을 연구하여 그 물질이 어디에서 왔는지 파악하는 것이다. 이것은 바다 밑에서 온 얼음인가? 우주에서 전달된 미소 운석이나 그 밖의 물질이 들어 있는가? 우리가 찾는 것은 바다에서 생성된 물질이다. 그곳이 생명체가 살고 있다고 추정되는 장소이기 때문이다. 얼음이 바닷물에서 왔다는 가장 좋은 증거는 소금이다. 바다는 짜다. 하지만 우주의 바위(운석)는 짜지 않다. 표면의 얼음에서 소금을 발견한다면 우리가 채취하는 물질은 한때 바다의 일부였다고 볼 수 있고, 혹시 그 안에 유기물이 있다면 그 역시 바다에서 왔다고 볼 수 있다.

바다에서 온 물질을 나타내는 또 다른 지표는 우주를 향해 뿜어진 물기둥이다. 언젠가 엔셀라두스에 착륙선을 보내는 날이 온다면 꼭 남극으로 보내서 갈라진 얼음과 물질 기둥 가까이에 안착시켜야 한다. 그곳에서는 아래의 바다에서 왔다는 확신을 가지고 신선한 눈을 퍼올릴 수 있다.

시료가 채취된 지역을 파악한 다음에는 그 안에 무엇이 있는지 직접 살핀다. 가장 쉽고 직관적인 생명지표는 눈으로 판단할 수 있는 것, 즉 형태이다. 거시적인 것에서 미시적인 것까지, 표본의 이미지가 유용하게 쓰일 것이다. 앞에서 설명한 것처럼 생명체는 환경과 자신을 분리하는 구획을 만들어야 한다. 따라서 표본에서 세포 같은 구조를 보게 된다면 생명체 탐지의 유리한 단서를 확보한 셈이다.

비생물학적 과정에서 세포처럼 생긴 구조가 생길 수 없다는 말은 아니다. 연못의 물을 현미경으로 들여다보면 분명 헤엄쳐 다니는 것들이 보일 것이다. 그러나 바다세계의 표면에서는 죽은 채 꽁꽁 얼어 있는 것들밖에 없다. 지구의 생물을 보고 알 수 있듯이, 지질학적 과정으로 생긴 미세 구조와 생물학적 과정으로 생긴 미세 구조는 서로 혼동하기 쉽다. 광물과 얼음도 생명 활동과 상관없이 거품이나 관, 그 밖에도 세포처럼 생긴 온갖 구조를 형성하는 메커니즘이 있다. 그 구조는 지구에서 초기 생명의 증거를 찾으려는 많은 지질학자와 생물학자의 집중적인 연구 대상이다. 그럼에도 바다세계의 표본에서 생명체와 연관되어 보이는 구조를 발견한다면 꽤나 유용한 단서가 될 것이다.

형태적 증거를 보완하는 것이 조성이다. 표본 안에 어떤 종류의 분자가 있는지 자세히 조사하는 것은 카메라 옆에서 문어가 헤엄치거나 꽁꽁 얼어버린 새우를 발견하는 일 다음으로 생명체를 찾았다고 확신할 수 있는 결정적인 방법이다.

조성을 판단하는 것은 상당히 복잡한 일이다. 조성과 관련한 수

많은 생명지표가 있지만, 여기에서는 그중 세 가지만 집중해서 보겠다. 확실히 해두자면 여기에서 나는 물과 탄소를 기본으로 하는 생명체를 다루고 있다. 이 외계 바다 안에 존재한다고 합리적으로 가정할 수 있는 것이기 때문이다.

첫 번째로 유기물과 유기화합물의 패턴에 대한 수색이다. 화성의 생명체를 연구한 제임스 러브록에서 시작된 아이디어다.[5] 표본에서 유기화합물이 발견되고 그것이 바다에서 온 것이 확실하다면, 다음에는 그 화합물 안에서 관심 있는 특정 분자를 찾아보고 더 넓게는 유기물의 '특이성'을 찾을 수 있다. GCMS는 이런 종류의 분석에 좋은 도구다. 그 분자는 지구의 생명체가 단백질과 핵산을 구성할 때 사용하는 아미노산이나 뉴클레오타이드 같은 화합물일지도 모른다. 물론 전혀 다른 분자일 수도 있다. 여기서 '특이성'은 생명체가 특정한 화합물을 고집한다는 뜻이다. 아무 분자나 가져다 섞고 붙인다고 되는 것이 아니란 말이다. 앞에서 생명체의 벽돌과 회반죽으로 비유한 것처럼, 생명의 단위체는 다른 모든 것을 만드는 데 사용되는 화합물의 특정한 집합으로 구성된다. 생명체에서 유기물 표본의 목록을 만든다면, 단위체의 크기에 따라 모이는 것을 보게 될 것이다.

예를 들어 시료를 분석하여, 아미노산 1개, 2개, 3개, … 가 계속해서 연결된 화합물을 볼 수 있다. 그러나 아미노산 2개 반으로 된 것은 찾지 못할 것이다. 그것은 생명의 화학이 작동하는 방식이 아니기 때문이다. 이것을 무작위적인 화학과 지질학 과정으로 만들어진 유기물과 비교해보자. 물론 저 과정에도 나름의 특이성과 패턴이 존재할지 모르지만, 선별된 단위체 없이 유기 분자들이 마구잡이로 섞여 있을 가능성이 크다. '특이성'과 '비특이성'이라는 두 패턴이 생물과 무생물을 구분하는 길잡이 역할을 한다.

이 측정에 유용한 속성 하나를 추가하자면, 어떤 종류의 생화학도 일반화할 수 있다는 것이다. DNA, RNA, 단백질을 사용하지 않는 생명체라도 여전히 특정한 단위체를 사용할 것이다. 결국 생명체의 기능과 조직은 가장 적합한 화합물의 선택을 필요로 하기 때문이다. 즉, 생명체와 생물학적 과정은 무작위적이 아닌 특이적인 것이고, GCMS 같은 도구로 두 시나리오의 차이를 구별할 수 있다.

물질의 조성으로 확인할 수 있는 생명지표의 다음 예는 유기체는 물론이고 다른 기이한 생명체도 보편적으로 지녔을 것이라고 예상되는 분자 비대칭성이다. 분자 비대칭성이란 왼손잡이나 오른손잡이를 전문적으로 부르는 말이다. 가장 간단한 형태의 비대칭성 분자는 자연이 동일한 분자를 거울 이미지의 두 버전으로 만든 한 쌍 중의 하나이다. 그 분자 구조에는 미묘하지만 중요한 차이가 있다.

가슴에 주머니가 달린 셔츠를 입고 거울 앞에서 자신의 모습을 본다고 해보자. 셔츠는 대개 왼쪽 가슴에 주머니가 있다. 그러나 거울 속 당신의 주머니는 오른쪽에 달렸다. 하나는 왼쪽에, 다른 하나는 오른쪽에 주머니가 달렸을 뿐 다른 것은 모두 동일한 셔츠 두 장이 있다면 그것이 한 쌍의 비대칭성 셔츠이다.

화학에서 셔츠 주머니에 해당하는 것은 대개 분자에 매달린 산소, 질소, 수소 원자이다. 그 원자들이 대칭을 깨고 분자를 비대칭으로 만든다. 그리고 왼손잡이와 오른손잡이의 두 버전이 있다.[6]

비대칭성은 보이는 것보다 큰 영향력을 미치는 것으로 밝혀졌다. 생명체가 사용하는 많은 단위체가 비대칭적이다. 자연에서는 둘 다 발견되지만 생명체에서는 둘 중 하나만 나타난다는 것이다. 지구에서는 모든 생물이 왼손잡이인 아미노산과 오른손잡이인 당만 사용한다. 왜 진화가 이렇게 선택했는지 확실한 답은 없지만, 어쨌든 일단 자리를 잡게 되면 그대로 고정된다. 고정되는 이유는 같은 손잡이의 단위체 분자랑만 단위체가 연결될 수 있기 때문이다. 그러므로 단백질과 다당류 같은 중합체는 왼쪽이든 오른쪽이든 한손잡이의 단위체로만 만들어진다.

이해를 돕기 위해 여러 층을 올라가는 나선형 계단을 만든다고 상상해보자. 계단의 1층을 만들 때 시계 방향과 반시계 방향 중 어느 방향으로 나선이 올라갈지 결정해야 한다. 만약 시계 방향을 선택했다면 2층을 올릴 때에도 그 방향을 유지해야 한다. 반시계 방향의 계단은 1층의 시계 방향 계단과 연결되지 않기 때문이다. 서로 연결되어 단백질이나 다당류 같은 큰 분자를 만드는 비대칭성 분자도 같은 방식으로 작용한다. 일단 비대칭성의 방향이 결정되면, 거기에 연결된 모든 단위체는 앞에서 한 대로 따라가야 한다. 지구에서는 생명의 역사 초기에 이 방향이 결정되었다. 오른손잡이 아미노산과 왼손잡이 당이 '이길' 수도 있었지만, 그러지 못했고 그 결과 지금의 시스템에 고정되었다.

생명지표로서 비대칭성은 매우 유용하다. 생명체가 만들지 않은 유기물 표본은 왼손잡이와 오른손잡이 분자의 수가 대략 비슷하다. 그러나 생명체가 만든 유기물로 된 표본에서는 어떤 분자든 한 방향만 나올 가능성이 크다. 지구에서 채취한 생물 표본이라면 왼손잡이 아미노산과 오른손잡이 당만 있을 것이다.

여기에도 모 아니면 도라고만 볼 수 없는 미묘한 차이가 있다. 가열이나 방사선처럼 환경에서 일어나는 다양한 과정이 비대칭성의 강도에 영향을 주기도 한다. 특정 손잡이의 분자가 다른 손잡이 분자로 변형되어 한손잡이 생명지표를 50 대 50에 가까운 모호한 혼합물로 만들 수 있다. 그렇다고 하더라도 대체적으로 비대칭성은 꽤 탄탄한 생명지표로 여겨진다. 특히 표본이 채취된 환경을 잘 분석하여 라세미화racemization, 즉 손잡이의 균등화가 얼마나 일어나는지 계산할 수 있는 경우라면 말이다.

세 번째이자 마지막 예는 탄소 동위원소의 측정이다. 한 원소의 동위원소는 원자가 운반하는 중성자 수가 다른 것을 말한다. 우주에서 가장 풍부한 탄소 동위원소는 탄소-12로 중성자 6개와 양성자 6개로 이루어졌다. 탄소-13도 안정 동위원소로 중성자가 7개이다. 바이킹 실험에서 사용했던 탄소-14는 중성자가 8개인데, 5,700년이라는 비교적 짧은 반감기를 거치며 질소로 붕괴한다(중성자가 양성자로 바뀐다는 뜻이다).

탄소-13은 우주에 존재하는 총 탄소의 1%를 겨우 넘는다. 그러나 생물학에서는— 생명의 유기물에서는— 탄소-13이 훨씬 드물다. 탄소-13은 생명체를 짓는 데 사용하는 탄소의 0.01~0.1%에 불과하다. 이런 차이의 원인은 식물, 동물, 미생물 중 무엇이냐에 따라 다르지만, 그 중심에는 두 동위원소의 질량과 크기의 차이가 있다. 많은 생물학적 과정에서 탄소가 대사를 거쳐 세포에 통합될 때는 탄소-13보다 탄소-12를 사용하는 것이 에너지가 덜 든다. 그런 이유로 유기체는 성장하면서 탄소-13을 거부하고 탄소-12로 제 몸을 짓는다. 적어도 환경에서 탄소와 관련해서는 생명체가 진정한 깨달음을 얻었다.

생명지표의 관점에서, 탄소-13과 탄소-12의 비율을 측정하면 표본이 생명체에서 왔는지 비생명체에서 왔는지를 가늠할 수 있다. 생물에서 유래한 표본에는 탄소-13이 별로 없는 반면, 무생물에서 온 표본이라면 생명체와 연관되지 않은 주위 암석이나 화합물 등과 탄소-13의 농도가 비슷할 것이다.

이런 강력한 기법에도 한 가지 한계가 있는데, 해당 환경에서 탄소 동위원소의 비율을 알아야 표본에서 측정된 탄소 비율을 해석할 수 있다는 점이다. 지구보다 탄소-13이 더 많은 행성이라면 그 행성의 물질에서 동위원소의 상대적인 비율이 달라질 것이다. 지구에서는 지구화학자들이 지구 전역에서 이 수치를 측정해왔으므로 유기물에서 탄소-13의 비율을 잘 해석할 수 있다. 유로파, 엔셀라두스, 타이탄에서는 동위원소의 수치를 해석할 때 더 주의해야 한다. 그 천체에서는 다양한 장소에서 측정이 이루어지지 못하기 때문이다. 따라서 해석을 뒷받침할 배경이 부족하다. 이런 잠재적인 문제점에도, 동위원소 분별법은 믿을 만한 생명지표 측정 기술이고 보편적인 생명지표로도 사용될 수 있다. 적어도 탄소에 기반을 둔 생명체라면 말이다. 외계 생화학에서도 에너지 측면에서 탄소-12를 선호할 거라고 예상할 수 있다.

결론적으로 위에서 소개한 측정 기술은 바다세계의 얼음 표면에서 생명체를 찾는 데 사용할 수 있는 견고하고 중복적이며 상호 보완적인 생명지표의 시작점이 된다. 만약 이 기법을 모두 사용했을 때 그 결과가 생명체를 가리킨다면 지구 밖에서 생명체가 발견되었다고 자신 있게 주장해도 좋을 것이다. 이것은 지구의 생물을 연구하고 수십 년간 화성에서 생명체의 흔적을 찾기 위해 시도한 과정이 바탕이 된 틀이다.

지난 10년 동안 많은 연구팀이 이런 탐색 전략을 다듬고 개선해 왔다. 2016년에 NASA는 언젠가 유로파 표면에 내려앉을 착륙선을 위한 목표와 전략을 정의하기 위해 공식적으로 과학자들을 소집했다. 그 전략은 바이킹 임무 이후로 이루어진 생물학과 지질학의 발견에서 얻은 교훈을 밑거름으로 삼는다. 바이킹 임무 50주년(2026년)을 앞두고 그 임무가 하루빨리 발사대에 올라가기만을 바랄 뿐이다.

• • •

이 장을 마무리하면서 NASA가 천체를 연구하려고 설계한 무인 탐사선이 성공적으로 생명체를 탐지한 한 번의 사례를 이야기하고 싶다. 그 연구는 이 장에서 설명한 어떤 기술도 사용하지 않았고 바다세계에서 생명을 찾은 것도 아니었다. 그러나 생명체를 탐지하는 인간의 능력을 증명했다.

1990년 갈릴레오호가 목성으로 가는 길에 지구 옆을 날았다. 이때 탐사선의 기기를 테스트하기 위해 지구를 대상으로 측정이 이루어졌다. 갈릴레오호는 목성과 그 위성을 연구하기 위해 설계되었지만, 지구를 근접비행하며 보내온 데이터는 운 좋게 이 탐사선이 실제로 지구에 생명이 거주하고 있다는 정보를 제공할 수 있음을 보여주었다.

이 '개념 증명'의 아이디어는 칼 세이건, 밥 칼슨, 리드 톰프슨이 구상했다.[7] 연구팀의 계획은 비교적 간단했다. 갈릴레오호가 지구 옆을 지나가면서 사진, 스펙트럼, 무선 주파수 등을 모두 수집하는 것이다.

갈릴레오호는 지구에서 비자연적으로 발생했다고밖에 볼 수 없는 전파 방사를 감지했다. 지적 생명체가 창조한 기술이 송신하는 라디오 방송 같은 것 말이다. 갈릴레오호가 보낸 이미지도 대륙과 바다가 있는 행성을 드러냈다. 이 대륙의 일부 지역은 날카로운 '적색경계', 즉 0.7마이크로미터에 해당하는 파장에서 세기가 떨어지는 스펙트럼을 보였다. 스펙트럼에서 이런 특징을 가장 잘 설명하는 것이 바로 광합성을 하는 미생물이나 식물이다. 광합성을 하는 생물은 이 영역에서 햇빛을 흡수한다. 따라서 붉은 구역의 카메라 필터가 다른 필터에 비해 상당히 어두웠다. 다시 말해 '적색경계'는 식생이 있다는 강한 표시다.

마지막으로, 갈릴레오호의 분광계가 보낸 데이터는 지구 대기의 눈에 띄는 특징을 드러냈다. 지구의 대기는 화학적 불균형의 상태에 있었고 지금도 그렇다. 분광계는 오존과 산소라는 굉장히 강력한 두 산화제를 감지했고 강한 환원제인 메탄도 잡아냈다. 생명체가 없는 세상이라면 메탄과 산소는 대기에서 오랜 시간 대량으로 유지될 수 없다. 메탄은 햇빛에 의해 파괴되고 산소와 메탄은 합쳐져서 이산화탄소와 물이 되기 때문이다. 지구의 대기에서 이 두 분자가 관찰되었다는 것은 생명이 활동하면서 노폐물을 버렸다는 뜻이다. 나무와 식물은 산소를 내뱉는다. 한편 메탄을 방출한 것은 "길들여진 반추동물의 고창"이었다. 세이건이 '소들의 방귀'를 세련되게 표현한 말이다.

지구 너머 외계 바다의 탐사를 준비하면서 우리는 과거와 현재의 생명체가 그 세계의 표면에 존재의 흔적을 남겼을 다양한 방식을 고려해야 한다. 대리석에 감춰진 웅장함에서부터 잠수정 앞에서 퍼덕거리는 물고기까지, 모든 변수—모든 가능한 생명지표—가 틀의 일부가 되어야 한다. 생명체의 존재를 수색하고 검증하는 것은 어려운 일이고 그 데이터를 해석할 때는 극도의 주의를 기울여야 한다. 세이건을 비롯한 과학자들이 앞서 기술한 연구에서 "생명체를 탐색할 때 다른 모든 해석은 제외해야 한다. 왜냐하면 '생명은 최종 가설'이기 때문이다"라고 말한 것은 더없이 훌륭한 표현이었다.

15장

해양 탐사의 새 시대

1997년의 나는 외계인에 집착하는 젊은 대학생이었다. 같은 해에 갈릴레오호가 보내온 결과는 유로파의 얼어붙은 표면 아래에 바다가 있을지도 모른다는 확신을 심어주기 시작했다. 심지어 NASA는 유로파에 용융 탐사정을 보내 얼음을 뚫고 바다로 진입하는 예술적인 비전을 공개했다. 용융 탐사정의 출발 날짜는 2009년으로 잡혔다.

2009년이 왔고, 또 갔다. 용융 탐사정은 유로파의 바다에 진입하지 못했다. 유로파 표면에서 표본을 수집할 착륙선은커녕 근접비행하며 살필 탐사선조차 없었다.

NASA는 유로파에서 수행 가능한 모든 임무를 타진했지만, 전망이 예상되는 순간 NASA, 과학계, 정치계가 플러그를 뽑았다.

2009년까지 나는 제트추진연구소에 소속되어 동료인 론 그릴리 교수, 보브 파팔라르도 박사, 루이즈 프록터 박사가 이끄는 팀의 일원으로 이미 3년이나 관련 연구에 참여한 터였다. 탐사선이 발사대로 향할 조짐이 보이기까지 5년이 더 걸렸다. 이 책을 집필 중인 2019년에 우리는 수십 차례 유로파 가까이 다가갈 탐사선 제작을 추진 중이다. 이 탐사선은 2023년까지는 발사대에 오르지 못할 것이며 2020년대 말이나 되어야 유로파의 상세 이미지를 기대할 수 있다. NASA가 처음 유로파에 바다가 있다는 영감을 준 이미지를 공개하고 30년이 지나서야 유로파 표면의 새 이미지를 받아볼 수 있다는 뜻이다. 그러나 "유로파 클리퍼"라는 명칭의 이 임무에 착륙선이나 잠수정은 없다. 현재 속도라면 그 임무까지 30년을 더 기다려야 한다는 말이다.

이 과업은 보통 마음가짐으로 시도할 일이 아니다.

그러나 앞으로 지구 밖 외계 해양 탐사를 위해 나아갈 길을 살펴보기 전에 잠시 지구에서 우리 바다의 탐사 상황과 나아갈 길을 얘기하고 싶다. 인류는 자신의 바다를 돌볼 필요가 있고 지구의 바다 안에도 아직 탐사되지 않은 '외계' 지역이 많으므로 이것은 중요한 문제다. 덧붙이자면 지구의 바다와 지구 밖 바다의 탐사는 사실 밀접하게 연결된 과제이다. 인간은 화성에서 탐사 차량을 운전하기 훨씬 전에 화성을 닮은 장소에서 먼저 시험했다. 외계 바다에 대해서도 마찬가지다. 유로파, 엔셀라두스, 타이탄의 바다에 로봇 잠수정을 파견하기 전에 지구의 심해에서 먼저 기술을 개발하고 시험해야 한다. 로켓에 실을 만큼 작고 가벼운 것을 만들 경지에 이르려면 한참 멀었지만, 이런 기술의 발달은 지구 밖 바다의 탐험을 준비하는 동시에 지구에서의 탐험 능력을 발전시킨다는 훌륭한 이점이 있다. 그렇다면 지구의 바다를 탐험하는 인류의 기술은 현재 어디까지 왔는가?

"더 큰 배가 필요할 거야"

1960년대는 우주 시대의 서막이 열리고 단기간에 놀라운 발전을 보인 시기였다. 10년 만에 인류는 성공적으로 인간을 달 위에 안착시키고 무사히 귀환했다. 위쪽 세계로의 탐험과 함께 1960년대는 아래 세계로의 탐험을 위한 개척 시대였다. 지구의 대양은 아직 발견되지 않은 광활하고 흥미로운 개척지였다. 1960년에 미 해군 중위 돈 월시와 스위스 기술자 자크 피카르는 최초로 심해의 가장 깊은 지점까지 직접 조종하여 잠수했다. 두 사람은 태평양의 마리아나해구 바닥까지 11km를 내려갔다. 바다의 상세 지도를 만들려는 열의에 찬 노력이 본격적으로 시작되리라 모두가 희망했다.

그러나 60년이 지난 지금도 해저의 상당 부분은 알려지지 않았다.

그 초기 발견과 바다에서 이루어진 선구적인 연구를 돌아보면 왜 아직도 바다의 많은 부분이 암흑에 싸여 있는지 궁금하지 않을 수 없다. 육지의 구석구석을 지도에 표시하고 수많은 다른 행성의 지도까지 만들던 시대에 왜 제 바다의 지도를 만들고 탐사하는 노력은 없었을까?

첫째, 해양 탐사는 어렵다. 지구의 표면, 심지어 다른 행성의 표면과 달리 바다는 멀리서 찍은 이미지가 아무 소용없다. 우주의 천체는 인공위성에 달린 카메라로 멀리 있는 행성의 지도를 그리고 고해상도의 이미지를 높은 효율로 수집할 수 있다. 그러나 바다, 즉 물은 지금까지 알려진 모든 투시 기술을 거부한다. 수면을 뚫고 해저를 들여다볼 방법이 없다. 바다 밑바닥에서는 센티미터는 고사하고 미터 수준에서조차 고해상도 이미지를 얻으려면 잠수정을 타고 내려가 가까이에서 불빛을 들이대야 한다.

당연히 누군가는 해양 탐사에 돈을 더 많이 써야 한다고 주장할 것이고 나도 동의하는 바다. 그러나 돈만으로는 더 큰 문제를 설명하지 못한다. 돈이라면 광산업은 말할 것도 없고 석유 산업과 가스 산업이 매년 미국 해양대기청, 미국 국립과학재단, NASA 같은 연방정부 산하 연구기관보다 훨씬 많은 돈을 지출한다. 아무래도 연구비를 쏟아부으면 더 낫겠지만, 산업계는 이미 충분한 인센티브를 받고 있다. 그렇다면 무엇이 잘못된 것일까?

이 절의 제목인 "더 큰 배가 필요할 거야"는 1975년작 영화 〈죠스〉의 고전적인 대사이다. 상어의 크기를 확인한 팀이 자신의 배가 너무 작다는 것을 깨닫고 한 말이다. 그러나 더 큰 배의 필요는 바다를 탐사하는 인류의 능력을 제한한 원흉이기도 하다.

해양학계의 몇몇 동료도 인정하듯,[1] 우리는 심해 탐사 초창기에

나쁜 습관이 들었다. 1장에서 간략히 논의한 챌린저 심연 탐사를 생각해보자. 이 원정이 가능했던 것은 영국 해군이 선박을 빌려줬기 때문이다. 마찬가지로 트리에스테호는 미 해군 소유였고 심지어 대형 해군 함정이 동행해 해상 지원까지 제공했다. 우리가 이룬 해양학 발전의 상당 부분이 해군으로부터 물려받은 배를 타고 이루어졌다. 현재 연구용 선박 대부분이 어제의 군함이었다.

이게 무슨 문제란 말인가? 퇴역 군함을 알뜰하고 유용하게 사용하지 않았는가? 선박과 투자가 없었다면 발전은 훨씬 더뎠을 것 아닌가? 당연히 옳은 말씀이다.

용도를 변경한 군함은 해양과학에 비할 데 없는 보탬이 되었다. 그러나 이런 대형 선박을 손에 넣은 과학자와 공학자는 그에 걸맞은 대형 장비와 잠수정을 원했다. 굳이 작고 빠르고 가벼운 시스템을 제작할 필요가 없었다는 말이다. 그 결과, 물려받은 대형 도구 상자에 어울리는 크고 무겁고 성능 좋은 표본 수집 장비와 과학 기기를 제작하게 되었다. 배에 해군이 쓰던 대형 크레인이 있는데 뭐 하러 작고 가벼운 기기를 만들겠는가? 초대형 양동이를 떨어뜨려 바닥을 훑고 다니다가 끌어올릴 수 있는 힘센 윈치가 있는데 뭐 하러 바다 밑바닥까지 내려가 직접 바위를 측정하겠는가?

'큰 배, 큰 과학'으로 접근한 또 다른 결과는 해양 탐사 프로젝트가 운행에 비용이 많이 드는 소수의 대형 연구 선박에 제한되었다는 점이다. 이 배를 차지하기 위한 경쟁은 늘 치열하다. 또 용케 배를 빌린 다음에는 주어진 시간에 되도록 많은 일을 하려고 필사적이 된다. 따라서 저 대형 도구로 되도록 많은 표본을 얻고자 여러 번 잠수하게 된다. 이것이 크고 희귀한 선박이 크고 야심 차고 돈이 많이 드는 과학을 양성하는 피드백 고리다.

이런 관행이 근본적으로 나쁘다고 볼 수는 없지만, 선박의 수가 많지 않으므로 해저 탐험에 제한 요소가 되는 것은 사실이다. 인류의 발이 닿지 않은 곳이 얼마나 많은지를 생각하면 상대적으로 작고 간단한 시스템으로 흥미로운 발견을 해낼 지역은 얼마든지 많다. 카메라나 감지기 몇 대, 일반적인 표본 수집 장치로도 지금까지 누구도 본 적 없는 장소에서 많은 과학이 이루어질 수 있다. 그러나 해양과학 프로그램은 이런 식의 도구에 투자하지 않았다. 그래서 연구자가 소형 선박—재단이나 억만장자의 배—을 빌리더라도 그 배에 실을 만한 장비가 없다. 기기와 잠수정(무인 또는 유인)은 대부분 무게가 수 톤이나 나가고 바닥까지 내렸다가 끌어올리려면 대형 크레인과 윈치가 있어야 한다.

이런 상황을 우주 프로그램과 비교해보자.[2] 우주 탐사는 언제나 더 작고 가볍고 낮은 전력으로 돌아가는 로봇과 기구의 필요성이 주도해왔다.

왜냐고? 우주에서는 "로켓 방정식의 폭정"이 우리를 괴롭히기 때문이다.[3] 간단히 설명하면, 로켓을 올려보내려면 연료가 필요하고 그 연료를 올려보내는 데 또 연료가 필요하다. 효율이 가장 뛰어난 로켓도 전체 질량의 85%가 연료이다. 탑재물을 포함한 실제 로켓의 '건조 질량'은 15%에 불과하다.

자동차로 예를 들어보자. 휘발유 1갤런이 2.8kg 정도 나간다. 보통 휘발유 탱크의 용량은 12~15갤런, 즉 34~42kg이다. 로켓 방정식을 자동차에 대입하면 휘발유를 제외한 자동차 본체의 총 질량은 5.9~7.3kg이라는 계산이 나온다. 그러나 실제 일반적인 차량의 무게는 1,450~1,900kg이다. 차 한 대의 '건조 질량'이 연료의 '습윤 질량'보다 훨씬 크다. 우주를 향해 수직으로 올라가야 하는 로켓 방정식은 진정한 폭군이다. 물리법칙은 자동차의 수평 회전 운동에는 호의적이지만 중력을 거스르는 수직 운동에는 친절하지 못하다. 로켓 방정식이 가혹한 이유가 이것이다. 물체를 중력을 거슬러 수직으로 올려 보내려고 하기 때문이다(착륙할 때에도 충돌하지 않도록 중력으로부터 보호해야 한다).

우주 탐사의 세계에서 로켓 방정식은 탐사 차량과 기기를 더 작고 가볍게 만드는 방법을 골몰하게 강제한다. 허리띠를 바짝 조인 채 정확히 어떤 측정을 하고 싶고 어떤 기구를 보낼지 치열하게 생각해야 한다. 로켓 방정식은 창의성과 혁신에 영감을 준다.

화성의 표면에서 일어난 일을 생각해보자. 화성에 도착한 큐리오시티 로버[4]의 질량은 900kg이 조금 넘고, 그중 75kg이 연구 장비다. 화성까지 도달하기 위한 운항체와 로켓, 착륙에 필요한 부품을 포함한 전체 탑재 질량은 3,893kg이다. 연구 장비 75kg 대 전체 탑재 질량 3,893kg의 비율은 0.019, 즉 2%가 채 안 된다.

그런데 이 모든 것이 또 화성까지 가는 로켓 위에 올라타고 있었다. 그 로켓과 연료의 무게가 얼마나 될까? 큐리오시티 로버는 아틀라스 V 541 로켓에서 발사되었는데, 연료를 가득 채우고 모든 화물이 탑재된 상태에서 53만 1,000kg이었다! 75kg의 연구 장비를 화성에 착륙시켰지만, 화성까지 도착하고 화성 표면에 내려앉아 문제없이 작동하기 위해 추가로 53만 925kg이 필요했던 셈이다. 기기 질량 대 총 로켓 질량의 비율은 전체 질량의 100분의 1(0.014%)을 조금 넘는 수준이었다.

다시 자동차의 예로 돌아가 차에 실은 탑재물이 '연구 기기'가 아닌 식료품이라고 상상해보자. 그리고 화성에 가기 위해 사용한 로켓 방정식과 수치의 제약을 똑같이 받고 있다고 가정하자. 연료 탱크가 15갤런짜리이면 휘발유가 42kg쯤 들어간다. 나머지 것들을 최대 7kg 정도로 잡으면 총 49kg쯤 된다. 여기에서 0.014%를 계산하면 이 차에 실을 수 있는 식료품은 0.007kg, 즉 7g이다. 일반적인 크기의 포도 한 알 무게가 7g쯤 된다. 그게 자동차의 연료 탱크를 가득 채우고도 집까지 가져갈 수 있는 양이다. 참으로 우울한 비유가 아닐 수 없지만, 세계에서 가장 똑똑하다는 로켓 과학자들은 이 포도 한 알에도 흥분한다.

우주 비행과 로켓 방정식의 폭거가 난무하는 세계에 온 것을 환영한다. 여기가 우리가 사는 우주이다.

이 모든 것이 의미하는 바는 우주 탐사 영역의 과학자와 공학자는 해양학계가 하지 못했던 방식으로 혁신할 동기를 부여받았다는 것이다. 이들은 물체를 작고 가볍고 빠르고 효율적으로 만들도록 훈련받았고, 분석하는 소량의 시료와 자료를 아껴가며 음미한다.

게다가 손에 직접 쥘 수 있는 표본은 없다고 봐야 한다. 로켓 방정식 때문에 표본을 지구로 가져오는 것이 야속할 정도로 어렵다. 현장에서 바로 시료를 분석할 소형 기기를 보내는 편이 낫다.[5]

2050년에는 유로파나 엔셀라두스 같은 천체의 얼음껍질을 뚫고 들어가는 것이 나의 희망이다. 그러려면 로켓에 실을 수 있도록 잠수정, 천공기, 용융 탐사정, 측정 기구를 최대한 작고 가볍게 만들어야 한다. 또한 탐사 차량은 성능이 뛰어나면서도 아주 청결해야 한다. 미생물 히치하이커가 탑승하는 것을 원치 않기 때문이다. 유로파에 생명체가 있다면 그 주민을 지켜줘야 한다. 엔셀라두스, 타이탄 등도 마찬가지다. 다시 한번 말하지만 이 모든 어려움을 극복한다는 것은 보통 마음가짐으로 될 일이 아니다.

탐사정을 외계의 바다에 보내기 전에 먼저 지구에서 실험할 필요가 있다. 탐사 기술을 연마할 수 있는 가장 좋은 장소가 지구의 바다와 대륙 빙하이다. 우주 바깥의 바다세계에 진입하기 위해서는 보금자리 행성의 바다를 탐사할 도구부터 개발해야 한다. 지구 밖을 탐사하는 것은 지구를 탐사하는 데도 큰 도움이 될 것이다.

해양 탐사의 새 시대를 열 아름다운 상생의 상황이라 하지 않을 수 없다.

갈릴레오호는 2003년 9월 21일, 목성의 대기에 뛰어들어 최후를 맞았다. 카시니호 또한 2017년 9월 15일, 자진해서 토성으로 돌진해 충돌했다. 두 탐사선 모두 원래 계획보다 훨씬 오래 임무를 수행했고, 혹시 존재할지도 모를 유로파와 엔셀라두스 거주민을 지구의 생물로부터 보호하고자 희생되었다.[6] 카시니호의 임무가 끝나면서 외계 바다 탐사도 중단되었고 적어도 10년을 더 기다려야 한다.

다음 탐사까지는 오랜 시간이 소요될 것이다. 기술적 어려움 때문이 아니다. 자금 지원과 관련된 사회적, 정치적 문제에 비하면 이것은 작은 문제다. NASA가 시도하는 우주 임무는 통상 약 2,000명으로 구성된 행성과학계가 결정하지만, 이 중 생명을 찾는 데 관심이 있는 사람은 소수에 불과하다. 외계 생명체 수색 프로젝트를 밀어붙일 유일한 방법은 NASA 임무의 세부사항에 대중이 더 강한 결정권을 행사하는 것이다.

미국에서는 납세자가 NASA의 유일한 자금줄이며 최종 고객이다. 나는 지금까지 전국에서 많은 강연을 해왔는데, 한 가지 주제가 꾸준히 화두에 올랐다. 납세자인 시민들은 NASA가 지구 밖에서 생명체를 찾는 일에 더 매진하길 바란다. 더 많은 로봇이 화성의 절벽을 뒤지고 유로파의 표면에 착륙하고 타이탄의 대기를 비행하고 엔셀라두스의 기둥을 가로지르길 원한다. 실제로 많은 사람이 NASA가 그 같은 계획을 적극 추진 중이라고 믿는다.[7] 매년 수십 편의 관련 연구가 출간되며 그에 관한 뉴스가 종종 보도된다. 그 연구들은 흥미로운 그래픽과 함께 소개되고 상상력을 부추긴다. 그러나 사실 현재로서 생명 수색 작전에 실질적인 진척은 없는 형편이다.

기대주인 유로파 클리퍼가 앞으로 엄청난 임무를 수행할 예정이다. 클리퍼는 유로파 표면의 이미지, 다양한 파장의 스펙트럼, 얼음 아래를 보게 해줄 레이더 프로파일, 유도 반응으로 바다를 지속해서 감지하는 자기장 측정값을 보내올 것이다. 게다가 탐사선은 유로파 주위의 하전 입자와 유로파 표면의 온도를 측정할 기기를 싣고 간다. 얼음껍질 밖으로 분출되는 얼음 기둥을 찾아낼 경우를 대비한 두 종류의 질량분석기도 있다. 두 분석기는 유로파에서 생명의 힌트가 될 분자를 감지할 아주 좋은 기회를 제공할 것이다. 운이 좋다면 클리퍼는 2020년대 초반이나 중반에 케네디 우주센터에서 발사되어 2020년대 후반에 목성에 도착할 것이다.

유럽우주국도 비슷한 시기에 예정된 목성 얼음위성 탐사선 주스호의 임무를 위한 우주선을 제작 중이다. 주스호는 목성계의 상당 구역을 돌며 대형 위성에 접근하고 데이터를 보내다가 결국 가니메데 주위를 도는 궤도에 진입할 계획이다. 궤도에 오른 주스호는 가니메데를 가까이에서 촬영한 이미지를 보여줄 것이다. 게다가 이 탐사선도 유로파 클리퍼처럼 다양한 측정 기기를 실을 예정이다. 따라서 가니메데의 얼음 지각 조성과 구조를 전에 없이 자세히 알아낼 전망이다. 궤도를 선회하는 조건을 활용해 주스호는 가니메데의 중력장과 자기장의 지도를 정밀하고 정확하게 제작하고 감시할 것이다.

주스호와 클리퍼의 자료를 조합하면 이 두 위성의 껍데기를 벗겨내고 그 내부의 물리학, 화학, 지질학을 배울 수 있다. 두 탐사선은 아름다운 궤도 발레를 추면서 이 먼 외계의 바다가 정확히 얼마나 살 만한지 알려주는 구체적인 정보를 보내올 것이다.

클리퍼 임무 외에 NASA는 유로파 탐사 계획이 없다. 원래 2000년대 초 이후로 유로파에 착륙선을 보내는 것은 학계의 우선 과제였다. 2003년 미국 국립 과학아카데미가 작성한 태양계 과학 및 탐사 우선 과제 보고서에는 한 대가 아닌 두 대의 착륙선이 논의되었다.[8] 그러나 2011년 보고서에서는 착륙선이 언급되지 않았다.[9] 그 영향으로 행성과학계와 NASA는 상당한 자금이 마련되었음에도 유로파 착륙 임무를 추진하지 않기로 했다.[10] 다른 임무에서 초과된 비용과 일정을 포함해서 여러 요인이 결정에 작용했다.

핵심 장애물의 하나는 숙련된 노동력이다. 미국 노동부 감사관실 보고서에 따르면 NASA와 그 하부조직에는 이미 착수된 프로젝트를 완수할 인력마저 충분하지 않다. 나는 이 점이 매우 안타깝다. NASA의 과제를 돕고 싶어 하는 인재가 수천 명에 이른다. NASA가 성장하고 더 많은 일을 할 수 있게 뒷받침할 재능 있는 사람들이 많다. 이 기관을 향한 대중의 지지와 흥분이 커지고 있다. 길모퉁이 상점에서 백화점까지, 어디서나 눈에 띄는 NASA의 로고처럼 말이다.

내가 보기에 대중은 NASA와 차세대 우주 기업이 한계를 극복하여 인간이 제 보금자리 행성을 돌보는 동시에 멀고 먼 다른 세계에서 위대한 개척과 발견을 시도하길 바라고 이를 돕고자 하는 갈망이 있다. 인류는 자신을 갈라놓는 것이 아닌 하나로 묶어주는 통합적이고 과감한 성취에 굶주렸다.

이런 정서와 관련하여, 캘리포니아주 패서디나에 자리한 제트추진연구소의 모토는 "큰일을 꿈꾸라"이다. 시어도어 루스벨트의 연설에서 따온 이 구절은 제트추진연구소 전 소장인 찰스 엘라시 박사가 대중에게 알렸다.[11] 태양계 탐사의 관점에서 외계 생명체를 찾는 것보다 더 과감하고 대담하며 통합적인 큰일은 없다. 이 수색의 중심에는 우리가 누구이며 어디에서 왔고 왜 여기에 있는지를 알고 싶은 본질적이고 원시적인 욕망이 있다. 생물학은 우리 자신의 문제이고 우주는 생명 현상의 보편적인 역할에 대한 해답을 지녔을 것이다.

이런 목적으로 외계 바다 탐사와 생명 탐색을 진전시키게 된다면 갈 길은 꽤 명확하다.

유로파 클리퍼 다음으로 시도할 임무는 표면에 착륙선을 내리는 것이다. 착륙선이 로봇 팔을 사용해 표면을 파헤치고 표본을 퍼올리면 착륙선에 실린 기기가 그 안에서 생명의 표지를 찾을 것이다. 이 임무는 2016년에 나를 포함한 21명의 과학자로 구성된 팀이 상세히 연구했다.[12] 위에 언급된 많은 이유로 보류되기 전에 이 임무는 꽤나 구체적인 설계 단계까지 개발되었다. 유로파 착륙선 임무가 실현될지, 그렇다면 그게 언제일지는 확실하지 않다. 유로파 착륙보다 우선시되는 다른 임무들이 앞에 줄을 서 있으므로, 안타깝지만 2040년대 중반까지도 유로파의 대지에 내려앉지 못할 것이라는 게 내 예상이다.

유로파에 착륙하고 얼음에서 생명의 흔적을 확인하면 다음 차례는 탐사정을 얼음층 밑으로 보내는 것이다. 설사 얼음 속에서 생명체가 발견되지 않더라도 잠수정을 타고 유로파의 바다에 직접 들어가보면 좋겠다. 혹시 모를 생명의 징표를 좀 더 자세히 찾아보고 또 그 바다가 어떤 바다인지 알고 싶어서다. 그 안에 생명체가 없어도 제2의 바다에서 물리학과 화학을 공부한다면 바다의 작용에 대한 이해가 크게 늘 것이다. 오랫동안 행성과학은 다양한 조건에서 발생하는 갖가지 과정을 이해하려는 열망이 이끌어왔다. 화성의 판 구조에서 금성의 온실효과까지 우리는 다른 행성을 연구함으로써 지구의 작동 원리를 많이 배웠다. 유로파의 바다를 탐사함으로써 비교해양학이라는 새로운 분야를 개척하고 어떻게 바다가 움직이는지 더 잘 알게 될 것이다.

얼음층을 통과하여 바다로 들어가는 무인 탐사선은 얼음을 뚫고 녹일 드릴과 뜨거운 열 장비가 필요하다.[13] 끝이 뾰족한 연필처럼 탐사정이 수 킬로미터의 얼음을 뚫고 내려가 마침내 바다에 닿을 때까지 수주, 수개월, 심지어 수년이 걸릴지도 모른다. 태양 에너지와 배터리로는 충분하지 않기 때문에 탐사정은 원자력이 필요하다. 또한 얼음을 뚫고 전진하는 탐사정 뒤로 광섬유 케이블, 그리고 음향 장치를 달아 탐사정이 보내는 데이터가 표면으로 올라와 지구로 보내지게 해야 한다.

일단 바다에 닿으면 탐사정은 스스로 항해하는 자율 무인 잠수정을 내보낸다. 이 로봇은 지구 기술자들의 조이스틱으로 조종되지 않는다. 복잡한 환경을 탐색하려면 내장형 지능이 탑재되어야 한다.

만약 이 바다에 생명체가 있다면 자율 무인 잠수정은 이 생물이 얼음껍질의 바닥을 파고 들어가 그 속에 든 화학물질을 섭취하는 모습을 발견할지도 모른다. 만약 얼음에 생명체가 없다면 잠수정은 곧장 해저로 잠수하여 열수구의 냄새를 맡을 것이다. 나는 이 용감한 작은 로봇이 풍부한 화학물질 기둥을 쫓아 '연기 나는' 바닷속 구름까지 내려갔다가 연기가 걷히면서 온갖 생물이 가득한 탑을 발견하는 장면을 즐겨 상상한다. 외계 버전의 새우, 오징어, 게, 관벌레가 굴뚝 주위를 돌고 있다면 그곳에서 생명은 단순히 존재하기를 넘어 번창하는 것이다.

다시 한번 말하지만 그 안에 아무것도 없을 수도 있다. 생명의 티끌 같은 흔적조차 말이다. 그렇다고 하더라도 그 결과에는 중요한 의의가 있다.

첫째, 착륙선과 탐사정의 설계는 엔셀라두스, 타이탄, 트리톤, 그리고 다른 바다세계에 똑같이 유용할 것이라는 점이다. 다만 엔셀라두스에 대해서는 클리퍼보다 훨씬 작은 탐사선을 보내 근접비행으로 물질 기둥의 입자를 채취하고 거기에서 생명의 흔적을 찾는 것이 먼저이다. 이 탐사선은 또한 엔셀라두스 표면을 고해상도로 촬영하여 착륙선 임무를 위한 길을 닦을 것이다. 내 생각 같아서는 유로파와 엔셀라두스에 각각 내려보낼 착륙선 두 대를 만들고 싶다. 그리고 아예 연속으로 두 위성에서 임무를 수행해 외계 해양 탐사 시대를 열고 싶다.

타이탄에서는 대기 덕분에 표면에 도달하는 작업이 훨씬 수월하다. 하위언스 탐사정은 낙하산이 타이탄에서 매우 잘 작동한다는 것을 증명했다. 이런 이유로 유로파와 엔셀라두스에서와는 달리 복잡한 추진기나 착륙 시스템이 없어도 된다. 덧붙이자면, 아예 바다나 호수에 내려앉는 착륙선을 설계하는 것도 한 방법이다. 평평하고 부드러운 착륙지를 확보할 수 있기 때문이다. 탐사 차량은 딱딱한 표면에 착륙하며 충격을 받는 대신 액체 속에 입수할 것이다. 착륙선이 똑바로 떠 있는 한 안전하다.

2009년 당시에는 프록시미 연구소 소속이었고 현재는 미국 국립 항공우주박물관에서 일하는 엘런 스토팬 박사는 타이탄 늪 탐사선TiME 임무를 제안했다. 이 제안은 NASA의 경합 1차 예선에는 통과했지만 최종적으로는 선정되지 못했다.

다행히 2017년에 타이탄 탐사 임무를 제안할 또 한 번의 기회가 주어졌다. 훨씬 많은 예산과 연구를 허락하는 기회였다. 회전날개 항공기를 보내자는 대단히 흥미진진하고 대담한 제안이었다. 회전날개 항공기는 이미 각종 분야에서 전문용으로나 취미용으로 사용되는 쿼드콥터 드론과 유사한 장비이다.

터무니없어 보이지만 충분히 일리가 있는 시도였다. 타이탄의 중력은 지구의 15% 미만이며, 타이탄의 두꺼운 대기는 비행에 이상적이다. 존스 홉킨스 대학교 응용물리연구소에 소속된 동료 랠프 로렌츠 박사가 이론적으로는 인간도 인공 날개를 달고 타이탄에서 쉽게 날 수 있다는 계산 결과를 보여주었다(물론 유독한 대기와 혹독하게 추운 기온에 대비가 되어 있다는 전제하에).

이 무인 회전날개 항공기를 타이탄에 보내려는 시도를 주도한 사람은 존스 홉킨스 응용물리연구소의 엘리자베스 터틀이다. 터틀은 회전날개 항공기가 타이탄 표면의 곳곳을 잠자리처럼 날아다닐 것이라 생각해 이 임무를 "드래곤플라이(잠자리)"라고 불렀다.

엘리자베스와 남편인 랠프가 처음 내게 팀에 합류하라고 권했을 때 나는 무척 영광스러우면서도 이들이 제정신이 아니라고 생각했다. 전례를 보면 NASA는 그런 대담무쌍하고 위험한 임무를 채택하지 않는다. 우리는 매사추세츠 우즈홀 근처 바다가 보이는 곳에서 점심을 먹으며 구체적인 이야기를 나누곤 했다. 외계 바다 탐사를 논하기에 적당한 경치였다.

2019년 6월, 뜻밖에도 드래곤플라이 임무가 NASA 프로그램에 선정되었다. 모든 것이 순조롭게 진행된다면 2035년에 무인 우주선이 낙하산을 타고 타이탄의 대기로 내려갈 것이다. 프로펠러를 작동하여 타이탄 표면에 부드럽게 안착한 다음 각종 기기를 사용해 타이탄에서 생체 신호를 찾고 타이탄 표면과 표면 밑 지질학,

지구화학, 지구물리학을 조사할 것이다. 최초 착륙지에 대한 분석을 마친 우주선은 장소를 옮겨가며 약 3년에 걸쳐 조사를 수행한다. NASA 본연의 업무인 탐사의 경계를 넓히는 대단히 신나는 임무가 될 것이다. 하루빨리 가까이에서 타이탄을 보고 싶다.

다음 단계는 태양계 밖으로 더 멀리 이동하여 해왕성과 천왕성의 위성을 연구하는 임무를 따내는 것이다. 보이저 2호가 천왕성과 해왕성에서 근접비행을 한 지 30년이 넘었다. 나는 앞으로 수십 년 안에 뉴호라이즌스호와 유사한, 아니면 클리퍼 탐사선의 간단한 버전이라도 이 두 세계로 보내 연구할 수 있기를 희망한다. 이 임무를 통해 해왕성과 천왕성의 위성이 거주 가능하다고 밝혀지면 이후에 탐사선을 보내서 표면에 착륙하고 직접 생체 신호를 찾게 될 것이다.

지금까지 언급한 임무들은 수십 년 또는 한 세기가 지나야 완성될 일들이다. 웬만한 강단과 뚝심이 아니고서야 선불리 도전할 수 없는 일이다. 태양계 탐사를 위한 무인 우주선 제작은 중세 시대 대성당 건설에 버금가는 과업이다. 지도자가 수십 년을 내다보고 진행해야 하는 위대한 업적이라는 공통점이 있다. 첫 삽을 뜬 사람 중에 마지막 돌이 올라가는 것을 본 이는 거의 없다. 태양계 탐사는 시간, 헌신, 비전을 요구하는 현대판 대성당이다.

모든 이야기를 마무리하며, 이 책을 열었던 태양계 탐사의 시작으로 돌아간다. 1장에서 우리는 갈릴레오 갈릴레이가 세심한 관찰로 발견한 목성의 위성이 아리스토텔레스의 우주론에 종말을 고하고 코페르니쿠스 혁명을 시작한 이야기를 했다. 지금까지 많은 탐사선이 보내온 것을 포함해 태양계를 담은 그 모든 이미지 중에서 여전히 가장 마음에 드는 것은 1610년 어느 추운 1월의 밤에 갈릴레오가 손으로 직접 스케치한 목성 그림이다(그림 15.1).[14]

갈릴레오가 그 사실을 처음 발견했을 때 어땠을지 상상하면 즐겁다. 인류 역사상 처음으로 무엇인가를 보고 발견하고 그 혁명적 의미를 깨닫는 기분은 어떨까?

현대의 무인 탐사 시대에 우주에서 인간의 자리를 재정비할 심오한 발견을 무인 우주선의 작은 전자두뇌가 저도 모르게 수행하는 순간을 가정해본다.

작지만 능력 있는 착륙선이 유로파 표면에서 표본을 수집하고 데이터를 보내오는 모습을 떠올려보자. 착륙선에서 보낸 신호가

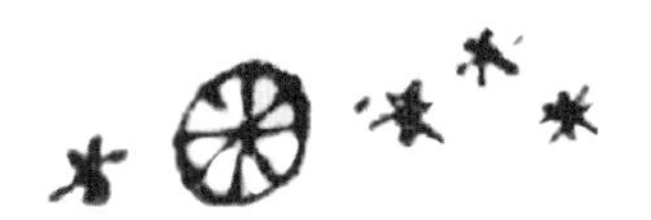

그림 15.1 1610년 1월 13일, 갈릴레오 갈릴레이는 망원경을 밤하늘로 돌려 목성과 4개의 밝은 물체가 대략 일렬로 배열된 것을 보았다. 이 스케치는 그가 4개의 대형 위성을 처음으로 본 기록이다. 갈릴레오는 처음에 그 밝은 물체가 멀리 있는 별이라고 생각했다. 그러나 매일 밤 관찰한 결과 그 물체들이 목성 주위를 도는 것을 보았고 위성이라는 결론을 내렸다(Galilei, G. (1989). *Sidereus Nuncius*. Chicago: University of Chicago Press).

지구까지 도착하는 데는 최소 45분이 걸린다. 태양계의 전자기 영역을 두드리는 파도에 실려온 신호는 일련의 0과 1로 코딩된다. 그것은 다시 유로파 표면에서 수집, 분석된 시료에 담긴 풍부한 화학 정보로 번역될 것이다. 우주를 활공하는 이 비트에 인류의 가장 오래된 질문에 대한 답이 실려 있을지도 모른다. 우리는 혼자인가?

어찌 보면 신호를 보낸 무인 우주선은 이미 그 답을 알고 있는 셈이다. 지구 밖에 생명체가 존재하는지 아닌지를 가장 먼저 알게 되는 것이 저 보잘것없는 작은 로봇이라는 말이다. 몇 분이나마 로봇은 이 심오한 지식을 알고 있는 유일한 존재가 될 것이다. 인간의 손으로 만든 저 작은 두뇌가 생명 현상이 희귀한 것인지, 조건만 맞으면 어디서든 일어날 수 있는 것인지, 우리가 생물학적 우주에 살고 있는지, 또는 지구의 생명이 생물학적 특이점인지에 관한 정보를 잠시나마 독점한다.

인류 역사상 처음으로 인간이 수천 년까지는 아니지만 수 세기 동안 고심해온 질문에 답할 도구와 기술을 갖추었다는 점에서 나는 설레는 마음으로 이 시대를 산다. 우리는 혼자인가? 앞으로 몇 세기 뒤, 우리 후손이 역사의 지금 이 순간을 갈릴레오와 코페르니쿠스 혁명에 버금가는 경외감을 지니고 돌아보길 바란다. 그들이 과거를 돌아보았을 때 인간이 우주선을 만들어 처음으로 우주에 생명이 있음을 밝힌 것이 바로 이 시기였다고 말하길 소망한다.

지구 밖에서 생명체를 발견하든 또는 지구 밖에는 생명이 존재하지 않는다는 게 드러나든, 지구가 우주의 중심에서 벗어나 어느 평범한 별 주위를 공전하는 많은 행성 중 하나로 자리 변경한 것만큼이나 우주에 관한 근본적인 사고의 틀이 바뀔 것이다.

어쩌면 우리는 유일한 존재일 것이다. 생명의 기원은 어렵고 희귀한 것인지도 모른다. 반대로 우리는 행성, 위성, 별, 그리고 우주를 통틀어 상상할 수 없을 만큼 생명이 가득하고 다양한 생물학적 우주에 살고 있는지도 모른다. 현재 우리가 알고 있는 생명의 나무는 사실 더 거대한 생명의 나무에서 뻗어나온 일개 잔가지임이 드러날지도 모른다. 우주 전체에 존재하는 모든 생명의 아름다움을 연결하는 장엄한 생명의 나무 말이다.

밤하늘 지평선 위에서 밝은 한 점의 빛으로 존재하는 목성을 보면서, 이 아름다운 행성과 그 아름다운 위성으로의 귀환이 다시 한 번 우주에서 인간의 자리를 옮기는 혁명을 일으킬 것인지 몹시도 궁금하다.

유로파, 그리고 우리 태양계의 많은 외계 바다가 기다리고 있다.

감사의 말

이 책은 아주 오랜 시간 머릿속에서 천천히 피어났다. 생각과 호기심을 키우고 탐구를 향한 열망을 북돋아준 모든 분께 빚을 졌다. 무엇보다 부모님이신 피터 핸드와 메리베스 핸드, 피를 나눈 형제이자 자매인 숀, 메건, PJ에게 가장 깊은 감사를 드린다. 우리 가족 추수감사절 팀의 지원은 몇 년간 큰 힘이 되었다. 특히 편집에 도움을 주신 이모 캐시 배리에게 고마움을 전하고 싶다. 이모는 매와 같은 눈으로 문법 실수를 잡아내 초반에 큰 도움이 되었다.

평생 별과 지구 너머의 생명을 찾는 데 집착하며 살아온 것은 버몬트주 맨체스터의 작은 마을에서 청명한 밤하늘과 혹독하지만 너그러운 그린마운틴을 보며 자랐기 때문이리라. 마이크 케페런, 애니타 도프먼, 매릴린 홉킨스, 진 노블, 마거릿 코너, 도나 윌리엄스,

루실 조던, 벳시 허브너, 밥 레슬리, 베브 레슬리 선생님을 기억한다. 어린 시절 이분들이 내게 주신 과학, 수학, 예술, 글쓰기의 균형 있는 가르침이 지금까지도 내 생각과 소통 방식에 영향을 주고 있다. 산에 대한 유용한 사실들을 알려준 트레이 스펜서와 루이 딘에게도 감사한다.

마이클 페라로, 타일러 스테이블퍼드, 스티브 드런식, 얼리샤 윌리엄스, 톰 노드하임, 댄 베리스퍼드, 세라 호르스트, 샘 아이젠슈타인, 베티레이 아이젠슈타인, 토니 크란츠, 숀 캐럴, 제니퍼 울렛은 이 책을 집필하는 과정에서 정신적 지지는 물론이고 편집에 관한 의견을 제시하고 지침을 제공해주었다. 마음 깊이 감사드린다. 콜로라도 와인 회사, 카페 데 레체, 에르모시요 맥줏집 직원들에게도 고맙다는 말을 전한다. 이 책을 쓰는 동안 와인과 커피와 맥주를 참 많이도 마셨다. 아름답고 멋진 아내 킴벌리 벤지는 내가 이 책의 단어 하나하나에 고심할 때마다 응원을 아끼지 않았다. 진심으로 고마움을 전한다.

프린스턴 대학교 출판부 동료들의 노고에 감사한다. 특히 제시카 야오의 뛰어난 편집 실력에 감사하고, 더불어 초반 편집에 도움을 준 브리지트 펠너, 아르투르 웨르네크, 그리고 에릭 헤니에게도 고마운 마음을 보낸다.

제트추진연구소의 친구와 동료가 이 책을 쓰는 내내 영감을 주었다. 무엇보다 유로파 착륙선 임무 구상팀과 오션월드 연구소의 모든 직원에게 큰 감사 인사를 드린다. 이렇게 배울 점이 많고 재주 있는 사람들과 함께 일할 수 있다는 건 정말 큰 행운이다.

마거릿 키벨슨, 존 카사니, 밥 칼슨은 시간을 내어 인터뷰에 응하고 다양한 이야기를 수없이 들려주었다. 특히 밥 칼슨은 내게 자신의 운을 걸고 수년 간 멋진 연구과 수많은 모험을 함께 해왔다.

심해 탐사의 세계로 나를 이끌어 준 제임스 카메론에게 특별한 감사의 말씀을 전한다. 그의 선견지명이 없었더라면 나 같은 과학자는 열수구로 내려갈 엄두도 내지 못했을 것이다.

마지막으로 내 옛 지도교수이자 오랜 친구인 크리스 차이바에게 무한한 감사의 말씀을 전한다. 그처럼 능력 있고 기품 있는 분의 지도를 받으며 연구를 시작할 수 있었던 것을 크나큰 행운으로 생각한다. 과학과 탐구는 예측할 수 없는 부침을 겪고 사면초가에 부딪히며 수만 가지 방식으로 전진한다. 큰 그림을 함께 그릴 영혼을 찾았다는 건 어찌 생각해도 감사하고 귀한 일이다.

지금까지 언급한 모든 분, 그리고 그 밖에도 우주에 대한 순수한 호기심과 경이감을 유지하게 도와준 모든 분께 감사한다. 이 책이 그 경이로움의 다만 일부라도 독자에게 전할 수 있길 소망한다.

주

1부 | 가까운 바다, 먼 바다

1장 지구와 지구 밖 바다세계

1 Sagan, C. (1997) *Pale blue dot: A vision of the human future in space.* Random House Digital, Inc.

2 헌트-레녹스 지구본(ca. 1510, 뉴욕 공립도서관 희귀 자료관)에는 아시아 동남쪽 해안의 적도 아래에 "HC SVNT DRACONES"라고 쓰여 있다.

3 수중의 알렉산더 대왕 그림(ca. 1400~1410, 화가 미상, 독일 바이에른에서 제작됨, 로스앤젤레스 J. 폴 게티 박물관, Ms. 33, fol. 220v)은 초기 버전의 다이빙 벨 안에 들어가 있는 지배자이자 탐험가를 보여준다.

4 Beebe, W. (1934) *Half mile down*. New York: Harcourt, Brace and Company, 344.

5 Beebe, *Half mile down*, 225.

6 트리에스테호는 보통 "바티스카프bathyscaphe"라고 묘사된다. 그리스어로 '깊은 바다'라는 뜻이다. 바티스카프는 승객이 타는 운반체가 휘발유 같은 부유성 액체로 채워진 커다란 용기에 의해 물에 뜨도록 만들어진 잠수정의 일종이다. 원리로만 보면 심해에 열기구를 띄운 셈이다. 잠수구 발명의 역사를 보면 놀랄 일도 아닌데, 잠수구를 개발한 오귀스트 피카르는 1920년대와 1930년대에 열기구의 혁신을 일으켜 자신이 직접 열기구를 타고 고도 16km까지 올라가 지구의 곡선을 본 것으로 유명한 사람이기 때문이다.

2장 뉴 골디락스

1 Peale, S. J., Cassen, P., & Reynolds, R. T. (1979). "Melting of Io by tidal dissipation." *Science*, 203(4383), 892-894.

2 Cassen, P., Reynolds, R. T., & Peale, S. J. (1979). "Is there liquid water on Europa?" *Geophysical Research Letters*, 6(9), 731-734. 이들은 1년 뒤에 계산을 수정하여 다시 논문을 출판했다. Cassen, P., Peale, S. J., & Reynolds, R. T. (1980). "Tidal dissipation in Europa: A correction." *Geophysical Research Letters*, 7(11), 987-988.

3 이 원소의 가용성에 관해서는 다음 요약을 참조하라. Hand, K. P., Chyba, C. F., Priscu, J. C., Carlson, R. W., & Nealson, K. H. (2009). "Astrobiology and the potential for life on Europa". In *Europa*, edited by R. T. Pappalardo, W. B. McKinnon, & K. Khurana. Tucson: University of Arizona Press, 589-629.

3장 레인보우 커넥션

1 Jackson, M. W. (2000). *Spectrum of Belief: Joseph von Fraunhofer and the craft of precision optics*. Cambridge, MA: MIT Press, 284.

2 Cruikshank, D. P. (2005). "Vassili Ivanovich Moroz: An appreciation". *Lunar and Planetary Science*, 36, Part 3, conference paper, https://www.lpi.usra.edu/meetings /lpsc2005/pdf/1979.pdf.

3 아서 C. 클라크의 소설이자 스탠리 큐브릭의 영화 〈2001 스페이스 오디세이〉가 유로파 안에 바다가 있다는 상상력을 처음 부추겼다고 주장하는 독자가 있겠지만 그것은 사실이 아니다. 그 소설과 영화는 1968년에 동시에 공개되었다. 그리고 그 소설에서 클라크가 선택한 위성은 실제로 토성의 이아페투스였다. 한편 큐브릭은 이아페투스 대신 유로파를 영화의 기반으로 삼겠다는 영감 어린 선택을 했지만, 상징적인 돌 기둥(모노리스)이 장면을 압도했고 유로파는 자세히 묘사되지 않았다. 큐브릭이 유로파를 선택한 이유는 토성 대신 목성에 초점을 맞추기 위해서였고, 유로파는 결국 행운의 위성이 된 것이다. 1982년으로 넘어가 클라크의 『2010 스페이스 오디세이』에서는 배경이 유로파로 바뀌었고, 큐브릭이 1984년에 각색한 영화도 계속해서 유로파를 유지한다. 책과 영화 모두에서 유로파는 눈에 띄게 등장하지만 이야기의 구성은 1970년대 말 보이저호가 근접비행으로 제공한 많은 정보를 바탕으로 했다. 당시 과학자들은 이미 얼음껍질 아래 잠긴 채로 있는 바다를 꿈꾸고 있었다.

4 보이저 2호의 근접비행 이후로, 스티브 스콰이러스는 레이놀즈, 캐선, 필과 팀을 이루어 유로파의 얼음껍질 밑 바다의 특성에 관한 아주 유용한 제약을

최초로 제시했다. Squyres, S. W., Reynolds, R. T., Cassen, P. M., & Peale, S. J. (1983). "Liquid water and active resurfacing on Europa." *Nature*, 301(5897), 225.

5장 공항 보안검색대를 사랑하게 된 연유

1 O'Neil, W. J., Ausman, N. E., Gleason, J. A., Landano, M. R., Marr, J. C., Mitchell, R. T., … & Smith, M. A. (1997). "Project Galileo at Jupiter." *Acta astronautica*, 40(2-8), 477-509.

2 이오의 자기장이 나타내는 특징은 화산에서 나온 물질이 이온화한 결과라고 알려졌고 그것은 사실이다. 하지만 최근 키벨슨 연구팀은 이오 자기장의 일부 다른 특징은 전도성 있는 '녹은 암석 맨틀'이 자기장의 환경을 바꾸면서 나타났다고 주장했다. 그들이 제시한 데이터는 모델과 잘 맞아떨어지고, 나는 그들이 옳다고 생각한다!

3 Anderson, J. D., Lau, E. L., Sjogren, W. L., Schubert, G., & Moore, W. B. (1997). "Europa's differentiated internal structure: Inferences from two Galileo encounters." *Science*, 276(5316), 1236-1239.

7장 탄소의 여왕

1 Iess, L., Jacobson, R. A., Ducci, M., Stevenson, D. J., Lunine, J. I., Armstrong, J. W., … & Tortora, P. (2012). "The tides of Titan." *Science*, 337(6093), 457-459.

2 다음 예를 참조하라. Baland, R. M., Tobie, G., Lefèvre, A., & Van Hoolst, T. (2014). "Titan's internal structure inferred from its gravity field, shape,

and rotation state." *Icarus*, 237, 29-41; Mitri, G., Meriggiola, R., Hayes, A., Lefèvre, A., Tobie, G., Genova, A., Lunine, J. I. and Zebker, H. (2014). "Shape, topography, gravity anomalies and tidal deformation of Titan." *Icarus*, 236, 169-177.

3 Béghin, C., Randriamboarison, O., Hamelin, M., Karkoschka, E., Sotin, C., Whitten, R.C.,⋯& Simões, F.(2012). "Analytic theory of Titan's Schumann resonance: Constraints on ionospheric conductivity and buried water ocean." *Icarus*, 218(2), 1028-1042.

4 슈만 공명 데이터는 타이탄의 얼음껍질 두께에 대해 중력 데이터에서 나온 결과와는 조금 다르지만 제한적인 추정치(55~80km 대 100km 미만)를 제공했다는 점에 주목하길 바란다.

8장 사방에 존재하는 외계 바다

1 Greeley, R., Chyba, C. F., Head, J. W., McCord, T., McKinnon, W. B., Pappalardo, R. T., & Figueredo, P. H. (2004). "Geology of Europa." In *Jupiter: The Planet, Satellites and Magnetosphere*, vol. 2, edited by F. Bagenal, T. E. Dowling, & W. B. McKinnon. Cambridge: Cambridge University Press, 329-362.

2 Zahnle, K., Dones, L., & Levison, H. F. (1998). "Cratering rates on the Galilean satellites." *Icarus*, 136(2), 202-222; Zahnle, K., Schenk, P., Levison, H., & Dones, L. (2003). "Cratering rates in the outer solar system." *Icarus*, 163(2), 263-289.

3 다음 사례를 참조하라. Vance, S., Bouffard, M., Choukroun, M., & Sotin, C. (2014). "Ganymede's internal structure including thermodynamics of

magnesium sulfate oceans in contact with ice." *Planetary and Space Science*, 96, 62-70.

4 Schenk, P. M., Chapman, C. R., Zahnle, K., & Moore, J. M. (2004). "Ages and interiors: The cratering record of the Galilean satellites." In *Jupiter: The Planet, Satellites and Magnetosphere*, vol. 2, edited by F. Bagenal, T. E. Dowling, & W. B. McKinnon. Cambridge: Cambridge University Press, 427. 또한 게르하르트 노이쿰과 롤런드 와그너가 주도하여 쓴 달 행성 연구소 학회 초록을 참조하길 바란다.

5 McCord, T. A., Carlson, R. W., Smythe, W. D., Hansen, G. B., Clark, R. N., Hibbitts, C. A., … & Johnson, T. V. (1997). "Organics and other molecules in the surfaces of Callisto and Ganymede." *Science*, 278(5336), 271-275.

6 Carlson, R. W. (1999). "A tenuous carbon dioxide atmosphere on Jupiter's moon Callisto." *Science*, 283(5403), 820-821.

7 Soderblom, L. A., Kieffer, S. W., Becker, T. L., Brown, R. H., Cook, A. F., Hansen, C. J., … & Shoemaker, E. M. (1990). "Triton's geyser-like plumes: Discovery and basic characterization." *Science*, 250(4979), 410-415; Kirk, R. L., Brown, R. H., & Soderblom, L. A. (1990). "Subsurface energy storage and transport for solar-powered geysers on Triton." *Science*, 250(4979), 424-429; Brown, R. H., Kirk, R. L., Johnson, T. V., & Soderblom, L. A. (1990). "Energy sources for Triton's geyser-like plumes." *Science*, 250(4979), 431-435.

8 Schenk, P. M., & Zahnle, K. (2007). "On the negligible surface age of Triton." *Icarus*, 192(1), 135-149.

9 Stern, S. A., Bagenal, F., Ennico, K., Gladstone, G. R., Grundy, W. M., McKinnon, W. B., … & Young, L. A. (2015). "The Pluto system: Initial results from its exploration by New Horizons." *Science*, 350(6258); Stern, S. A., Grundy, W. M., McKinnon, W. B., Weaver, H. A., & Young, L. A. (2018).

"The Pluto system after New Horizons." *Annual Review of Astronomy and Astrophysics*, 56, 357-392.
10 Nimmo, F., Hamilton, D. P., McKinnon, W. B., Schenk, P. M., Binzel, R. P., Bierson, C. J., … & Olkin, C. B. (2016). "Reorientation of Sputnik Planitia implies a subsurface ocean on Pluto." *Nature*, 540(7631), 94; Kamata, S., Nimmo, F., Sekine, Y., Kuramoto, K., Noguchi, N., Kimura, J., & Tani, A. (2019). "Pluto's ocean is capped and insulated by gas hydrates." *Nature Geoscience*, 12(6), 407-410.
11 Stevenson, D. J. (1999). "Life-sustaining planets in interstellar space?" *Nature*, 400(6739), 32.

3부 | 거주 가능한 곳에서 거주하는 곳으로

10장 외계 바다에서 생명이 기원한다면

1 이렇게 큰 생물이 존재하려면 산소가 바닷물 속에 녹아 있어야 한다. 산소를 들이마시고 산소를 사용해 미생물을 몸을 통해 걸러 먹는다. 다음 장에서 보겠지만 산소는 지구에서 모든 대형 생물에게 매우 중요하다. 유로파의 바닷속에는 실제로 많은 양의 산소가 녹아 있을 것이다.

2 일부 메탄생성균은 식초 같은 각종 작은 화합물을 먹고 메탄을 생산할 수 있다. 수소는 필수적이지만 탄소는 다른 형태를 사용할 수도 있다.

3 Hoehler, T. M., & Jørgensen, B. B. (2013). "Microbial life under extreme energy limitation." *Nature Reviews Microbiology*, 11(2), 83.

4 구체적으로 말해 pH는 양성자 농도의 음의 로그값이다. 따라서 pH 12는

유체 1리터당 10^{-12}의 농도이고, pH 3은 유체 1리터당 10^{-3}의 농도이다. pH 값이 낮을수록 양성자가 많다.

11장 바다세계의 생물권

1 '산소가 발생하지 않는 형태의 광합성anoxygenic'이 산소가 발생하는 광합성보다 먼저 진화했다.

2 진화적 혁신을 다룬 좋은 읽을거리로 다음을 추천한다. Falkowski, P. (2015). *Life's Engines*. Princeton: Princeton University Press.

3 파선 균열이라고도 하며 그레그 호파 박사, 릭 그린버그 교수 등이 출판한 다음 논문에 훌륭하게 설명되어 있다. Hoppa, G. V., Tufts, B. R., Greenberg, R., & Geissler, P. E. (1999). "Formation of cycloidal features on Europa." *Science*, 285(5435), 1899-1902.

4 이 계산은 조석 에너지 소산에서 오는 열 흐름이 유로파 표면에서 $100mW/m^2$라고 가정한다. 이것은 합리적인 선에서 높게 잡은 수치이지만(Barr, A. C., & Showman, A. P. [2009]. "Heat transfer in Europa's icy shell." In *Europa*, edited by R. T. Pappalardo, W. B. McKinnon, & K. Khurana. Tucson: University of Arizona Press, 405-430), 더 높을 수도 있다(Tobie, G., Choblet, G., & Sotin, C. [2003]. "Tidally heated convection: Constraints on Europa's ice shell thickness." *Journal of Geophysical Research: Planets*, 108[E11]). 가장 낮게 잡은 수치는 약 $10mW/m^2$로 유로파 내부의 암석에서 무거운 방사성 원소의 붕괴만으로 가열되었을 때이다.

5 Pappalardo, R. T., Head, J. W., Greeley, R., Sullivan, R. J., Pilcher, C., Schubert, G., … & Goldsby, D. L. (1998). "Geological evidence for solid-state convection in Europa's ice shell." *Nature*, 391(6665), 365.

6 Hussmann, H., & Spohn, T. (2004). "Thermal-orbital evolution of Io and Europa." *Icarus*, 171(2), 391-410.

7 Phillips, C. B., McEwen, A. S., Hoppa, G. V., Fagents, S. A., Greeley, R., Klemaszewski, J. E., … & Breneman, H. H. (2000). "The search for current geologic activity on Europa." *Journal of Geophysical Research: Planets*, 105(E9), 22579-22597.

8 Roth, L., Saur, J., Retherford, K. D., Strobel, D. F., Feldman, P. D., McGrath, M. A., & Nimmo, F. (2014). "Transient water vapor at Europa's south pole." *Science*, 343(6167), 171-174; Sparks, W. B., Hand, K. P., McGrath, M. A., Bergeron, E., Cracraft, M., & Deustua, S. E. (2016). "Probing for evidence of plumes on Europa with HST/STIS." *The Astrophysical Journal*, 829(2), 121.

12장 문어와 망치

1 슬라티바트패스트는 더글러스 애덤스의 『은하수를 여행하는 히치하이커를 위한 안내서』에 나오는 등장인물이다. 이 구절은 제3권 「인생, 우주, 그리고 모든 것」(1982)에서 인용한 것이다. 이 책에서 슬라티바트패스트는 유명한 행성 건설가이다.

2 Morris, S. C. (2003). *Life's solution: Inevitable humans in a lonely universe*. Cambridge: Cambridge University Press. 진화에 대한 우연과 수렴적인 해결책 사이의 균형에 관해 이 책을 강력히 추천한다.

3 Beatty, J. T., Overmann, J., Lince, M. T., Manske, A. K., Lang, A. S., Blankenship, R. E., … & Plumley, F. G. (2005). "An obligately photosynthetic bacterial anaerobe from a deep-sea hydrothermal vent." *Proceedings of the National Academy of Sciences*, 102(26), 9306-9310. 이 세균은 분명히 광합

성을 할 수 있는 것으로 보이지만, 광합성을 위한 분자 기계는 지구의 태양이 비치는 표면에서 진화했을 것이다.

4 Van Dover, C. L., Reynolds, G. T., Chave, A. D., & Tyson, J. A. (1996). "Light at deep-sea hydrothermal vents." *Geophysical Research Letters*, 23(16), 2049-2052; Jinks, R. N., Markley, T. L., Taylor, E. E., Perovich, G., Dittel, A. I., Epifanio, C. E., & Cronin, T. W. (2002). "Adaptive visual metamorphosis in a deep-sea hydrothermal vent crab." *Nature*, 420(6911), 68.

5 Widder, E. A. (2010). "Bioluminescence in the ocean: Origins of biological, chemical, and ecological diversity." *Science*, 328(5979), 704-708.

6 Goodman, J. C., Collins, G. C., Marshall, J., & Pierrehumbert, R. T. (2004). "Hydrothermal plume dynamics on Europa: Implications for chaos formation." *Journal of Geophysical Research: Planets*, 109(E3).

7 이 멋진 생물체에 대한 정보는 코넬 대학교 존 P. 설리번 교수의 웹사이트에서 찾아볼 수 있다. 그는 코끼리고기과의 세계적인 전문가이다. http://www.mormyrids.myspecies.info.

8 앞에서도 인용한 사이먼 콘웨이 모리스의 책에는 코끼리고기과와 남아메리카의 김노투스과를 중점적으로 다룬 부분이 있다. 김노투스과 생물 역시 코끼리고기과와 비슷한 전기수용 능력을 독립적으로 진화시켰다.

9 여기에서 비생물학적 도구라는 말을 쓴 것은 수많은 '도구'가 진화를 거쳐 발생했음에도 보통 사냥이나 방어의 목적으로 사용되는 뿔이나 발톱에 한정되기 때문이다. 또한 개미, 벌, 흰개미 등의 곤충은 '농부'라고 주장할 수 있다(진딧물을 생각해보라). 다른 세계에서는 도구 사용의 선택압에 의해 곤충이 지각이 있는 생물이 되었을지도 모른다고 본다.

10 좀 더 구체적으로 말하면 열수구의 유체는 새우 몸속의 작은 배낭 같은 기관에서 공생하는 미생물을 먹인다. 세균이 열수구 유체의 화합물을 먹고, 그것이 다시 새우가 먹을 수 있는 유기물을 만든다. 세균은 또한 열수구 물을

중화하여 다양한 금속 및 황 화합물을 문제없는 물질로 변환한다.

11 이 놀라운 생태학에 대해 더 알고 싶다면, 이제는 고전이 된 다음 교과서를 참조하기 바란다. Van Dover, C. (2000). *The ecology of deep-sea hydrothermal vents*. Princeton University Press.

12 Früh-Green, G. L., Kelley, D. S., Bernasconi, S. M., Karson, J. A., Ludwig, K. A., Butterfield, D. A., Boschi, C., & Proskurowski, G. (2003). "30,000 years of hydrothermal activity at the Lost City vent field." *Science*, 301(5632), 495-498.

13 Benyus, J. M. (1997). *Biomimicry: Innovation inspired by nature*. New York: William Morrow.

14 미생물이 만드는 광물의 예 중에서 내가 가장 좋아하는 두 가지는 주자성 세균이 만드는 자철석과 규조류가 만드는 규소 껍데기이다. 주자성 세균은 나노미터 크기의 자성 광물인 자철석$_{Fe_3O_4}$ 결정의 사슬로 자란다. 자철석 사슬은 작은 나침반 역할을 하여 이 미생물이 지구의 자기장에 열을 맞춰 서게 한다. 바다나 호수, 퇴적물 안에서 지구의 자기장은 거의 수직으로 흐르는데, 이 미생물은 꼬리를 자기장의 방향에 따라 위아래로 회전하여 화학적 측면에서 명당을 찾는다(가령 물속에 녹아 있는 적당량의 산소). 자기장에 맞춰 열을 서고 위아래로 이동하면서, 이 미생물은 3차원인 수색 영역을 1차원의 물 또는 퇴적물의 가는 수평층으로 축소한다. 미생물이 만드는 다른 광물의 예는 규조류의 규소 껍데기이다. 이는 유기체가 사는 복잡하고 놀라운 유리 구체(이를테면 이산화규소)이다. 미생물이 껍데기를 만드는 데 사용하는 규소 원자는 바닷물에서 충당하며, 열수구처럼 지질학적으로 활발한 지역도 공급원이 될 수 있다.

1 Benner, S. A., Ricardo, A., & Carrigan, M. A. (2004). "Is there a common chemical model for life in the universe?" *Current Opinion in Chemical Biology*, 8(6), 672-689.

2 Benner, Ricardo, & Carrigan, "Is there a common chemical model for life in the universe?"

3 신기하게도 광물은 (생명처럼) 보편적으로 수용되는 정의가 없다. 대부분 내가 이 책에서 제시한 정의에서 조금 변형된 상태로 제시된다. 이 책에서 사용한 정의는 다음 책에서 빌려온 것이다. Klein, C. (2002). *Manual of Mineral Science*, 22nd ed. Hoboken, NJ: John Wiley and Sons. 이 정의에서 논쟁의 요소가 되는 지점은 "자연적으로 일어나는"이라는 구절이다. 이제 우리는 산업 공정을 통해 다이아몬드와 그 밖의 무기 결정을 만들 수 있다. 그렇다면 자연적으로 일어난 것이 아니므로 저것들은 광물이 아닐까?

4 폴리실란에 대한 자세한 내용은 위에서 언급한 Benner et al. (2004) 논문을 참조하길 바란다.

5 Bains, W. (2004). "Many chemistries could be used to build living systems." *Astrobiology*, 4(2), 137-167.

6 Hoshika, S., Leal, N. A., Kim, M. J., Kim, M. S., Karalkar, N. B., Kim, H. J., … & Benner, S. A. (2019). "Hachimoji DNA and RNA: A genetic system with eight building blocks." *Science*, 363(6429), 884-887.

7 Lepper, C. P. (2015). "Effects of high pressure on DNA and its components." Doctoral dissertation, Massey University, Manawatū, New Zealand.

8 이 중합체(다당류)는 세포벽 구조를 만드는 데 사용되며 에너지 저장체(가령 탄수화물)를 저장하는 데도 쓰인다. 중합체가 되는 당의 능력은 또한 DNA와 RNA의 구조에도 핵심적인 역할을 한다. 리보핵산의 '리보'는 핵산을 연결하는 리보스 당 뼈대를 말하는 것이다.

9 Westheimer, F. H. (1987). "Why nature chose phosphates." *Science*, 235(4793), 1173-1178.

4부 | 다음 단계

14장 생명의 흔적을 찾아서

1 Woese, C. R., & Fox, G. E. (1977). "Phylogenetic structure of the prokaryotic domain: The primary kingdoms." *Proceedings of the National Academy of Sciences*, 74(11), 5088-5090.

2 '유기물'이라는 용어는 보통 2개 이상의 탄소가 연결된 탄소 화합물을 말한다. 예를 들어 CO_2는 탄소 화합물이 아니다. 탄소 원자 하나가 4개의 수소와 연결된 메탄 역시 유기 분자가 아니라고 주장하는 연구자도 있다. 탄소가 탄소랑만 연결되어 생성된 흑연도 유기화합물이 아니다.

3 Ming, D. W., Archer, P. D., Glavin, D. P., Eigenbrode, J. L., Franz, H. B., Sutter, B., … & Mahaffy, P. R. (2014). "Volatile and organic compositions of sedimentary rocks in Yellowknife Bay, Gale Crater, Mars." *Science*, 343(6169), 1245267.

4 Klein, H. P. (1998). "The search for life on Mars: What we learned from Viking." *Journal of Geophysical Research: Planets*, 103(E12), 28463-28466; Chyba, C. F., & Phillips, C. B. (2001). "Possible ecosystems and the search for life on Europa." *Proceedings of the National Academy of Sciences*, 98(3), 801-804.

5 Lovelock, J. E. (1965). "A physical basis for life detection experiments."

Nature, 207(997), 568-570.

6 분자의 손잡이는 분자가 평면 편광의 회전에 영향을 주는 방식에서 온다.

7 Sagan C., Thompson, W. R., Carlson, R., Gurnett, D., & Hord, C. (1993). "A Search for life on Earth from the Galileo spacecraft." *Nature*, 365, 715-721.

15장 해양 탐사의 새 시대

1 다음 예를 확인하라. Hand, K. P., and German, C. R. (2017). "Exploring ocean worlds on Earth and beyond." *Nature Geoscience*, 11, 2-4.

2 해양 탐사와 우주 탐사의 혁신에 사용될 예산과 돈에 관해 간략한 메모를 남긴다. NASA는 미국 해양대기청과 미국 국립과학재단의 예산을 합친 것보다 훨씬 많은 예산을 갖고 있다. 그러나 최근까지 우주를 탐사할 상업적 인센티브는 없었다. 우주 분야에서 일하는 기업들은 NASA나 군과 계약을 맺고 있다. 한편, 해양 탐사는 강력한 상업 분야를 보유하고 있다. 해운에서 어업, 석유와 가스 탐사까지 기업들이 해양 탐사(누군가는 착취라고 부를)에 투자할 방법은 많다. 예를 들어 석유와 가스 산업은 달 탐사에 무관심하지만 매년 수십억 달러를 멕시코만에 쏟아붓는다. 만약 달에 석유가 있다면 또 다른 이야기가 될 것이다. 연방 기금은 보통 새로운 상업적 기회를 촉진하기 위해 새로운 영역을 개척하는 데 사용된다(실제로 NASA 헌장에 있는 말이다). 최근 몇 년 동안 우주에서의 상업 부문이 빠르게 확장하기 시작했다. 대부분 우주에서 본 지구의 이미지에 대한 열망과 지구를 둘러싼 데이터 전송의 개선을 위해서다. 스마트폰은 어디에나 있고, 거기에 GPS 좌표, 업데이트된 지도, 때때로 전 세계에서 오는 문자를 제공하는 위성이 있다. 그럼에도 산업과 정부 기금에서 투자되는 총량은 우주보다 지구 바다의 영역에서 더 크다.

3 이 구절을 누구의 것으로 인용할지는 조금 어려운 문제다. 우주비행사 도널드 페팃이 2012년에 이 제목으로 훌륭한 글을 쓴 바 있다(https://www.nasa.gov/mission_pages/station/expeditions/expedition30/tryanny.html). 그러나 사실 이 구절은 그전부터 잘 알려졌었다. 궁극적으로 로켓 방정식 그 자체는 전설적인 러시아 과학자 콘스탄틴 치올콥스키가 쓴 것이다. 그는 그 방정식을 1903년에 출판했다(비록 치올콥스키 이전에 적어도 두 명의 수학자가 그 방정식을 도출했지만).

4 NASA. (2011). "Mars Science Laboratory Launch." https://www.jpl.nasa.gov/news/press_kits/MSLLaunch.pdf.

5 화성의 경우 표본을 지구로 가져오는 것이 현재 최우선 과제이다. 화성 학계에 따르면 화성을 탐사한 많은 착륙선들이 표본을 가져오는 데 투자할 가치를 증명했다. 이것은 화성에서 온 바위에서 고대 생명체의 흔적을 찾는 데 이바지할 설레고 도전적인 임무이다.

6 갈릴레오호와 카시니호는 발사 전에 철저한 살균이 이루어지지 않았으므로 지구의 미생물이 탑승했을 가능성이 있었다. 우주선이 궤도상에서 작동을 멈출 경우 유로파나 엔셀라두스와 충돌할 가능성이 있는데, 그렇게 되면 오염의 위험이 있다. 이런 이유로 엔진에 아직 연료가 충분할 때 우주선을 행성으로 보내서 태워버린 것이다.

7 나는 종종 그런 임무를 위한 사적인 기금에 관한 질문을 받곤 한다. 안타깝게도 당분간 이런 임무는 개인 기증자가 자금을 대거나 건설하기에는 너무 많은 비용이 들 것이다. 임무당 몇십억 달러씩 투자할 수 있는 기부자는 별로 없다. 그렇다고 불가능하다는 뜻은 아니다. 여러 개인이 모여 힘을 합친다면 가능할 수도 있다. 대형 크라우드 펀딩 프로젝트가 이루어질지 누가 알겠는가.

8 National Research Council. (2003). "New frontiers in the solar system: An integrated exploration strategy." Washington, DC: The National Academies

Press. https://doi.org/10.17226/10432.

9 National Research Council. (2011). "Vision and voyages for planetary science in the decade 2013-2022." Washington, DC: The National Academies Press. https://doi.org/10.17226/13117.

10 전 하원의원인 존 컬버슨은 지구과학 및 우주과학에 대한 NASA의 과학 예산을 늘리기 위해 밤낮없이 애썼다. 그는 유로파와 바다세계 탐사의 든든한 옹호자였고 지금도 그렇다. 2000년대 중반부터 2018년까지 그는 클리퍼 임무와 착륙선 임무의 기금을 마련하기 위해 뛰었다. 또한 NASA의 전체 임무와 연구 포트폴리오에 충분한 자금이 지원되도록 했다. 그가 2018년 선거에서 패배하면서 기금의 대부분이 불확실해졌다. 도널드 트럼프는 2020년 회계 연도 예산에서 유로파 착륙선에 들어갈 돈을 할당하지 않았다. 행성과학 학계와 NASA와 관련하여 착륙선 임무 구상의 진행이 중단된 이유에 관한 보고서는 다음과 같다. Office of Inspector General. (2019). "Management of NASA's Europa mission." https://oig.nasa.gov/docs /IG-19-019.pdf.

11 Roosevelt, T. (1899). "The strenuous life." Speech given in Chicago on April 10. https://voicesofdemocracy.umd.edu/roosevelt-strenuous-life-1899-speech-text/.

12 NASA. (2016). "Europa lander study report." https://europa.nasagov/resources/58/europa-lander-study-2016-report/.

13 중요성 외에도 유로파 착륙선을 설계하는 가장 흥미로운 측면 하나는 많은 훌륭한 과학자, 공학자와 함께 일할 기회이다. 내가 말도 안 되는 과학적 질문을 하면, 공학자들이 그것이 이루어지게 하는 방법을 알아내는 과제를 맡는다. 이들은 정말 뛰어난 사람들이며 뒤에서 많은 문제를 해결한다. 내가 기술자들로부터 반복해서 듣는 소리는 신기술이 없어도 이런 임무가 실제로 실현될 수 있다는 것이다. 힘들고 어려운 임무임은 틀림없지만 그렇다고 마술봉이 있어야 한다거나 물리법칙을 바꿀 필요는 없다는 말이다.

14 Galilei, G. (2016). *Sidereus nuncius, or The sidereal messenger*. Chicago: University of Chicago Press. Originally published in Venice, Italy, in 1610.

ㄱ

ㄴ

ㅂ

ㅅ

ㅇ

ㅈ

ㅌ

ㅍ

ㅎ

A~Z

옮긴이 조은영

서울대학교 생물학과를 졸업하고, 서울대학교 천연물과학대학원과 미국 조지아 대학교에서 석사학위를 받았다. 어려운 과학책은 쉽게, 쉬운 과학책은 재미있게 번역하고자 노력하는 과학 도서 번역가이다. 옮긴 책으로는 『세상을 연결한 여성들』 『벤 바레스』 『뛰는 사람』 『10퍼센트 인간』 『코드 브레이커』 『새들의 방식』 『나무는 거짓말을 하지 않는다』 『오해의 동물원』 『한없이 가까운 세계와의 포옹』 『언더랜드』 『생물의 이름에는 이야기가 있다』 등이 있다.

우주의 바다로 간다면

1판 1쇄 2022년 9월 5일
1판 2쇄 2022년 10월 25일

지은이 케빈 피터 핸드
옮긴이 조은영
펴낸이 김정순
편집 조장현 신원제 허영수
디자인 육일구디자인 이강효
마케팅 이보민 양혜림 정지수

펴낸곳 (주)북하우스 퍼블리셔스
출판등록 1997년 9월 23일 제406-2003-055호
주소 04043 서울시 마포구 양화로 12길 16-9(서교동 북앤빌딩)
전자우편 henamu@hotmail.com
홈페이지 www.bookhouse.co.kr
전화번호 02-3144-3123
팩스 02-3144-3121

ISBN 979-11-6405-169-4 03400

해나무는 (주)북하우스 퍼블리셔스의 과학·인문 브랜드입니다.